建筑运维期结构安全评价方法及应用系统

焦 柯 主编

中国建筑工业出版社

图书在版编目（CIP）数据

建筑运维期结构安全评价方法及应用系统／焦柯主编． —— 北京：中国建筑工业出版社，2024.12.

ISBN 978-7-112-30263-5

Ⅰ．TU714

中国国家版本馆 CIP 数据核字第 2024RW7220 号

本书共分为 10 章，包括概述、建筑运维期安全管理模式、物业安全咨询与顾问服务、结构安全数据采集与评估指标、结构安全直接评估方法、结构安全层次评估方法、结构安全人工智能评估方法、结构安全模态损伤识别评估方法、基于物联网的建筑物健康监测系统、城乡建筑群安全评估与决策系统。本书从房屋安全管理和服务模式、评价方法、应用系统等方面介绍最新研究成果，内容全面、具有较强的指导性和可操作性，可供业内从业人员参考使用。

责任编辑：季　帆　王砾瑶
责任校对：赵　力

建筑运维期结构安全评价方法及应用系统

焦　柯　主编

*

中国建筑工业出版社出版、发行（北京海淀三里河路 9 号）

各地新华书店、建筑书店经销

北京建筑工业印刷有限公司制版

建工社（河北）印刷有限公司印刷

*

开本：787 毫米×1092 毫米　1/16　印张：19　字数：414 千字

2024 年 12 月第一版　　2024 年 12 月第一次印刷

定价：**79.00** 元

ISBN 978-7-112-30263-5

（43665）

《建筑运维期结构安全评价方法及应用系统》
编 委 会

主 编：焦 柯

编 委：赖鸿立 杨 新 汪 利

练裕锋 蒋运林 吴桂广

彭子祥 王俊杰 胡成恩

前　言

　　既有建筑的使用安全是政府关注的重大民生问题。建筑物在其服役期内，必然面临各种安全问题。对老旧房屋安全状态采用科学合理的方法进行评价，对及时发现潜在安全隐患、降低房屋安全事故发生概率、提高房屋使用安全性和耐久性、降低碳排放，都具有重要的意义。同时，随着数字经济的发展，房屋安全管理手段的提升，利用物联网、大数据、人工智能等新一代信息技术，提高安全评价的效率和实时性，实现房屋全寿命周期安全管理，对防灾减灾具有重大意义。

　　本书主要内容包括概述、建筑运维期安全管理模式、物业安全咨询与顾问服务、结构安全数据采集与评估指标、结构安全直接评估方法、结构安全层次评估方法、结构安全人工智能评估方法、结构安全模态损伤识别评估方法、基于物联网的建筑物健康监测系统、城乡建筑群安全评估与决策系统等。本书从房屋安全管理和服务模式、评价方法、应用系统等方面介绍最新研究成果。

　　对老旧房屋的传统诊治手段已不能适应新时代的需求，存在诸多问题。例如，用新建建筑标准评估老旧房屋的安全性可能导致过度处理，反而降低其安全性；房屋在使用期间可能经历多次装修、加固和改造，但相关安全数据、图纸资料等历史信息大多没有留存或归档不完整，造成房屋业主诊治成本增加等。传统管理模式已无法满足建筑运维期安全管理需要。

　　本书研究总结了适用于城乡建筑群的结构安全评估方法，建立起一个集物联网、大数据以及人工智能技术于一体的建筑安全评价与预警决策系统，能够对建筑的安全性能进行全面、客观的评价。

　　本书在编写过程中得到了广东省建筑设计研究院集团股份有限公司、中山大学、深圳市城安物联科技有限公司的大力支持，部分同事为本书编写提供了资料，在此一并致谢。

　　限于作者水平，书中论述难免有不妥之处，望读者批评指正。

目 录 ↳

第1章 概　　述

1.1　建筑安全管理面临的挑战 ·······························

1.1.1　房屋运维期主要风险

近几十年来，我国城镇化建设迅速推进，20 世纪 80～90 年代建造的住房现已接近设计使用期限的中期。据统计，我国既有建筑总面积已超 600 亿 m^2，其中服役超过 20 年的房屋面积就达 200 多亿 m^2，然而，由于自然老化和维护不足，房屋安全性能逐年下降，潜在风险逐渐积累。与欧美国家相比，我国的房屋普遍寿命较短、隐患较多，反映出"重建设，轻管理"的观念较为突出。同时，业主对房屋、建筑物功能的需求变化，破坏性装修与改造愈演愈烈，直接危及房屋的整体结构安全和相邻建筑物的安全。近年来，我国频繁遭遇特大型自然灾害，如 1998 年的洪水、2008 年初的雪灾以及汶川地震，每一次自然灾害都对房屋建筑物的使用安全构成了严峻挑战。与此同时，由于人为因素导致的管理疏漏，房屋安全突发事件也不时发生。2019 年 7 月 1 日，国务院新闻办举行政策例行会议，住房和城乡建设部副部长在会上表示，经过摸底排查，各地上报需要改造的城镇老旧小区有 17 万个，涉及居民上亿人，从调查和各地反馈看，加快改造城镇老旧小区，群众意愿强烈，由此看出政府层面已经意识到城镇房屋的安全问题亟待关注和解决。房屋作为最重要的不动产，不仅具有巨大的经济价值，其安全性还关系着群众的生命安全。房屋安全事故一旦发生，必然造成人员伤亡，产生巨大的经济损失和社会影响。

按照海恩法则（Heinrich's Law），多数安全事故的征兆或苗头是可以被识别、提前处理的。最有效的办法就是进行具有前摄性特征的风险管理，即提前对房屋的风险进行评估。针对既有建筑的安全性和耐久性，目前是通过检测手段分析判别结构是否有缺陷，确定结构的安全性和耐久性是否满足要求，对其可靠性和剩余寿命作出科学的评价，并为维修和加固等后续工作提供可靠的依据，进而提高工程结构的安全性，延长其使用寿命，从而创造更大的经济效益和社会效益。

目前，我国在建筑物建设施工阶段已建立了完善的质量管理体系，但在使用阶段的质量管理上，尽管各地区已经开始尝试不同的管理和方法，但在国家层面仍缺乏全面的统筹指导和统一的标准。

从房屋开发使用的全过程来看，风险分为 4 个阶段：

投融资决策阶段 ⟶ 设计和建设阶段 ⟶ 验收移交阶段 ⟶ 使用阶段

开发安全风险 ⟶ 建设安全风险 ⟶ 缺陷责任期安全风险 ⟶ 使用期安全风险

既有建筑主要面对第四阶段"使用期安全风险"。引发使用期安全风险的因素大致可分为 5 类，见表 1.1-1。

表 1.1-1　房屋使用期安全风险因素

原因	具体表现
房屋先天缺陷	设计水平不足或设计水准较低，施工质量较差等
房屋正常老化	随着使用年限的增长，结构会有不同程度的损伤，各项性能指标下降，导致结构安全性和耐久性的降低
第三方影响	新增基坑或地下工程导致的沉降和失稳等
业主使用不当	1. 非法装修改造 2. 更改使用性质 3. 随意增加附属构件等
偶然作用的影响	台风、地震、火灾、爆炸等

房屋建筑物的安全问题不仅要考虑房屋当前的质量状况，还要考虑房屋建筑涉及的多个方面，如结构安全、居住安全、环境安全、业主需求、经济性、政策指引等。总体而言，我国现有的房屋安全管理体系与规章制度等已经不能满足社会需求，面对各类房屋问题只能模糊处理，容易发展成为各类物业纠纷的导火索，使得大量房屋难以达到正常维护和长期管理要求。因此，迫切需要针对房屋质量安全出现的新情况、新特点，采用科学的安全评价方法，总结分析现有关于房屋安全的法规及条例的适用性，并结合房屋安全管理、检测、鉴定工作中积累的管理实践经验，建立起一套较为合理完善的房屋安全评估与管理决策系统。

1.1.2　国内房屋安全领域存在的问题

20 世纪 80 年代至今，已经有相当数量的房屋服役了 30～40 年，这部分房屋存在以下主要问题：

（1）改革开放初期，国内生产技术水平处于发展阶段，设计标准还不够完善，以致难以适应目前的使用需求。

（2）由于当时技术设备相对落后，资金较为紧张，加上缺乏有效的监管，不少房屋的建造质量得不到保证，有较多的构件缺陷、偷工减料的事件时有发生，这为房屋的安全使用埋下了很大的隐患。

（3）房屋在交付使用之后，随着使用时间的增加，由于材料老化、鉴定与维修的经费不足导致管理维护不到位等原因，有不少房屋都出现了开裂、倾斜、变形过大等损伤现象，并且会不断地累积，导致结构的承载力下降。我国内地大多数城市对房屋建筑物的正常使用和维护管理意识较差，"重建设，轻管理"的思想严重，落后的思想和较低的使用与维护管理专业技能，导致大量房屋除维修水、电、气等方面的简单问题外，很少在建筑工程的维护和正常使用等方面做工作，从而导致相当多的建筑工程使用时间仅 20～30 年，便出现较严重的安全隐患，甚至变成危房，难以应对自然灾害，没有真正发挥建筑物的价值和使用功能，促进物业保值增值，最终造成大量的人民生命财产损失。

（4）房屋所有者在使用的过程中，由于缺乏结构安全相关专业知识，对房屋随意改变使用功能，或是在装修时对重要承重构件任意拆除、开洞等行为，也将极大增加房屋的使用安全风险。

（5）生态环境变化导致愈演愈烈的自然灾害和人为事故，例如地震、台风、火灾、爆炸等事件，都将是对房屋安全的严峻考验，一旦在此过程中房屋出现严重损坏甚至倒塌，将带来重大人员伤亡和财产损失。

1.1.3 提高房屋安全性的意义

房屋建筑的使用安全是党和政府关心的重大民生问题。对老旧房屋实施实时安全监测和采用科学合理的评估方法进行房屋安全状态评估，对及时发现潜在安全隐患、降低房屋安全事故发生概率、提高房屋使用安全性具有重要的意义。

1. 及时发现老旧房屋的安全隐患，防患于未然

由于老旧房屋的正常老化，设计建造标准偏低，加上管理维护不到位等原因，有不少房屋都出现了开裂、倾斜、变形过大等损伤现象，房屋的质量安全未能得到保障，将严重威胁到居民的生命财产安全。建立起实时安全评估系统能够帮助及时发现老旧房屋的安全隐患，达到提前识别、实时预警、主动采取加固保障措施的目的，具有重要应用价值。

2. 可以使房屋延年益寿，节约资源，促进经济可持续发展

房屋的工作年限一般为 50～70 年，建设期与使用维护期之比是 1∶（24～34）。房屋在使用的过程中进行定期的维护和修缮，其寿命可延长至百年。欧美国家已经建立了良好的房屋安全维护和修缮体系，房屋的寿命就比较长，美国约为 80 年；瑞士、挪威为70～90 年；英国房屋的寿命期最长，达到 132 年。为加强房屋安全管理而采用的养护、修缮、改造等有效的技术措施，不仅能增加房屋安全可靠度，同时也能延长房屋的使用寿命。

3. 实现城镇房屋建筑物安全管理的法治化、制度化

加强城镇房屋安全管理是政府的重要职责，明确房地产行政主管部门的职责，变以往的"重建设"为"建设管理并重"，在行动上做好日常房屋安全管理的四项预防工作：定期普查、督促鉴定、监督治理、及时危改，有效地杜绝塌房伤人的恶性事故发生。制定城镇房屋安全管理条例，将安全管理纳入法治轨道，有条不紊地推进房屋安全管理的各项工作。

4. 促进我国城市公共安全应急系统完善和成熟

由于自然因素和社会因素，城市公共安全事件的发生是不可避免的，而很多城市公共安全事件的发生都伴有房屋损伤和倒塌等安全事故的发生，因此城镇房屋安全应急管理体系的建设是城市安全管理的一项重要内容。建立一套行之有效的城镇房屋安全事故应急机制和系统，一旦发生城市公共安全突发事件或房屋安全事故，能够快速反应、迅速启动、措施得当、及时救助、排险解危、尽快恢复，将事故带来的损失降低到最低限度。完善应急管理体系方法，变静态分级管理为动态分级管理，提高应急措施的准确度和高效性。

5. 建立全寿命期的房屋安全管理体系

将房屋建筑物在使用阶段的管理纳入建设项目的全寿命管理体系中，是建筑业可持续发展的必然要求。应加强房屋建筑物在使用阶段的安全维护与管理，同时为房屋维护提供资金和制度保障。

房屋建筑物安全关系到人民群众的基本生活、生命和财产安全，关系到不动产物权的保护和发挥物的效用，关系到社会的稳定和经济发展。这是党和政府极为关注的重大民生问题，同时也是广大人民群众追求安全保护和实现自我幸福感的迫切需要。本书研究了适用于老旧建筑的结构安全评估方法，并介绍了一个集物联网、大数据以及人工智能技术于一体的建筑安全评价与预警决策系统，通过物联网获取建筑物的实时数据，积累大数据分析以及人工智能的学习训练，变异常的事后管理为事前预警，使得对建筑的安全性能有一个全面、客观且整体的评价。对房屋建筑安全性能给出客观评价，一方面可以让居民住得安心；另一方面可以根据安全评价的结果对因设计、施工以及使用不当等原因导致的质量安全问题的建筑物进行及时的加固与维修，避免房屋建筑物进一步损坏，从而可以更好地保护广大人民群众的生命与财产安全。

1.2 国内外建筑安全管理现状及发展趋势

1.2.1 房屋安全评估研究现状

房屋建筑物的安全问题不仅要考虑房屋当前的质量状况，还要考虑房屋建筑物涉及的多个方面，如结构安全、居住安全、环境安全等。

房屋安全评价技术源于美国。安全评价是伴随着系统安全工程的发展而发展起来的。

20 世纪 60 年代以来，美国倡导的系统安全思想为人们所接受，形成了独立的系统安全工程学科，此后系统安全工程得到迅速的发展。20 世纪 80 年代中期美国提出一种称作"安全评估程序"的可靠性鉴定方法，其最初是为了美国一个政府部门对千余幢建筑物潜在的安全问题包括火灾隐患进行普查与鉴定而编制的。它把建筑物分为三类：

绿色类——只需进行日常检查；

黄色类——需要注意观察；

红色类——需要立即检查并采取措施。

为了确定每一实际建筑物的类别，这种方法在专业经验基础上按危险性、易损性和问题发生的部位分别编号一个数字，表示其风险程度的高低，以对构件和结构进行安全性的层次评估，并为此编制了详细的计算机程序，使用时要求按下列步骤进行：

（1）收集建筑尺寸、造价、居住人数以及建筑物中固有的危险或薄弱部位；

（2）按规定的优先次序对这些建筑物进行排序；

（3）选定应进行现场检测的建筑，并在检测完成后将所得的数据输入计算机文件中；

（4）按规定的优先次序重新排序，并对问题严重的建筑进行工程研究分析；

（5）根据分析结果确定最后次序，并按次序分配经费，以维修加固这些结构。

张协奎等[1]（1997）运用层次分析法对房屋完损等级进行评定，从结构部分、装饰部分、设备部分 3 三个方面摘取了包括地基基础、承重构件、门窗、内外粉刷、水卫、电照等指标对房屋进行五级完损状态评定。层次分析法是通过构造判断矩阵来确定指标体系中各级指标对评估目标的重要程度系数，在操作上比较简便易行，具有实际意义。但是考虑到实际情况中，评估对象因素的多样性及评估主体的专业水平都会影响评估结果，之后还要对判断矩阵进行一致性检验，步骤比较繁琐。此外，层次分析法需要多方面专家参与，实际成本较高。

李静等[2]（2005）结合上海市的房屋情况分析了可能存在的各种安全隐患，探讨了建立上海市房屋安全管理体系的架构，并运用了在许多工业领域已经取得较好成效的故障树方法（该方法是一种图形演绎方法，能够直观说明各因素指标之间的关联和导向关系）来查找分析房屋安全隐患。根据工程特点并结合专家咨询法，建立了建筑火灾事故、砌体结构倒塌事故、单层工业厂房钢结构屋盖系统事故的故障树，并分别在实际工程案例中进行了试用。

袁春燕等[3]（2007）认为房屋安全状况评价应建立在日常检查和已有历史资料的基础上，建立的模型框架应适用于房屋的日常安全检测和管理模式。因此，他们从房屋安全管理和维护部门的角度出发，选取了 13 个影响因素，包括房屋外形改变、房屋的历史状况、房屋邻近建筑情况、结构承载力等，归纳为房屋的历史状况、房屋所处环境状况、结构承载力和耐久性四个方面的内容。该指标体系强调了房屋使用阶段的安全评价，侧重点明显，更符合实际情况。但是该指标体系没有就这些指标的选取进一步说明，且没有考虑到人的影响。

陆锦标等[4]（2008）从建筑结构检测鉴定的角度指出房屋的安全性能或可靠性能评价应该根据房屋类型来确定，对于民用建筑可以从地基基础、上部承重结构、维护系统承重部分以及与整幢有关的其他可靠性问题进行评价。对于上部承重结构子单元的安全评价可以从安全性等级、结构的整体性能以及结构侧向位移等级来考虑。该评价方向与张协奎等[1]类似，但是陆锦标等同时指出了指标量化的标准，便于实际打分。

袁春燕[5]（2008）首先分析了现阶段我国房屋建筑物在使用阶段的安全管理现状，界定了房屋建筑物使用阶段的责权关系。然后基于对建筑物的常态管理和健康档案的需要，从房屋的历史状况、房屋所处环境状况、结构承载力和耐久性4个方面共13个影响因素建立了层次结构模型，利用模糊积分的综合评定方法对房屋安全状态进行评定。模糊评价法是评价方法中应用最广的一种。1965年 L. A. Zadeh 教授发表了《模糊集合论》，突破了传统意义上的"非此即彼"的绝对关系，提出了用"隶属函数"概念来描述差异中的中间过渡时所呈现的"亦此亦彼"性。模糊综合评价方法主要是利用模糊集合论和模糊数学理论将模糊信息数值化进行定量评价的方法，通过对被考察与被评价对象相关的各个因素进行定量分析，进而划定被评价对象的变化区间，从多个方面对被评价对象进行综合性评价。房屋建筑物安全评价就是一个典型的模糊性问题。通常对建筑物的常规检查所获取的信息是模糊的，而且采用的各个指标之间也未必是完全独立的。基于模糊数学的模糊综合评价方法正好弥补了这个缺点，它的优越性之一就是不需要假设评价指标之间的相互独立性。

在房屋安全评价中常见的风险评估法是和事故树法结合起来使用的。通过对风险发生的概率大小、发生后的损失情况等因素进行考虑，计算出最后的危险性分值来评定房屋的安全性能。

焦立川[6]（2010）从风险管理角度入手，将风险管理的理论方法与房屋建筑物的安全管理有效结合起来，对房屋建筑物在其寿命期内的风险进行识别、衡量与评价，并针对各项风险因素提出了相应的控制措施。在风险识别中，运用了事故树方法，绘制出房屋建筑物事故树，并做定性定量分析，从而确定房屋建筑物的安全等级。

Hu 等[7]（2018）研究了在役结构的安全检测、分析和评估手段，提出针对既有建筑物的运维期信息化管理和数字防灾方法，并研制了相应的软件系统。

1.2.2　房屋安全管理研究现状

新加坡、美国、日本等对使用期建筑物要求进行强制周期性鉴定，并配有相应的法律、法规或标准。新加坡的《建筑控制法》（*Building Control Act*）规定：不仅用于居住的建筑物（不包括特殊建筑物），即公共、商业、工业等建筑在建造后5年进行强制鉴定，以后每隔5年进行一次；特殊建筑物及完全用于居住的建筑物等在建造后10年进行强制鉴定，以后每隔 10 年进行一次。日本抗震构造协会以《建筑基准法》有关条款为基础，制定了《抗震建筑的维护管理基准》，要求由在该协会注册的专业技术人员对抗震建筑进行"体检"。"体检"大致分为 4 类，即竣工检查、定期检查、应急检查和详细检查。尤其值得一提的是定期检查：技术人员除每年检查抗震层外，在建筑物竣工后第 5 年、第 10 年及之后每 10 年，对建筑物进行一次全面检查，检查内容包括抗震材料的性能、抗震层外围有无阻碍建筑物水平移动的物体、设备管线有无损伤等。

徐善初和李惠强[8]（2003）分析了我国现阶段既有民用建筑存在的病害及产生这些病害的原因，讨论了对既有民用建筑进行定期安全检测与维修的重要性，并总结了对我国既有建筑定期检测与维修的规定，最后提出了相关措施，建议国家层面应该制定相关法律法规，规范既有民用建筑定期安全检测与维修，同时要强化管理，最大程度地发挥投资效益。

王肖芳[9]（2007）通过实地调研总结了重庆市既有住宅节能状况以及居民对节能改造的态度，然后运用经济学理论系统分析了既有住宅节能改造的经济特点，并对各参与主体进行了行为分析。在此基础上，提出了住宅节能改造的激励框架——市场机制、政府激励、社区促动的"三轮驱动模式"。在调研分析的基础上进一步提出了基于重庆实际情况的既有住宅节能改造技术措施，从可行性角度，文章还运用热工学原理估算了节能改造的成本以及节能效益，计算了节能改造投资回收期。

王乾坤等[10]（2010）通过普查和重点调查两个层面的工作，建立了基于"普遍调查重点实测可行性综合评判"的综合调查评判模式，对我国上海、沈阳、武汉三个地区具有代表性的各种类型建筑，按使用年限、结构形式、使用功能进行分类，并从使用功能、结构安全、防火安全、建筑节能节水等方面，进行了使用与维护方面的全面调查，并根据不同分类对房屋进行了统计。调查结果显示城镇既有建筑在使用功能、结构安全、防火安全、建筑节能节水等方面普遍存在大量问题，并对产生问题的原因进行了统计分析。最后文章从技术与管理角度提出了既有建筑使用与维护对策与建议。王乾坤[11]（2010）以"十一五"国家科技支撑计划项目"既有建筑综合改造关键技术研究与示范"为课题支撑，运用统计分析方法对既有建筑使用和维护现状进行了调查和统计分析，并结合国内外土木工程结构的维修养护管理的成熟经验，在全国范围内首次针对既有建筑的使用和维护标准进行研究，并编写了《既有建筑使用与维护标准》及《既有建筑使用与维护指南》，对既有建筑相关标准的制定、既有建筑使用与维护指南的推广具有现实意义。

1.2.3 结构健康监测在安全评估中的应用

建筑的长期使用，以及荷载和环境等因素的影响，建筑结构不可避免地会出现一定程度的疲劳损伤、材料变形、性能劣化等。这些损伤看似细微，但在长时间的累积下难免会加速结构的老化，导致建筑承载能力以及耐久性的降低，甚至引发一些重大的结构工程安全事故。例如，由于缺乏维护，美国联邦公路管理局（FHWA）声称，到 2003 年为止，美国 27.1% 的桥梁有结构缺陷或功能退化，而对所有 59 万多座桥梁进行更新和适当修复，需要今后 20 年每年投资 94 亿美元。2007 年 6 月 15 日我国广东省九江大桥和美国当地时间 2007 年 8 月 1 日明尼苏达州位于密西西比河上的高速公路 135W 桥的坍塌，造成了很大的生命财产损失，对工程界产生了极大的影响。结构健康监测技术是通过得到的相应依据，并根据整体的特征综合分析，判断土木工程结构受到损伤的具体位置和损伤程度。结构健康监测技术适用于所有类别结构的监测，尤其可针对土木工程这一大项，对土木工程结构来说，结构监测技术可检测结构在严重破坏、灾难下的实时损伤，监测结构在长时间人为破坏或整个大环境变化下的损伤。

关于结构健康监测系统的研究，何愉舟等[12] 提出了基于物联网和大数据的智能建筑健康信息服务管理系统，分析设计了健康信息服务管理的物联网部署和大数据处理模型，形成了智能建筑健康信息服务管理系统的集成框架；李怀松等[13] 针对建筑物的倒塌监测状况，提出了基于仿真与短信平台的建筑物健康远程监测信息系统；欧进萍[14]、李宏男等[15]、李惠等[16]、周奎等[17]、王小波[18]、李钢[19] 等对健康监测系统的基本概念、系统组成及其功能进行了分析，比如传感器系统、数据采集与处理系统、损伤识别与安全性评定系统及其工程应用。无疑，利用传感器和无线传输设备进行实时监测，可以将一些单调、重复的体力劳动或危险系数高的工作交由人工智能处理，那么在节省人力资源、降低发生工程安全事故的可能性的同时，在技术上还能避免因为大量重复操作使技术人员产生疲劳所引起的工作误差。

结构健康监测技术在国外的应用时间早、范围广。除在大跨桥梁等方面的应用外，还广泛地应用在新时期的高层建筑等领域。美国在 1994 年就研制出监测公路面的仪器，德国和瑞典都已形成相对完善的理论，适用于永久检测土木工程结构，让土木工程结构更加稳定，取得了领先地位。我国的结构健康监测技术尽管起步较晚，但进步很快，并随着时代的发展不断改进方式方法。如作为重要的交通枢纽，虎门大桥一直是比较特殊的存在，不但地理位置特殊，所处经纬带也是灾难多发区，要全面系统地考虑桥梁的安全问题，相关部门对此问题也很重视，共同研制出适用于虎门大桥的结构健康监测系统。

1.2.4　信息技术在安全评估中的应用及发展趋势

随着时代的发展和进步，基于物联网、大数据及人工智能的技术已应用于城市地理信息进行社会公共服务信息集成、交通与安监识别的领域[20]，近年来国内外也陆续开展了物联网与 GIS 结合的相关研究，提出了基于物联网和 GIS 的基础设施管理系统[21]。马鑫等[22] 提出一种基于物联网的建筑火灾动态监测系统；姜帅[23] 基于物联网技术利用多传感器对住宅楼宇应力、倾斜、温湿度和烟雾浓度 4 个方面进行实时监测，通过模糊控制算法结果综合评估楼宇的健康状况；苏胜昔等对砖混结构房屋采用光栅光纤传感器监测观察结构在振动荷载作用下的变形，并利用神经网络建模对监测数据进行模拟预测，实现对危旧房屋进行实时健康监测及灾害预警。高速发展的物联网技术是未来房屋安全管理的发展方向，戴靠山等[24]搭建了一个由信息采集、传输网络、云平台及终端服务 4 个模块组成的智能建筑健康监测云平台，并在一栋老旧房屋上应用。刘翛等[25]提出了基于大数据、GIS、计算机技术的包括动态监测模块等部分的老旧房屋管理平台。方芊芊等[26]把基于云平台搭建危房监测系统与基于 GIS 地图的监测显示主界面相结合，提升了房屋健康监测系统的智能化。吴桐[27]设计了基于物联网的老旧房屋健康检测系统，通过云平台部署实现了智能监测和预警。林剑远等[28]从促进可持续发展、提高生活品质的城镇建设出发，着力解决当前数字城市建设普遍存在的"纵强横弱"问题，研发了智慧城市管理公共信息平台并选取典型应用展开示范，实现城市海量公共信息的时空化承载与服务，实现城市不同管理部门异构系统的信息资源共享和业务协同，探索并推动形成城镇建设与运行管理信息高度集成、高效运行的智慧城市管理体系。

此外，结合物联网等信息化技术，目前市面上已有一些功能性的产品出现，但其适用范围仍较为局限，比如：（1）中科京云公司开发的 VISOM 智慧运维平台是 BIM ＋ IoT ＋ GIS 技术融合而成的时空信息大数据系统，将园区、管廊、社区等城市建筑物通过 BIM 建模及物联网感知完成建筑体、科技设施、装置装备的运行数据采集、分析、挖掘、共享，实现全寿命周期的智慧管理与运维，但其中的安全管理更多聚焦于社区场所公共安全，而非从建筑结构本身的安全出发；（2）由上海建工四建集团研发的基于 BIM 的智慧建造管理平台，以 BIM 模型为数据载体，以智能手机、互联网、物联网为手段，收集施工进度、质量、安全、资料等信息，并与 BIM 结合，形成工程建设大数据，支持施工过程全方位集成化、精细化管理，提高总承包管理能力；（3）由哈尔滨工业大学研发的中冀测振，采用手机加速度传感器开展楼板振动及舒适度检测，使用简便，但精度较低，适用面较窄，未能有效反映建筑物安全状态；（4）辰安科技公司提供的消防安全云平台、城市安全板块，主要涉及城市生命线工程监测与人防工程监管业务中的综合监测预警软件与部分自主研发的物联网监测产品，该软件硬件依赖性较强，仍需通过基层巡检实现防患于未然；（5）盈嘉互联公司建立了数字化资产管理平台，主要围绕数字孪生，用于底层建筑物的智能资产管理，但未能有效进行数据挖掘以产生有指导价值的产出。

在物联网技术应用上，主要在无线传感器、公交运营、物流运输、综合环境监测等领域展开研究，如：何玉童和姜春生[29]（2014）基于北斗高精度定位技术探索建筑安全监测系统，该系统攻克了一些难点和关键技术，采用 2 小时的"GPS ＋北斗静态观测数据"，精度满足工程需要，可以结合水准资料监测建筑物变形、建筑物竖向压缩等内容。

孙少鹏（2018）根据国内外研究的现状，通过研究面向城市服务的物联网应用系统架构关键技术和总体方案，得到面向城市服务的物联网应用系统框架架构，并在智能家居等方面得到应用。在物联采集算法上，2017 年 UC Berkeley 的 Phillip Isola 等提出利用生成网络间对抗训练，实现等尺度张量间的映射，实现多尺度的图像识别，可用于图像损伤识别、遥感地物识别。徐华伟[30] 针对传统物联网信息采集自动化程度较低的问题，提出了一种大数据环境下物联网信息智能采集方法。骆淑云[31] 提出了一种针对低占空比无线传感器网络的最小时延数据收集机制和面向群智感知网络的多任务博弈激励机制，鼓励用户共享数据资源。郭丽娜等（2019）提出采用手机加速度传感器开展楼板振动及舒适度检测，使用简便，能在一定程度反映建筑物正常使用状态。目前，在人工智能技术的加持下，以人工智能和物联网相融合形成的智能物联网近几年正在快速发展，目前已在智慧城市、智慧交通、智慧安防、智慧园区、智慧制造、无人驾驶等领域得到了广泛应用。

在地理空间分析上，2017 年中国科学院计算技术研究所的邱强等[32] 提出采用全空间下并行矢量空间分析代替传统平扫识别，以实现大尺度、多粒度的复杂时空数据信息分析处理。

近年来，房屋建筑的安全评估研究有两个发展趋势：

一是由静态的定期人工监测发展为动态的实时监测，通过物联网实现无人值守传输更新数据，实现动态评估和风险预警。

目前针对房屋建筑的安全评估主要依赖于结构安全鉴定，传统的建筑安全鉴定过程都是在发现建筑问题后联系专业检测和维修团队来完成的。一方面，这种检测方式只能得到某一时刻的建筑安全状况，不能起到实时监测的目的；另一方面，由于这种检测方式的数据采集以及处理主要依靠人工完成，因此非常耗时，无法在隐患发生后第一时间处理。近年来物联网技术和无线传感网络技术发展迅速，并且在工业领域、社会领域、环境领域等众多行业得到了广泛应用。将物联网技术和无线传感网络技术应用在建筑安全监测过程中，实时获取并及时处理建筑安全状况将能克服传统检测方式存在的不足。虽然国内外专家在建筑物健康状态的损伤诊断与安全评估方面做了不少的努力，但是，过去的监控技术尚不能实现高速数字采集，监控响应精度不高，从而阻碍了建筑物结构"指纹特征"健康诊断和安全评估事业的进展。提高建筑物结构健康安全的测试与诊断技术水平，涉及信息采集和处理技术、干扰抑制技术、模式识别技术、健康安全性分析、寿命估计等领域，是一个综合性的研究课题。人们经历了特大灾害和重大事件的惨痛教训，在进行认真反思和总结的基础上，为了适应灾害形势发展的需要，随时掌握且保障运营中建筑物结构的安全性，采用科技新成果和新方法对重要的工程结构健康状况进行动态变形监测和安全评估是十分迫切和必要的。

二是由传统定量的个体建筑安全评估发展为基于大数据的城乡大规模建筑群实时安全

评估，人工智能、深度学习的应用将成为解决问题的突破口。

我国幅员辽阔，居民人口数量庞大，建筑房屋数以亿计，不可能做到逐一检测，在数字信息化高速发展的今天，以大数据、人工智能为代表的高新技术已经逐步渗透至各行各业，虽有学者已经成功将图像识别、神经网络等方法应用于土木工程中，但这仅仅是一个开始，信息技术与传统工程技术互相融合，将会是一片浩瀚蓝海，把握住信息化的浪潮，充分应用现代科学技术和网络发展的科技成果，综合运用现代传感、数字采集及宽带网络通信等技术，在大数据分析、机器深度学习等 AI 技术支撑下，研发具备大量程、长期稳定、高速采样、无人值守、实时更新等功能特征的建筑物结构安全评估和管理决策系统，将极大推动行业的健康持续发展。

1.3　本书的主要内容

本书聚焦于既有建筑的安全运维管理、安全风险评估、健康监测、决策预警等相关问题的研究。针对基于物联网的既有建筑全寿命周期安全运维服务系统研发了四个子系统：

（1）建筑安全信息大数据管理系统（硬件层、存储层、采集层）：集成了建筑物信息大数据库，可实现数据的增、删、查、改及拓展，数据形式也变得多样化，包括文本、数字、图片以及动态数据以达到实时监测的目的，为此引入了物联网监测平台，实现了动态数据采集及处理。

（2）建筑安全评估系统（分析层、服务应用层）：主要针对不同分析类型和场景，实现各种算法的评估。针对不同的数据信息深度，考虑到数据获取的便利性、难易程度、详细程度等因素，通过建立合适的数学模型，如模糊综合积分、贝叶斯网络、支持向量机、卷积神经网络等，研发了多套建筑物安全风险评估算法，满足了不同情况下的评估需求。

（3）大数据安全评估与决策系统（分析层、服务应用层）：主要用于地理时空场景下的划区管理与统计，多种地理空间的分析与决策。

（4）顾问咨询与服务系统（服务应用层）：目前以微信公众号"建筑安全卫士"为主，面向广大用户，针对建筑物常见问题提供智能评估及决策服务。通过微信公众号平台，实现广泛的公众参与，提供拍一拍评估、在线建筑安全咨询等多种面向基层民众的服务。

各系统之间的逻辑架构关系如图 1.3-1 所示。通过建立对应评估及决策模块，并进行交互，满足各类建筑及各种评价方法应用的需求。

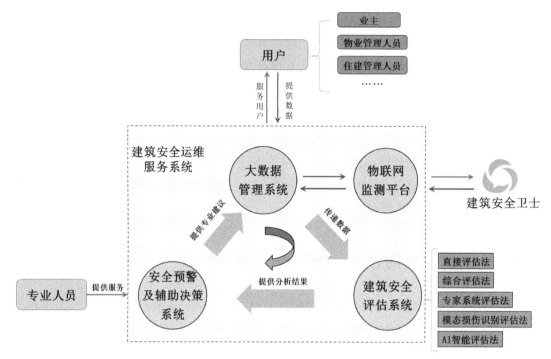

图 1.3-1　各系统逻辑架构关系图

1.3.1　研究建筑物全寿命周期安全管理模式

本书研究了目前国内外社会公共管理的核心问题和发展趋势，结合我国城乡规划与发展特点，提出"以建筑物及其使用者为核心的城乡公共管理模式"。该模式以"建立多种操作指引""完善渠道管理""打通数据共享""平衡居住者间利益冲突"等方向进行顶层设计，在落实环节提出"建立大数据建筑图谱""建筑全寿命周期区块链档案""科学定量评估及弹性决策""物业咨询与服务"等技术手段形成多层次建筑安全与决策保障体系。该模式通过对建筑物及其使用者建立全方位的大数据图谱，通过区块链技术实现全寿命周期档案追溯，将促进智慧城市中不同领域之间的横向交叉式发展。

本书总结了目前建筑安全管理相关政策、需求、措施和常见技术手段，编制面向基层的城乡建筑群全寿命周期安全管理导则（范例）。导则可用于普通居民和基层社区管理人员快速了解房屋安全管理全过程的基本要求和方法，基于导则原则可进行具体安全管理措施的细化，根据导则提供的建议方法开展具体安全评估委托及合约拟定。

1.3.2　研究物业安全咨询服务内容

本书研究了物业咨询服务中增加安全评估服务的可行性及业务模式，解决老旧房屋市场价值评价因素中缺少房屋安全性评价的问题。研发上线了微信公众号"建筑安全卫士"，实现了普通业主可通过 APP 拍照及上传问题，就可以智能化解答开裂、漏水、锈蚀、脱落等常见房屋安全问题，利用互联网技术降低专业服务的门槛，提高房屋安全咨询的效率。

1.3.3 研究结构安全数据采集系统

为建立建筑物安全管理平台及安全评估的数据采集系统，本书研究了影响结构安全评价的因素和数据采集指标，主要工作包括：（1）创建了完善的结构安全管理采集数据库；（2）提炼出影响建筑物安全的20个因素，并将其划分为七类建筑状态：房屋的使用历史、房屋所处环境情况、耐久性、地基基础情况、结构承载力状态、抗风能力和抗震能力；（3）对各主要因素进行定量化描述和等级划分；（4）通过三维激光扫描点云技术可实现精细化测绘，提高现场作业效率。

1.3.4 研究结构安全直接评估方法

本书研究了建筑结构安全及健康指标间的关联度与敏感度、第三方指标与建筑评价指标之间的关系。基于数据分类及关联性，确定直接评估方法的决策树逻辑，实现对关键指标值、关键因素的重点监测。针对不同结构体系归纳影响结构安全的直接评估指标，采用层次分析法给出其分配分值，形成标准化评估表格，据此研发了结构安全直接评估法系统。直接评估法系统的评级共划分为较差、一般和较好三级，分别对应结构的三类安全和健康状态，可直接输出评估结果和评估报告等内容，实现对结构安全风险的快速评估。

1.3.5 研究结构安全层次评估方法

结构安全层次评估法是建立在层次分析法（AHP）的基础上，基于模糊理论的一种综合评估算法。该方法能充分考虑不同类型构件、不同损伤程度以及不同构件之间的相互关联、各构件数量比例对结构安全的影响，形成了从结构构件到楼层，再到上部结构、下部结构及地基的评价机制，最后综合得到总体安全性等级。本系统实现了从构件→楼层→房屋的三层级评估，并将不同楼层重要性不同的安全评估理念引入到评估流程中，使安全评估结果更符合实际情况。层次评估法需要对现场房屋各个区域的构件安全情况进行较为细致的调查，需要的信息较多，适用于对单栋建筑物进行精细化评估。

1.3.6 研究结构安全 AI 智能评估方法

本书对融入大数据优势的基于深度学习算法的结构安全评估模型进行了可行性、深度学习算法架构、应用难点和系统开发等研究。本书提出了采用神经网络代替传统的结构有限元分析实现结构安全的快速评估和预测，通过数据学习把复杂的结构计算转换为简单的神经网络前馈计算的方法，使构件承载力等指标通过神经网络从更基础的数据推理、映射得出，实现快速评估。

基于现行国家标准《民用建筑可靠性鉴定标准》GB 50292 的调查与检测要求并考虑数据易获取性，选择了 45 个涵盖承载力、耐久性、历史记录和环境情况等变量作为输入参数，并以现行国家标准《民用建筑可靠性鉴定标准》GB 50292 为依据确定输入和输出参数。采用深度置信网络学习输入参数与输出参数间的非线性映射关系，能较准确且快速地实现结构初步安全性评估。本书提出了一种基于 VAE 潜变量语义提炼的指向性样本生成法，解决初期应用样本少、样本不均衡的问题，能有效提高神经网络的泛化能力和分类精度；采用性能优异的迷失森林算法解决已收集数据部分缺失和现场收集数据不全的问题；针对神经网络评估的任意性和评估算法作为大范围普查安全隐患建筑的使用目的，提出了加权交叉熵损失函数，使神经网络训练引入对不安全类别的倾向性，达到牺牲对安全类别的查准率，提高对不安全类别的查全率的目的。与传统结构安全鉴定流程相比，该方法需要的人力、物力、时间等资源大大减少，是实现大范围建筑群结构安全监测的一种手段。

1.3.7　研究结构安全模态损伤识别评估方法

考虑实际建筑受地脉动、风载等未知环境荷载，提出了环境激励下的模态识别新方法，发展了一种新型的视频测量与模态分析技术，该技术可直接利用相机拍摄的振动视频，结合智能图像处理技术，快速提取结构的位移与模态信息，具有便捷、价格实惠、远程测量的优势。

本书研究建立了建筑结构模态损伤识别评估系统，其主要流程为：① 获取数据。包括使用常规加速度传感器测量获取加速度响应数据，以及摄像机拍摄获取结构振动视频数据。② 数据处理和模态分析。模态数据包含结构的本质信息，可用于结构损伤诊断，且数据规模小，易于存储。因此利用模态分析技术，从加速度数据或振动视频中提取模态数据可以得到结构的动力特性。③ 损伤诊断。基于频率或者加速度峰值、位移峰值等典型指标随时间的变化趋势，诊断结构是否存在安全隐患。一般而言，当所测频率均随时间衰减，且衰减幅度达到 2%～5% 时，可认为结构存在损伤；否则，认为结构未发生损伤。④ 损伤识别与等级评估。当诊断出确实存在损伤时，采用损伤识别方法，结合模态数据，可识别结构的损伤位置和程度。根据损伤的程度，确定损伤等级：当损伤程度 < 6% 时，为轻度损伤；当损伤程度介于 6%～15% 时，为中度损伤；当损伤程度 > 15% 时，则为严重损伤。⑤ 输出损伤诊断结果（是否发生损伤）、损伤定位与程度、安全等级等结果，进一步量化结构健康安全状态。

1.3.8　研发基于物联网的建筑物健康监测系统

通过对大量的建筑物安全监测项目分析研究，本书研发出一个规范化管理、通用化标准化配置的监测监管平台。推动安全监测行业向标准化、精确化、规范化、信息化的健康发展，帮助监测机构实现对监测对象及硬件设备的可视化管理，提升管理水平，实现建筑物健康安全监测的管理模式进入新的时代。研究采用 DPC 技术、链式规则引擎技术，实现了硬件监测设备和软件平台的便捷接入，选用低功耗设计、续航时间长的自动化监测设备，实现准确、实时、高效的安全监管。改变以往单一的人工监测模式，实现人工＋自动化双模式采集。通过巡检记录、三维建模、视频监控、曲线图等多种形式，实现监测工作全过程数据的可视化及集成化，对采集数据即时计算、即时共享，可通过多种终端设备对结果进行查看。

1.3.9　研发城乡建筑群大数据安全评估与决策系统

基于理论研究及算法研发，集成出多源要素融合驱动下的建筑全寿命周期安全管理与决策的成套解决方案，开发出大数据云平台、多种物联终端采集、三维激光点云扫描、建筑 BIM 模型集成、基于专家系统的评估决策与预警等模块，满足在不同应用场景下的城市建筑安全综合管理需要。

本章参考文献

[1] 张协奎，成文山，李树丞. 层次分析法在房屋完损等级评定中的应用 [J]. 基建优化，1997（2）：32-35.

[2] 李静，陈龙珠，龙小梅. 旧有建筑安全隐患及故障树分析方法 [J]. 工业建筑，2005（S1）：46-49.

[3] 袁春燕，李慧民，黄莺. 房屋使用阶段安全状态多层次模糊综合评判 [J]. 西安建筑科技大学学报（自然科学版），2007（6）：824-828.

[4] 陆锦标，顾祥林. 既有建筑结构检测鉴定规范的现状和发展趋势 [J]. 住宅科技，2008（6）：37-43.

[5] 袁春燕. 城镇房屋安全管理与应急体系研究 [D]. 西安：西安建筑科技大学，2008.

[6] 焦立川. 城镇既有房屋建筑物安全管理研究 [D]. 西安：西安建筑科技大学，2010.

[7] Zhen-Zhong Hu, Pei-Long Tian, Sun-Wei Li, et al. BIM-based integrated delivery technologies for intelligent MEP management in the operation and maintenance phase[J]. Advances in Engineering Software, 2018, 115: 1-16.

[8] 徐善初，李惠强. 关于既有民用建筑定期安全检测与维修问题的探讨 [J]. 安全与环境工程，2003（2）：67-69.

[9] 王肖芳. 重庆既有住宅节能改造研究 [D]. 重庆：重庆大学，2007.

[10] 王乾坤，李顺国，卢哲安，等. 既有建筑使用与维护现状调查分析 [J]. 建设科技，2010

（22）：81-83.

[11] 王乾坤．既有建筑使用与维护标准研究［D］．武汉：武汉理工大学，2010.

[12] 何愉舟，韩传峰．基于物联网和大数据的智能建筑健康信息服务管理系统构建［J］．建筑经济，2015，36（5）：101-106.

[13] 李怀松，陈响亮，梁意文．建筑物健康远程监测信息系统的体系结构设计［J］．计算机与现代化，2009（9）：96-100.

[14] 欧进萍．土木工程结构用智能感知材料、传感器与健康监测系统的研发现状［J］．功能材料信息，2005，8（5）：12-22.

[15] 李宏男，高东伟，伊廷华．土木工程健康监测系统的研究状况与进展［J］．力学进展，2008，8（2）：151-166.

[16] 李惠，鲍跃全，李顺龙，等．结构健康监测数据科学与工程［J］．工程力学，2015，32（8）：1-7.

[17] 周奎，王琦，刘卫东，等．土木工程结构健康监测的研究进展综述［J］．工业建筑，2009，39（3）：96-102.

[18] 王小波．钢结构施工过程健康监测技术研究与应用［D］．杭州：浙江大学，2010.

[19] 李钢．基于通信技术的土木工程健康状态信息远程监测系统研究［D］．西安：长安大学，2010.

[20] 王伟耀．人工智能技术在智慧交通领域中的应用［J］．电子技术与软件工程，2018（3）：251.

[21] 乔彦友，李广文，常原飞，等．基于 GIS 和物联网技术的基础设施管理信息系统［J］．地理信息世界，2010（5）：17-21.

[22] 马鑫，黄全义，刘全义，等．基于物联网的建筑火灾动态监测方法［J］．清华大学学报（自然科学版），2012，52（11）：1584-1590.

[23] 姜帅．基于物联网技术的楼宇健康监测系统的研究与设计［D］．西安：长安大学，2014.

[24] 戴靠山，罗明艳，陈娅迪，等．老旧房屋检测评定及健康监测技术应用［J］．结构工程师，2017，33（4）：90-97.

[25] 刘翛，陈冠中．基于大数据的老旧房屋管理平台设计［J］．城建档案，2017（8）：79-80.

[26] 方芊芊，韩晓健．基于云平台的危房健康监测系统研究［J］．江苏建筑，2017（4）：57-60.

[27] 吴桐．老旧房屋健康智能监测云平台系统研究［D］．广州：广州大学，2020.

[28] 林剑远，李春光，郭瑛琦，等．城市精细化管理遥感应用标准体系研究［J］．建设科技，2013（2）：69-72.

[29] 何玉童，姜春生．北斗高精度定位技术在建筑安全监测中的应用［J］．测绘通报，2014（S2）：125-128.

[30] 徐华伟．大数据环境下物联网信息智能采集方法研究［J］．机械设计与制造工程，2019，48

（4）：64-67.

［31］　骆淑云. 面向物联网应用的数据收集和激励机制研究［D］. 北京：北京邮电大学，2016.

［32］　邱强，秦承志，朱效民，等. 全空间下并行矢量空间分析研究综述与展望［J］. 地球信息科学学报，2017，19（9）：1217-1227.

第 2 章　建筑运维期安全管理模式

2.1　城乡建筑公共管理的现状与发展趋势 ·······················

　　随着城市工业化和现代化的不断推进，公共问题日益增多，对公共服务的需求也日益凸显。在大规模城市化的过程中，这一现象尤为显著。城市化是由工业化和市场化推动的，它导致了行政管理逐步从法学和制度架构中独立出来。行政管理的重心转向了如何解决公共问题，如何以高效且低成本的方式提供公共服务，以及如何更好地回应公民的需求。公共管理的核心是政府，其通过整合社会的各种力量，广泛运用政治、经济、管理和法律的方法，来强化政府的治理能力。这样做是为了提升政府的绩效和公共服务的品质，进而实现公共福利和公共利益的最大化。

　　在现代城市和乡镇居民的日常生活中，建筑扮演着至关重要的角色。它们不仅是公民活动的载体，而且与居民的日常生活有着密切的关系。由于建筑的长期存在，它们对居民生活的价值也是最高的。因此，建筑的使用管理，需要充分考虑到其对居民生活的长远影响，以确保其能够满足公民的需求并促进社会的可持续发展。

　　在此过程中，以下矛盾及问题尤为突出：

　　（1）明确管理范围与内容。在城市化的过程中，如何对数量庞大、覆盖面广的建筑物进行高效管理与治理，是一个关键问题。我们的目标是实现效率的最大化，即在办事数量最多、成本最低、耗时最短的前提下进行管理。建筑物作为城市管理中最广泛的组成部分，其承载的功能极为复杂。在进行统筹协调时不可避免地会遇到责任分散效应的处理问题。此外，管理方与居民方之间的关系也是一个重要问题。具体来说，我们需要明确管理方应该承担哪些职责，又应该避免哪些行为。既有建筑安全管理的过程，应从客观和服务的角度出发，通过适当的方式激发居民的自主性。这样做可以作为润滑剂，促进体系在全周期管理中的顺畅运行。通过这种方式，我们可以更有效地解决城市化过程中的建筑物管理问题，实现城市管理的优化和提升。

　　（2）确定分工与协作方式。在精细化管理的趋势下，政府牵头的多部门协同治理已成为城市住建管理工作落实的主要趋势。这种治理方式涉及住建、环卫、公共事业、交警、公安、消防、安监、工商等多个部门，共同构成一项系统性的工程。从规划建设到建设过程，再到后期的长期管理，都需要这些部门的共同协作来实现。

　　然而，在这一过程中，责任分散的问题也逐渐显现。在绩效评估、职能交叉、争功诿过以及监管模式等方面，都需要进行规范化的实践和探索。由于管理对象的广泛性和多样性，在共性之中也存在着各自的独特性。因此，确立合适的流程，并在效率与质量之间找到平衡，是实现有效管理的核心。

　　（3）围绕使用者为核心的建筑管理。我国的居住形态主要以多高层住宅为主。由于多个所有权人共同管理一栋建筑单体，因此，在建筑的全寿命过程中，通过传统方式实现社会角度的群体效益最大化变得相当困难。从管理层面来看，我们不应仅追求单一的经济效益最大化，而需要考虑不同群体间的公正化分配，以及如何有效回应公民的需求，平衡个体间的利益。例如，在目前旧房加装电梯的过程中，这种矛盾已经变得尤为明显。在既有建筑的加固改造等过程中，虽然技术上的问题相对容易解决，但"人与人之间"以及"人与财物之间"的群体关系处理的有效性，才是实现建筑物安全运行的核心问题。这要求我们在管理过程中，不仅要关注经济效益，还要兼顾社会公正和个体利益的平衡，以实现更广泛的社会效益。

　　（4）充分发挥居民、基层居委会或行业协会的自发性、自律作用。随着居民素质的日益提升，在面对居住生活中遇到的各类问题时，解决问题的方式也在发生变化。过去，我们主要依赖监管部门通过巡查、排查和执行的被动模式来应对。而现在，这种模式正逐步转变为居民自发发现问题、自发组织进行主动排查，并利用自身的专业知识和技能，对城市建筑管理提供积极的支持。

　　这种转变是城市建筑治理能够更有效、更顺利实现的必备条件之一。居民的积极参与不仅提高了问题解决的效率，也增强了他们对城市管理工作的认同感和满意度。因此，得到参与者对建筑治理工作的更多积极支持，对于推动城市治理体系和治理能力现代化具有重要意义。

　　通过鼓励和引导居民参与到城市建筑管理中来，不仅可以提升管理的透明度和公正性，还可以增强居民的归属感和责任感。这有助于构建一个更加和谐、有序、可持续的城市生活环境，为城市的长远发展奠定坚实的基础。

　　（5）针对不同地域、不同发展目标、不同时间范围下的多种管理模式。在不同地域和发展目标的背景下，特大和大型城市的发展对现代化城市管理提出了地域特色适配性的需求。不同城乡建成区具有其地域典型特征，这些特征在一定范围内具有普适性。因此，决策过程中需要通过试点验证，然后逐步进行全面推广。

　　处理上述核心问题的手段，随着时间的推移已经有所发展。传统的管理方法是以"高效执行政策指令"为目标来实现各项管理措施。然而，现代公共管理已经将这一目标转变为"通过掌舵而非划桨"的方式。这意味着在职能实施过程中，引入了市场竞争机制、企业运作逻辑和绩效考核，甚至部分民营化的操作方式，以提供更优质而有效的公共服务。

现代管理更加重视结果，而不仅仅是过程。

中国人民大学张康之教授表示，现在中国处于城镇化工业化中后期，政府逐步转变为"只管该管的事"，把权力还给市场，以发展服务型社会，政府提供服务，成为服务者，同时与其他部门建立良好的关系共同发展。即未来的公共管理的侧重点在于府际关系，即政府和其他机构、第三部门的合作关系和协调发展，见图 2.1-1。

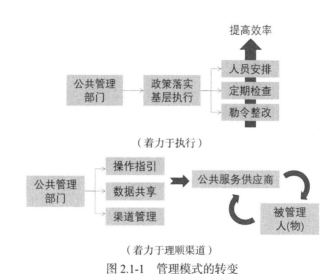

图 2.1-1　管理模式的转变

在上述发展趋势下，随着互联网的发展，针对城市公共管理措施手段也实现了基于数字化的各类应用，如各类政务平台、微信服务平台、地理城乡规划、卫星遥感等，在公共服务、规划、国土资源应用领域已经得到十分成熟的应用。而在城市治理中，也涌现出各类"智慧城市"（或称"数字城市""智慧政务""时空地理管理系统"等）。在发展过程中，经历了由数字城市、无线城市的发展，而这些阶段由于技术和政策原因，其数据集关联度、重叠度较高，因此暂未有广泛全面的应用，仍主要着力于垂直化、条块化强，扁平化、融合化弱的发展特点，见图 2.1-2。目前随着 5G 技术的逐步成熟，在发展智慧城市的过程中，实现了以创新驱动的数据采集与数据前端感知为特征的大数据整合应用。针对当前部分应用平台的概述见表 2.1-1。

结合具体应用情况，目前上线的行业平台主要围绕交通运输、安全预警、应急响应进行一定数据可视化展示。其中应用较为突出的是天眼系统，通过图像识别算法，对城市摄像头数据进行挖掘和匹配，实现警务安监的数字化管理。但大部分技术应用主要围绕单一专业，针对数据分析及可视化开展应用。通过调研交流，发现主要瓶颈在于以下几点：

（1）传统行业无数据沉淀作为支撑，数据来源窄，数据采集成本高、频率低，数据采用私有化协议，数据不开放，无规范接口。

大数据概念来源于金融及互联网行业，通过用户在数字终端（计算机、手机）等渠道的零散操作记录、访问记录、交易记录，进行数据清洗与数据挖掘，得到粗粒度的辅助建议。例如，在金融及其行业分析领域，近 50～100 年以来的大量经济贸易、交易数据；在信息互联网领域，每天通过手机、计算机、4G 网络进行的大量社会活动，均进行记录存储及统计。

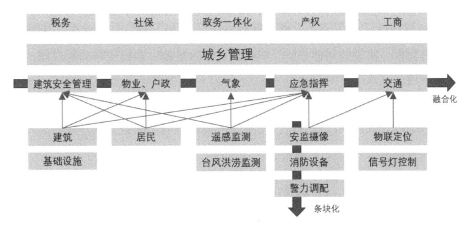

图 2.1-2 公共管理的条块化与融合化发展

表 2.1-1 应用平台概述

着力点	应用概述	应用对象
警情监控与出警系统	集成视频监控、警力警情数据，实现社会治安管理、安全防范、突发公共安全事件控制，综合了解警情、警力信息，合理布局警力分布。报警事件发生时，支持时间轴回放，便于管理者了解事态进度，综合研判处理	警务部门
应急指挥决策	基于地理信息系统汇总城市三维、视频数据、统计数据、移动目标数据，提供警务、医疗、消防等机动目标的数量和分布情况，人群数量的配比，市政水电的运行指标，实现就近调配警务力量进行人流控制、现场疏导	应急响应部门
城市交通监控分析	集成公交、地铁、出租车、消防车等车辆运行线路情况，可以协调各条轨道交通线路的控制及运营，具有综合监视、运营协调、应急指挥等职能	交通运输及城市规划
楼宇运行可视化管控	集成楼宇系统、消防系统、监控系统、环境系统、智能停车系统，直观呈现暖通空调、给水排水控制、变配电监控、照明系统、停车管理等一系列基建运行状况，并可设置报警阈值	物业管理、园区开发及运维
城市能源运行管理	城市能源综合利用监控管理，融合地理信息、专业数据动态标绘、数据图表等多种数据展现形式	供电部门
城市空气质量数据监控、灾害预警	针对空气污染指数，通过实时环境监测数据的统计与呈现，历史数据的多维统计分析，进行环境污染态势呈现，帮助城市管理者掌握城市空气质量分布情况，发现规律，有针对性地采取治理措施	气象部门

对于传统行业，一方面其数据来源较少，类型单一，远不及大数据所需的数据量；另一方面，传统行业数据采集成本高、采集频率低、采集覆盖面窄，对数据分析决策的算法要求高，如采用互联网的穷举等通用性算法进行数据拟合、聚类、推演，较难得到符合实

际物理逻辑的结果。其次，无法打通各部门之间的数据壁垒，应使用变成信息孤岛，无法有效推进。

数字化城市（智慧城市）的目标较为宏观，应用点十分广泛，大部分采用动态可视化展示大屏进行展示和辅助决策。一方面，从数据来源而言，大数据的采集本来就是零散的，需进行数据清洗、验证校核、可用性判断等一系列工作。另一方面，从决策层面而言，数据的可信度、决策的利弊分析、影响面、实时推演、多机构联动等过程，需通过一定时间理顺渠道、有效提高沟通效率。

（2）以技术为主导的分析手段不尽完善，多变量评价方法离散性大，且在人文公共领域，采用既有的数理统计手段进行定性定量的决策较难满足涵盖主观弹性的实际目标，也未能给实际决策提供足够的弹性空间。

在大数据发展阶段，不同行业均采用各类方式进行数据分析挖掘。与金融、统计、市场分析领域不同，在公共管理、人文社群领域，其分析目标、决策重点、影响因素等都更为主观，分析常为非线性问题，如果采用常用的数理统计分析手段，一方面其结果离散性较大，另一方面，通过定量分析的结果与决策指导之间的关系常常较为宽泛而模糊，从而未能实现科学理性的决策。

（3）数据应用的形式多种多样。除了用技术手段提高分析的效率和准确度，我们还需要从实际问题出发，把分析的落脚点放在决策上，完善以用户为中心的决策顶层设计，实现整个流程的闭环管理。

决策的依据则是基于相关专业开展的业务数据分析。目前较多应用主要着力点在于高性能计算，例如，在对交通运输数据进行收集与预测后，数据可视化与分析的结果需通过配置合理的自适应交通灯、可变车道、潮汐车道等具体形式实施。但在房屋安全管理中，决策主体一般是业主，因此在管理体系中，很大一部分决策也需面向群众使用者，因此，建议以技术决策和协调平台为主，促进沟通流程，而管理监督仅作为辅助功能。

（4）建筑安全管理问题并非封闭问题，还与城市综合管理各方面环环相扣，较难通过技术实现面面俱到，一步到位。

建筑是城市的核心组成部分，包括安全管理、结构、消防、使用、装饰和设备等方面。之所以需要管理者来管理，是因为城市面临的一些复杂问题，单靠个人的力量是难以解决的。我们需要从城市问题本身出发，寻找优化的解决方案。

实际上，早在20世纪60年代，人们就开始尝试利用计算机技术，建立基于数学模型的城市管理系统。但至今这种系统还没有得到广泛应用。一些学者认为，一个重要原因是过去的研究者把城市看作一个封闭的系统，忽视了外部环境的影响。建筑安全管理的业务逻辑比较复杂，很难用一个明确的公式来描述。虽然我们可以依靠智能系统，但不能过分依赖它。在城市管理运行过程中，决策逻辑也是一个动态变化的过程，需要不断改进和更新。如果业务不精通，或者研发和服务脱节，就很难得到满足决策需求的结果。

2.2　以建筑及其使用者为核心的公共管理 ·····················

2.2.1　建筑全寿命周期安全管理概述

　　针对上节所述矛盾及问题，本节提出采用围绕建筑物及其使用者为载体开展的全寿命周期安全管理（图 2.2-1），该管理即是对城市公共管理所进行的具体化实践，并以公共管理（主要为城市管理）的相关理论体系为指导，主要包括城市建设规划与实施、城市经济发展与决策、市政公用设施的管理、在特定应用场景下建筑的使用管理等方面。

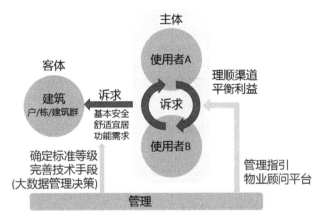

图 2.2-1　建筑全寿命周期管理的主要目标

　　主要的解决方法包括以下几个方面：

　　（1）围绕建筑物建立全寿命周期的档案库，以专业化数据基础作为工作的基础。

　　（2）通过理顺权责过程，建立住建环节畅通的管理机制。通过建立信息互通机制，实现现场拍摄、安全评估、邮寄整改通知，并将处理结果与个人征信挂钩、个人征信积分与后续市场行为和买房购房挂钩，实现机制顺畅的过程。

　　（3）充分利用大数据和数字化的作用。以人工智能和 5G 技术为主导的数字城市管理日渐发展成熟，通过集中化的管理系统，实现对影像、记录、监控数据的实时分析采集，并通过 5G 网络实现数据的接收与回传，对实施过程实现全过程数字化的分析、决策、落实、回访，有利于提高巡查效率、精简工作、提高监控水平、减轻工作压力，从根本上提高精细化管理水平和力度。在《中共中央关于全面推进依法治国若干重大问题的决定》中指出"理顺城市管理执法体制"，但该过程目前仍缺乏顶层设计。目前"建管分离"的执行体制，也不利于"谁审批谁负责"的责任原则，因此，统筹城市规划建设管理，是采用大部制方式还是通过其他有效方式，避免职能部门错位缺位，如何实现符合《中华人民共和国城乡规划法》立法思路中统筹城市规划建设管理，成为目前研究的突破点。

（4）以建筑、建筑使用人、建筑承载的社会活动为核心，为城市公共管理提供核心数据支撑。

（5）基于大数据及区块链的技术特点，建立围绕建筑全寿命周期的档案库，包括建筑建设信息、建筑使用信息、建筑经济活动信息、建筑改造维护信息、建筑周边关系信息在内的全方位建筑物档案。

建筑管理的主体主要还是政府机关，客体则包括了时间、空间、社会、人口、经济活动的方方面面，见图 2.2-2。

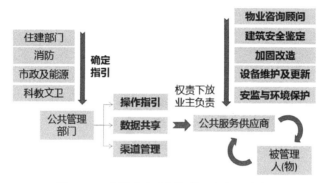

图 2.2-2　建筑全寿命周期管理的主要内容

2.2.2　全寿命周期管理的时间范围

全寿命周期主要包括规划建造阶段、使用阶段、功能改造阶段、鉴定加固改造阶段、拆除阶段共 5 个阶段。

规划建造阶段：满足城市规划、报建、建造的相关指引、流程要求，确保建筑物符合城市规划及规范的要求。

使用阶段：符合产权使用用途，符合原设计荷载，不损坏原结构。燃气、供电等设备满足安全使用需要；装饰构件对周边环境安全不构成影响；消防设施及通道完备。

功能改造阶段：自主加装电梯、翻新外墙、设备或管网更新。

鉴定加固改造阶段：含定期巡查、鉴定、检测、估值、预警等工作。当结构承载能力、结构容许荷载、耐久性等不能满足目前正常使用需求时，进行主体结构、附属构件、设备管线、装饰构件、疏散设施等的加固及改造处理。

拆除阶段：当结构无法通过适当形式进行加固改造，且对周边环境存在危险性时，需进行拆除。

2.2.3　全寿命周期管理的对象

（1）单套住房

在建筑使用交易维护全周期中，单套住房作为管理的最基本单元，围绕其展开消防、装饰、改造功能及巡检等工作，物权人作为第一负责人，承担在建筑全周期过程中，符合房屋设计使用功能、配合巡检、进行具体整改与修缮等工作。

（2）单栋建筑物

在规划设计建造及后续使用工作中，我国主要以"业主委员会""受业委会雇佣的物业公司"进行单栋建筑物的管理。表 2.2-1 列出了典型建筑物类型。

表 2.2-1　典型建筑物类型图示

单层砌体（20 世纪 70 年代，乡村自建房）

多层砌体（20 世纪 80 年代，城镇自建房）

多层框架住宅（20 世纪 90 年代，房改房）

高层住宅（2000 年前后）

（3）城乡建筑群

城乡建筑群可采用以下方式划分：以地理空间为划分依据，如行政或管理区域；以功能或属性为划分依据，如医院、学校；以建筑评级为划分依据，如按结构体系、年代、评价等级进行分层次管理；以业主或特定管理主体为划分依据，如特定管理主体、开发商、物业管理公司所管辖的建筑群。图 2.2-3 为建筑群划分方式。

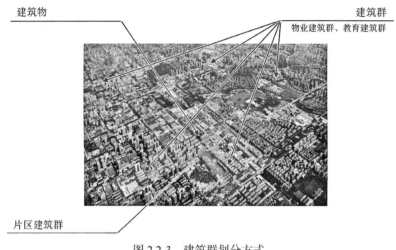

图 2.2-3　建筑群划分方式

2.2.4　国内外常见管理模式

国内外对建筑及社区的管理，目前主要利用物联网等软硬件设备实现智慧物业管理、电子商务服务、智慧养老服务、智慧家居、社区购物与配送等功能。主要硬件设施有家庭安装的感应器、业务数据库、服务器、应急呼叫系统、视频监控系统、广播系统、门禁系统等。该类硬件设施主要用于高端新建小区，采用开发商投入、物业管理单位进行维护和使用。

具体实施模式主要如下。

政府主导型：由政府牵头采用试点建设，沿智慧政务方向发展；部分采用政府补贴，开发商或物业主导。政府主导型的发展模式，是由政府制定明确的"智慧城市"发展战略，加大基础设施投资，推动国际、国内的相关资源要素向城市集中，支持和鼓励政府、企业、市民等主体之间形成互动和网络关系，引导全社会参与智慧城市建设。政府主导型的发展模式主要依靠自上而下的力量，金融业不发达、风险投资不足的城市可以采用此模式。

市场导向型：市场导向型的发展模式是在市场机制配置资源充足的前提下，建设主体在各自的利益需求和市场竞争压力下，不断寻求技术上的突破和科技创新，自发地在城市地区形成"智慧产业"集群和有利于创新的环境。这种市场导向型发展模式主要来自自下而上的力量，发达工业化国家一般采用此模式。其中，市场导向型可再细分为：① 开发商主导型：主要针对安全、健康、环境等社区管理要点进行的智慧社区；② 服务型企业主导型：主要提供便民服务、购物、医疗、家政、快递、养老、物业管理等综合服务，沿智慧商业方向发展。

2.3　实现建筑全周期管理模式的顶层设计

2.3.1　全周期安全管理的内容与边界

（1）房屋的全寿命周期定义

目前，我国房屋的设计使用年限大体为 50 年，然而房屋的设计使用年限并非房屋的使用寿命。在我国，既有建筑的拆除是一种极大的资源浪费，亦会造成严重的环境问题。在房屋的全寿命周期内，定期对既有建筑进行检测和维护，有利于实现建筑设计使用年限，延长其使用寿命。

（2）建筑安全管理的类型

建筑物安全管理主要分为使用管理、结构安全管理、消防安全管理、设备管理、环境影响五大类，具体内容见表 2.3-1。

表 2. 3-1　建筑安全管理的类型

管理类型	管理内容	结论
使用管理	使用人信息、责任人信息 使用年限、使用用途、使用荷载 改建情况（违规加建、改造）	对超出使用荷载的位置 进行整改
结构安全管理	承载能力 耐久性、裂缝渗漏、材料使用年限 场地地基基础 附属物（装饰构件、构筑物、门窗、防盗网、外贴砖、 外挂空调机、花盆等）的安全情况	Bs 级增加检测频率、 Cs～Ds 级应进行加固整改
消防安全管理	消防设施（管网、报警设备等） 消防通道、其他逃生条件（防盗网） 消防安全教育	对不符合消防要求的位置 进行整改
设备管理	弱电设备运作情况 电梯安全情况 供水质量与供水情况 供电、供气安全情况	对设备进行检修维护、对 具体专项开展安全检测
环境影响	污染情况（垃圾、大气、水体、噪声、振动源） 基坑开挖及降水 施工材料运输 改造、拆除过程的环境影响	停止环境影响、对污染源 开展整治与处理

（3）建筑全周期管理的阶段划分

1）规划建造阶段

① 建筑物规划满足城市规划、进行报建及相关手续。

② 建筑物桩基施工、基坑开挖、基坑降水、建筑材料运输、振动源、建造大气污染及水体污染对周边建筑物及环境是否有影响，并对周边建筑物及环境采用合适的方式进行监控。

2）使用阶段

① 实际使用用途是否符合产权载明的用途。

② 使用用途及荷载是否不大于原设计。

③ 主体结构使用年限不超出设计使用年限，非结构构件不超出设计使用年限，其他各类材料不超出材料使用年限。

④ 结构承载力、耐久性监测。

⑤ 外墙砖、外挂空调机的安全管理。

⑥ 设备管理。

3）功能改造阶段

① 对使用功能、使用荷载进行变更。

② 对供电供水设备、电梯设备提出新需求，进行设备新增或改造。

4）鉴定加固改造阶段

① 当结构承载能力、结构容许荷载、耐久性等不能满足目前正常使用需求时，进行主体结构、装饰构件等的加固。

② 当有功能改造需求时，进行加装电梯、加装疏散楼梯、加装排污管线、附属构件及设备等改造处理。

③ 对于历史保护类建筑，进行专项评估。

5）拆除阶段

① 当结构无法通过适当形式进行加固改造，且对周边环境存在危险性时，需进行拆除。

② 业主由于其他原因提出的拆除。

③ 拆除过程中应满足建造阶段及其他基本管理内容。

2.3.2 全周期安全管理的主体及其职责

建筑全周期安全管理主体主要有：业主、居住人、地方政府、地方住建管理部门（城市安全管理主体责任）、城市管理综合执法部门、基层居委会及村委会、消防部门、基础设施供应部门（水电燃气）、通信服务供应商（运营商）、文化管理部门（针对历史类建筑）。其相应的工作与职责有：

（1）所有权人责任

房屋所有权人是房屋结构安全使用第一责任人，承担房屋结构安全使用主体责任，应当定期对房屋结构进行检查，发现损坏及时维修，保证房屋结构安全和正常使用。

因房屋产权不明晰或者房屋所有权人下落不明等原因造成房屋所有权人无法承担房屋结构安全使用责任的，房屋实际使用人应当先行履行房屋结构安全使用责任人的义务。

公有房屋的所有权人、承租人、管理人是公有房屋结构安全使用责任人。其中，保管自修直管公产房屋的承租人是房屋结构安全使用责任人。

（2）政府责任

政府部门在房屋安全管理中发挥指导、监督的责任。目前，针对检测鉴定工作，政府部门需要进行以下改革：

1）房屋安全的管理工作，是政府的主要职责之一，而房屋安全鉴定工作需要专业的知识、技术和先进的检测仪器设备，应该让市场主导。政府部门应该履行好管理者的职责，监督房屋安全检测鉴定市场，杜绝房屋安全检测鉴定市场混乱。

2）在全国范围内，开放房屋安全检测鉴定市场，建立相应的检测鉴定机构，普及房屋安全鉴定，将房屋安全检测鉴定市场多元化发展，使之发展均衡。目前只有在我国发达城市才有房屋安全鉴定机构，发展程度极为不均衡，严重影响着我国房屋安全鉴定市场的整体发展。所以，政府相关部门应该开放我国房屋安全检测鉴定市场，让有实力的企业能够进入房屋安全鉴定行业，丰富房屋安全检测鉴定市场，同时也应在全国范围内建立自上而下的鉴定管理体系，督促全国各地建立相应的房屋安全管理机构，监管各地的房屋安全检测鉴定企业。

3）出台房屋安全鉴定市场的行业规范，完善房屋安全鉴定制度，规范房屋安全检测鉴定市场。

4）面临我国危险房屋数量庞大、整治困难的局面，全国房屋安全检测鉴定行业应实行房屋安全检测鉴定机构的市场准入制度和资质的动态管理，使房屋安全检测鉴定走专业化、规模化、多元化、市场化的道路。当前房屋安全鉴定市场的准入门槛太低，应适当提高，将从事房屋安全鉴定的单位的注册资金、从业人员数量、设备仪器数量、从业经历等因素考虑在内。

5）制定严格的房屋安全奖惩通报规定。房屋的安全与人民生命和财产息息相关，更关系到国家的稳定，所以房屋安全检测鉴定领域不允许出现虚假的鉴定报告和不准确的鉴定结果。政府相关部门应制定房屋安全通报奖惩规定，严格管理房屋安全鉴定行业，杜绝弄虚作假、不良竞争行为的发生。

6）制定房屋安全鉴定行业统一鉴定标准和报告版本要求，从技术、方法上规范鉴定机构的鉴定行为，为将来统一行业管理标准奠定基础。

7）在全国范围内，推行房屋安全检测鉴定技术人员的职业资格考试和从事该职业注册管理制度，提高从业人员的专业水平，使鉴定结果具有更高的科学性和可靠性。

8）针对我国所有公共建筑及其相关设施的安全，推行按期强行检测鉴定制度。由于我国公共建筑众多，尤其是人员密集场所，其安全直接影响人们的人身和财产安全，更影响社会的稳定，所以相关行政主管部门应制定定期对公共建筑的安全检测鉴定制度，以保证人安、财全、社稳，并严格执行。

（3）检测鉴定机构的责任

房屋安全鉴定机构是房屋鉴定市场的主体，其行为不仅需要外界的约束，自身也应该不断加强软硬件的建设。

1）提高自身的责任意识和风险意识。在相关法律法规的制约下，房屋安全鉴定机构应遵守行业规范和相关技术标准，不出现弄虚作假的现象。

2）不断提高本机构执业人员的技术水平。从事该项工作的人员不但具有良好的职业道德，熟悉相关的法律法规，还应该掌握相关专业知识，并且能够在实际工作中熟练使用。

3）鉴定机构不但要采用新方法、新技术对老旧危房进行房屋安全检测鉴定，同时还要及时引进和更新完善实验室的设备仪器，保障鉴定机构能够更全面地运用并取得可靠检测结果。

2.3.3　全周期安全管理的基本流程

基本流程主要有建筑物管理、物业群管理、建筑群管理、应急灾害管理四大类。

建筑物管理是以业主及业委会为基本运作单元，通过委托形成物业管理、安全运维管理体系，并由住建管理部门监督，见图 2.3-1。

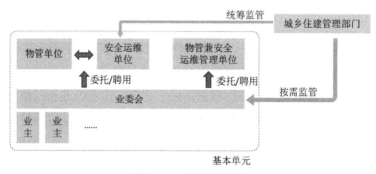

图 2.3-1　建筑物管理

物业群管理是以物业管理单位为运作单元，构建保障物业安全的集约统筹化管理体系。借助互联网＋保障提升服务水平，管理人力、物资的均衡调配，节约物业管理成本，见图 2.3-2。

建筑群管理是建立城乡建筑群安全信息化管理体系，发挥 GIS、智慧城市、数字孪生、CIM 平台的数据优势。实现基于智慧城市的时空 GIS/CIM 精细化管理。通过 5G 物联监测设备，实现城市建筑群健康数据的广泛采样与实时分析，见图 2.3-3。

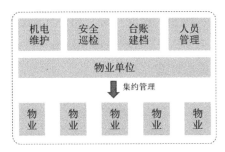

图 2.3-2　物业群管理

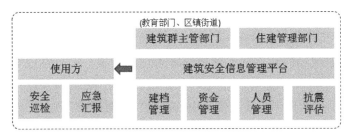

图 2.3-3　建筑群管理

灾害应急管理是完善以建筑物为基本处置单元的建筑安全保障的大数据信息互联平台，提升应急响应效率、实现点对点处置，见图 2.3-4。

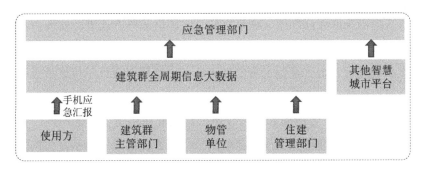

图 2.3-4　灾害应急管理

在全周期管理过程中，主要工作分为业主对房屋开展定期维护、使用阶段特殊场景的处置、政府职能部门开展监管工作和重点建筑实时监测 4 类，具体内容如下：

（1）业主的定期维护内容

既有房屋的定期检测和维护有赖于业主的支持和行动。提倡广大业主对房屋进行定期的检测和维护，主要包括：

1）每年对房屋沉降进行一次检查，做好记录。

2）每 2 年对外墙较大面积渗漏进行补修，补修无效的，应进行局部翻新，防止渗漏扩大。

3）每半年对屋面进行一次检查。

4）每年全面维护一次楼梯踏步，消除空鼓；每 2 年刷新一次门厅及楼梯间墙壁、天花、扶手和栏杆。

5）每年雨季前检查一次排水管道。

6）每半年委托具有资质的单位对水池、水箱等进行一次清洗和保养；水箱每 15 年更换一次。

7）每半年检查一次电气线路。

严格禁止危害房屋结构安全使用的行为，主要包括：

1）增加房屋使用荷载。在楼板、阳台、露台、屋顶超荷载铺设材料或者堆放物品，在室内增设超荷载分隔墙体。

2）拆改住宅房屋门窗。在住宅楼房外檐上增设门窗、拆窗改门或者扩大原有门窗尺寸。

3）改变住宅房屋用途。将住宅楼房中的部分住宅房屋改为生产、餐饮、娱乐、洗浴等经营性用房。

4）拆改住宅房屋结构。拆改住宅楼房或者与其结构垂直连体的非住宅房屋的基础、墙体、梁、柱、楼板等承重结构。

（2）使用阶段特殊处理情形

1）危险房屋。经房屋安全鉴定机构鉴定，属于危险房屋的，按照国家和本市相关规定，房屋产权人应当采取大修加固、恢复重建、立即拆除等方式进行处理。

2）非住宅拆改房屋结构。非住宅涉及拆改房屋结构或者增加房屋荷载的，应当委托房屋安全鉴定机构进行鉴定。经鉴定需要加固的，由原房屋设计单位或者具有相应资质等级的设计单位提出加固设计方案，经加固后方可施工。

3）房屋上设置户外广告设施和安装设备。经批准在房屋上设置户外广告设施和安装设备，涉及拆改房屋结构或者加大房屋荷载的，应当委托房屋安全鉴定机构进行鉴定。经鉴定需要加固的，由原房屋设计单位或者具有相应资质等级的设计单位提出加固设计方案，经加固后方可设置和安装。

（3）政府职能部门的定期巡查

政府职能部门加大对房屋安全的检查力度。

1）开展既有房屋安全普查。

结合危险房屋排查整治工作，开展既有房屋安全普查，全面掌握房屋完损状况，建立房屋安全管理档案。各相关行政主管部门负责本系统的既有房屋安全普查工作；各园区、镇、办事处负责本辖区内的既有房屋安全普查工作；房管局负责直管公房、已入住的保障性住房安全普查工作，对普查中发现的房屋安全隐患及时落实治理责任和整治措施，做到安全隐患早发现、早预防、早监管。

2）切实做好危险房屋安全监管。

对房屋安全隐患排查中发现的危险房屋，房管部门要编制清册，在尚未解危前，各园区、镇、办事处和有关单位要落实专人负责，跟踪监管，配合所在社区，督促房屋产权人、使用人、管理人建立定期检查制度，确保损坏严重的房屋和危险房屋始终处于可控状态。

3）加强特定条件下房屋安全检查。

各园区、镇、办事处和有关单位要对房屋安全保持高度敏感，在台风、暴雨、大雪等恶劣气候条件下，或者在重大工程项目施工时，要做好事前排查、事中巡查和事后核查，及时掌握恶劣气候或工程建设对房屋使用安全的影响，对存在重大安全隐患的房屋要及时撤出人员，避免塌房伤人事故发生。

4）完善房屋安全责任制度

结合房屋安全普查展开房屋安全责任制度的宣传工作，对拒不配合的业主进行一定的行政处罚。

（4）重点及典型建筑的动态监测预警

对于经业主、职能部门确定，需要进行重点监控的建筑物，委托专业的安全监测企业进行具体实施，由业主委托的运维单位开展相应的传感器架设安装，进行评估与预警阈值设定，通过手机移动端、短信电话自动警报等方式，形成实时监测预警体系。

2.3.4　分层级的建筑安全处置与弹性决策机制

（1）根据安全类别，采用对应的评估手段及决策内容，见表 2.3-2。

表 2.3-2　评估内容对应手段与决策

分项	评估内容	评估手段	决策内容
单栋评估	结构健康	直接评估法、模糊积分法、贝叶斯网络、人工智能	结构安全评级、监控等级、整改措施、成本
	装饰构件健康	直接评估法	整改措施、成本
	消防健康	直接评估法	整改措施、成本
	设备健康	直接评估法	整改措施、成本
建筑群片区评估	基于评估结果的建筑群健康	单栋结果+建筑画像聚类	整改措施、成本
	基于建筑画像的片区灾害评估	基于建筑画像+模式匹配	灾害预警评级、损伤覆盖面及统计
	基于时间的健康退化情况	带时间的变化率情况	预警、统计

决策阶段需结合不同评估手段，得出结构安全评级、监控等级、整改措施、成本、预估灾害损伤情况等内容。其中，结构安全评级是指经多种算法及工程师综合判断后，给定的建筑物评分；监控等级是指业主根据建筑物情况及自身需求确定监控等级（频率、方式）。

（2）根据评估结果，定义分层级的建筑安全评估模式。

1）重点建筑采用实时监测、定期巡访；

2）次重点建筑采用定期刚度动力检测、表观裂缝情况巡查；

3）片区同年代同类型建筑，采用抽样检查，统筹评估（基于直接评估法、模糊积分法）；

4）其他未覆盖建筑，按遥感楼层平面及楼层数，采用等效刚度模型，进行批量评估。

依托大数据分层级、关键建筑精细化评估，非关键建筑直接评估与大数据评估相结合，对应不同等级采用不同深度的监测手段，见表2.3-3。

表 2.3-3　评估等级对应手段与方法

监测与评估等级	对应建筑安全评级	对应建成年限	数据深度	监测手段	评价方法
重点监测	D～E	≥20年	结构模型、完整资料	实时监测、动力检测、定期巡访	直接评估法、模糊积分法、定量分析、构件评价等
标准监测	C～D	10～20年	巡检录入资料	动力检测、定期巡访	直接评估法、模糊积分法
一般监测	A～B	<10年	典型建筑巡检录入	定期巡访	直接评估法
一般建筑（灰模）	A～B	<10年	仅遥感轮廓、高度、体系、年代	片区拟合	片区拟合

（3）根据评估状态及结果，确定处置方法。

1）不能满足正常使用的建筑安全处置

按评估不能满足原设计用途及荷载的正常使用：分等级进行加密监测、局部构件鉴定、整体鉴定、拆除等。

2）特殊状态的建筑安全应急处置

台风、地震、基坑开挖大变形等特殊情况下的处置机制：采集居住人信息，实现预警通知，实时评估，配合消防等部门提供建筑物分布等信息，公众参与等。

2.4　实现建筑全周期管理模式的技术措施 ·······················

2.4.1　建立物业综合服务平台，形成建筑全周期安全管理闭环

建筑物作为公民活动的载体，在我国多高层住宅小区的居住特点下，主要以多个责任主体共同组成进行管理，因此在管理过程中，主要难点在于在长周期、多因素糅合的管理内容中，通过弹性的方式统筹协调分散责任，考虑不同群体的公正化分配，平衡个体间的利益。

本书提出围绕建筑物及其使用者的数据驱动的建筑物全周期安全管理模式。该模式主要有四大核心环节，分别为数据管理、安全评估、区域决策、实施落实，见图 2.4-1。对建筑数据建档与全周期跟踪，采用技术手段提升分析效率与精度，以技术带动决策、以物业协调平台实现落地闭环，并通过区域统筹实现全过程监管。

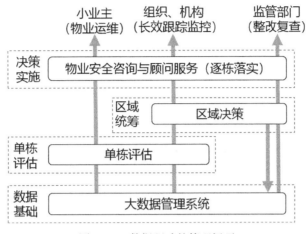

图 2.4-1　数据驱动的管理闭环

2.4.2　符合融合化城市管理的建筑物全寿命周期大数据系统

建筑作为城市的最为广泛的重要组成部分，自身数据除自身完善外，也需要能提供给相应的其他职能部门开展周边的工作。在管理与决策的各个阶段，充分融入智慧城市的方方面面。通过时空描述建立建筑图谱，实现片区集约化评估，基于建筑的基本属性，建立建筑群画像，通过图谱实现时空数据的拟合评估，见图 2.4-2。

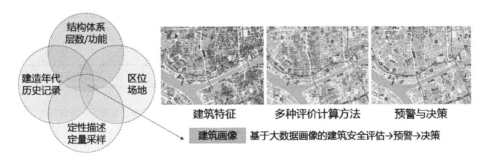

图 2.4-2　基于时空分布的建筑群要素拟合推演

2.4.3　围绕建筑大数据实现深入精准的量化评估

大数据体系建立后，能对各类决策提供数据支撑，实现科学决策，依据合理，分析有序，成效可估，结果可指导后续其他工作的开展，见图 2.4-3。

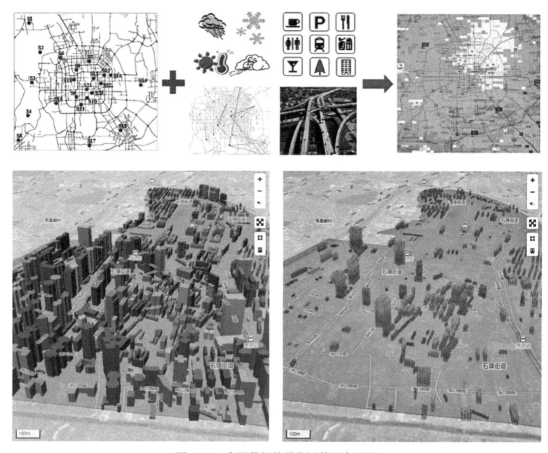

图 2.4-3　多源数据的量化评估整合示意

　　本书通过完善数据采集渠道、应用场景并提供智能化的决策方案，实现量化评估的落地应用。针对建筑群大数据，围绕四大类型开展量化评估，见表 2.4-1。

　　在安全监控领域，通常采用两种主要的风险监控方法：黑盒监控和白盒监控。

表 2.4-1　量化评估大数据分类

数据类型	主要内容	周期更新及来源
单体数据（静态）	地理空间位置 平面轮廓 楼层数 结构体系	基于卫星遥感、图像识别、人工采集等多种方式
单体数据（动态）	承重构件情况 装饰构件情况 设备运行情况 消防安全情况	基层定期巡访 物联网传感器
户政及经济数据	居住情况 人口分布情况 建筑功能 区域房屋单价	基层定期巡访 街道、居委会登记情况 人口、经济普查数据 行政区各季度统计数据

续表

数据类型	主要内容	周期更新及来源
环境数据	场地自然条件 地质条件 危险源信息	遥感数据、地勘、人工采集

黑盒监控是一种外部观察的方法，它不依赖于系统内部的工作原理或结构。黑盒监控专注于评估系统的表现和输出，即对当前正在发生的现象进行实时监测和分析。这种方法的关键在于能够快速识别和响应异常现象，即使不完全理解导致这些现象的内部机制。对应下列方法（1）、（2）、（5），基于黑盒原理分析现象来预测和识别可能的风险和问题，从而实现对大概率事件的监控。

与黑盒监控不同，白盒监控则是一种深入系统内部的方法。它通过访问和分析大量的系统内部数据，来获取对系统状态和行为的全面理解。白盒监控的重点是抓取关键的控制信息，利用这些信息进行深入的数据预测和推演分析。这种方法能够揭示那些可能不容易从外部观察到的问题，包括即将发生的问题和那些在表象修复后可能被隐藏的问题。对应下列方法（3）、（4）、（6）、（7），基于白盒原理，通过深入分析系统内部的数据和逻辑，来提高监控的准确性和预见性。

本书开展以下评估方法的研究应用：

（1）基于物联网的建筑物健康监测方法；

（2）结构安全直接评估法；

（3）基于贝叶斯网络的建筑结构安全评估专家系统；

（4）结构安全层次评估方法；

（5）结构安全模态损伤识别评估方法；

（6）结构安全 AI 智能评估方法；

（7）基于相似度的建筑群快速评估方法。

2.4.4　科学评估及弹性决策相融合的多层次安全保障体系实践

基于全方位的顶层管理体系及技术保障措施，提出建筑群全周期预警和决策机制，搭建建筑群安全辅助决策系统，实现城乡建筑群安全"巡访－监测－评估－预警－决策"的区域统筹管理，主要实施步骤有以下几点。

（1）基于安全性、可行性、经济性的高宽容度定量决策方法

基于多层时空地理信息系统和空间分析统计算法实现片区数据综合挖掘与分析。对城乡片区实现覆盖面更广泛的建筑安全评估与灾害评估（重点区域采用巡检及布置监测设备，其他区域采用遥感图像与结构刚度模型模拟响应情况），区域处置方式的评估与对比，经济性分析与综合评判。每季度提供区域概况与建议报告，对突发灾害实现自动化

即时评估。

（2）大数据平台及多渠道数据采集

建立建筑安全评估数据库，实现城乡建筑群安全信息中心化管理；搭建便携式的建筑管理大数据平台，实现管理方式的信息化；建立安全信息巡检员制度，统筹建筑结构安全、消防安全、燃气安全、供电安全、装饰安全的集中巡检制度；提供多种建筑安全监测手段（如物联网实时监测平台、基于刚度特征的定期模态响应监测、现场结构安全信息采集与处理），对重点监测建筑实现自动化监测。对于次重点建筑，采用巡检员定期检查。

（3）建筑物评估、预警及处置机制

通过对不同类型的多种指标综合评判，实现建筑安全的精细化评估。对不同安全等级的建筑分别采取对应层次的建筑安全监测与评估。通过建立城乡地理大数据平台，实现区域化的建筑安全预警与处置方案。建立完善的安全处置机制，对应部门及联系责任人建立即时联络机制，对于发现的潜在的建筑不安全因素进行处理，并跟踪处理结果。

2.5　典型应用场景

2.5.1　业主日常安全维护

此处的"业主"指"房屋使用安全责任人"，包括房屋所有权人（一般情况）、房屋代管人（房屋所有权人下落不明或房屋权属不清晰，且有代管人的）、房屋使用权人（房屋所有权人下落不明或房屋权属不清晰，没有代管人的）、公有房屋的管理单位（公有房屋）。《广州市房屋使用安全管理规定》第十二条明确了房屋使用安全责任人应当承担下列房屋使用安全责任：

（1）按照规划、设计的要求和不动产权属证明记载的用途合理使用房屋；

（2）装饰装修房屋符合相关规定；

（3）检查、维修房屋，及时消除房屋安全隐患；

（4）按照规定进行房屋使用安全鉴定；

（5）防治白蚁；

（6）法律、法规、规章规定的其他责任。

房屋使用安全责任人应当配合各级人民政府、房屋行政主管部门组织的房屋使用安全普查、巡查和应急抢险等活动。

因此，业主（房屋使用安全责任人）具有日常维护房屋安全的义务。业主可通过关注"建筑安全卫士"微信公众号（如图2.5-1所示）进入"物业咨询服务系统"，根据其中的内容履行房屋使用安全责任。

图 2.5-1　"物业咨询服务系统"主界面

"物业咨询服务系统"采用了较为通俗易懂的设计语言，引导业主简易且自然地完成各个步骤的操作，履行维护房屋安全的义务，如图 2.5-2 所示。为方便业主的应用与信息维护，微信公众号内还开放了物业信息录入和管理、申请安全评估、申请安全监测和立即联系专业人员等服务。

图 2.5-2　"物业咨询服务系统"业主服务界面

此外，为提高房屋使用安全责任人的建筑安全意识，微信公众号内开发了建筑安全资讯中心模块，通过输入业主关注的内容，将有价值的参考资料展示给业主。例如，输入裂缝、漏水、防水、装修、房屋翻修、甲醛等关键词，即可展现相关词条，为业主答疑解惑。公众号内也会定期发布居民关心的建筑安全和公共安全的科普文章和实时资讯，配合政府开展建筑结构、房屋使用的安全宣传，提高居民对于建筑安全和公共安全的认识。

2.5.2　街道巡检

《广州市房屋使用安全管理规定》第十七条规定，镇人民政府、街道办事处应当组织社区网格员或者相关巡查人员开展房屋使用安全巡查和信息采集，并向区房屋行政主管部门报送房屋使用安全信息。

社区网格员或相关巡查人员在开展房屋使用安全巡查和信息采集的过程中，可使用手机或平板电脑等终端设备，将安全巡查过程和采集到的有关信息依次录入建筑安全信息大数据管理系统模块，如图 2.5-3 所示。现场巡查可以依据系统中需要录入的项目依次进行调查采集，从而保证现场调查过程的专业性和完整性。对于一些难以描述的信息，比如裂缝位置走向、墙体渗漏等，均可以通过添加附件的形式，将现场拍摄的照片、录音的文件进行储存上传至云端，保证现场安全巡查和信息采集的完整可靠。

图 2.5-3　建筑安全信息大数据管理系统

建筑安全信息大数据管理系统除了使用安全信息，还包含建筑主体结构、附属结构、消防和设备的安全信息，通过采集此类信息，可以通过后续的安全评估系统对建筑进行整体安全风险评估，根据评估的结论给出相应的安全等级和专业处理意见，从而为人民政府、街道办事处对建筑安全预警与决策提供合理可靠的建议。

2.5.3　安全评估统计

对于想要了解房屋建筑安全情况或者不明确房屋是否需要进行安全鉴定的时候，可以对房屋进行安全评估。当某区域内单栋房屋安全评估达到一定数量后，可以通过大数据平台对该片区的建筑群进行安全评估，评估流程架构如图 2.5-4 所示。

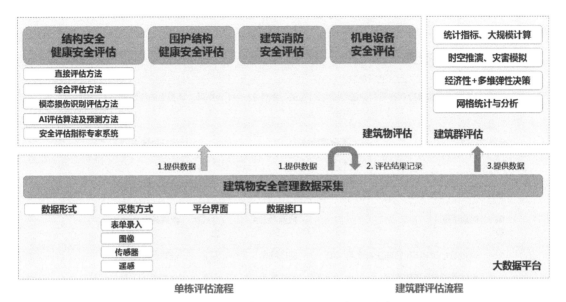

图 2.5-4　单栋建筑物和建筑群评估流程架构

对于单栋建筑，当业主需要进行房屋安全评估时，可通过"建筑安全卫士"微信公众号进行申请。填写基本信息后，即有专业人士上门进行安全情况调查与信息采集，然后通过多种专业评估方法（如直接评估方法、综合评估方法、AI 评估算法及预测方法等）对房屋安全进行评估，内容包括主体结构、附属结构、机电设备和建筑消防安全评估，并给出评估结论以及建议。建筑安全评估系统生成的评估结论如图 2.5-5 所示。

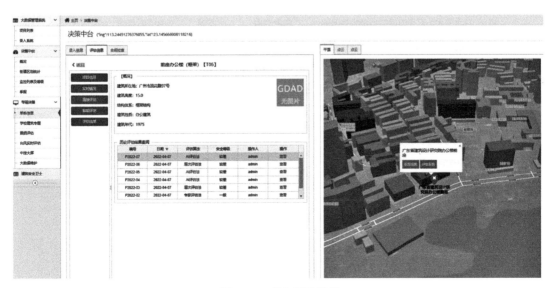

图 2.5-5　安全评估结果

对安全评估结论中不满足安全使用要求的建筑结构、设备、装修等，可通过智能专家辅助决策系统，依据改造加固造价、技术可行性进行智能层次归类分析，并给出辅助决策建议。智能专家辅助决策系统如图 2.5-6 所示。

合规检查报告

报告根据《广东省既有建筑安全管理指南》检查，您有 12 个不合规项，请重点关注处理。

检测项总数	不合规项数	已提交处理中
89	**12**	**4**

全部分类 ▾　全部状态 ▾　请输入检测项目名称

编号	检查项目	检查项分类	合规状态	改进建议
1	结构受力安全满足目前正常使用需要	房屋结构	是	定期巡检回访
2	消防通道满足疏散要求	消防安全	是	定期巡检回访
3	外墙装饰使用不超出原材料使用年限	围护构件安全	否	联系厂家[查看]进行钻孔加固
4	外挂空调机支座安全，无明显锈蚀	围护构件安全	否	联系厂家[查看]进行支架替换
5	房屋使用功能及荷载未超出原设计	房屋结构	是	定期巡检回访
6	房屋围护责任人信息已录入	基本信息	是	更新时及时访问系统提交相应信息
7	防盗网设置逃生口	消防安全	否	联系厂家[查看]进行逃生口预留改造
8	楼梯间供电线路满足用电安全	设备	是	定期巡检回访
9	房屋屋面、梯间无漏水渗水情况	房屋结构	是	定期巡检回访
10	漏水渗水处无用电设备或结构外漏钢筋	房屋结构	是	定期巡检回访
11	房屋周边场地无严重地表沉降	房屋结构	是	定期巡检回访
12	房屋结构满足近10年台风正常使用及承载力要求	房屋结构	是	定期巡检回访
13	房屋结构满足现行抗震设计规范要求	房屋结构	否	[查看]初步评估报告，联系进行鉴定加固
14	建筑底层无长期废置区域	房屋结构	是	定期巡检回访
15	消防管线能正常使用	消防安全	是	定期巡检回访
16	周边无危险源	基本信息	是	定期巡检回访

图 2.5-6　智能专家辅助决策系统

2.5.4　危房记录及分布监测

包括危险房屋记录、更新与分布，实时监测跟踪展示，维修加固记录及成本统计。

当某建筑安全评估等级较低时，该建筑属于安全风险较大的建筑，可进行房屋安全监测，记录该房屋的关键指标。例如当某建筑在地图上显示为红色，安全评估等级为 C 级，表明此建筑安全状况较差，可进行实时监测或者申请房屋安全鉴定（图 2.5-7）。

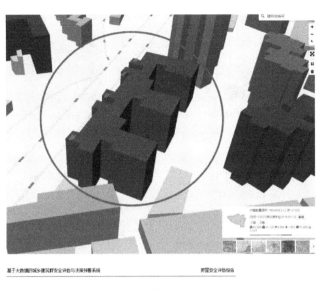

图 2.5-7 某建筑房屋安全评估

房屋监测传感器及安装效果如图 2.5-8 所示。房屋安全监测可以及时发现老旧房屋或危房的潜在安全隐患，防患于未然。监测后的数据（倾斜、沉降、位移、模态等）通过云端实时传送到监测系统中，并对出现超过预警值监测数据的房屋进行实时跟踪，反馈相关信息至专业技术人员，进行下一步深入调查和鉴定加固，如图 2.5-9 所示。

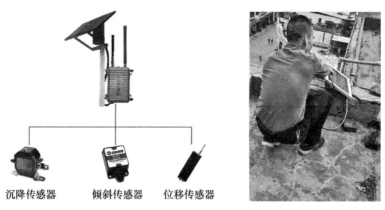

沉降传感器　　倾斜传感器　　位移传感器

图 2.5-8　传感器与安装

X轴（度）	Y轴（度）	上报时间
0.0099	0.0240	2020-02-25 10...
0.0055	0.0231	2020-02-25 09...
0.0024	0.0274	2020-02-25 08...
-0.0017	0.0253	2020-02-25 07...
0.0012	0.0265	2020-02-25 07...
-0.0003	0.0260	2020-02-25 07...
-0.0005	0.0253	2020-02-25 07...
-0.0014	0.0253	2020-02-25 07...
-0.0014	0.0265	2020-02-25 07...
-0.0005	0.0244	2020-02-25 07...
0.0003	0.0276	2020-02-25 07...
-0.0030	0.0258	2020-02-25 07...
-0.0001	0.0260	2020-02-25 07...
-0.0046	0.0231	2020-02-25 07...
-0.0005	0.0251	2020-02-25 06...
-0.0001	0.0240	2020-02-25 06...

图 2.5-9　监测数据与预警反馈

2.5.5　气象灾害预警及应急处置

台风在我国出现的频率较高，对受影响的城市造成的损害非常大。2016 年台风"莫兰蒂"对厦门市建筑造成了巨大的破坏，如图 2.5-10 所示。破坏的原因非常复杂，包括自然因素和人为因素，抛去人为因素（包括建造使用不当、施工质量低下），台风对建筑，尤其是对超高层建筑和高耸建筑的影响非常大。纽约世贸中心在刮风季节通常摇晃偏离中心 0.15～0.3m，在强飓风作用下，位移可达 0.9m；设计按最大风力下的最大偏离为 1.2m。443m 高的芝加哥西尔斯大厦在大风情况下最大可偏离中心 1.8m。因此在正常设计状态下，超高层建筑在强台风作用下不可避免地会产生较大的位移和变形。高层建筑的"风振效应"会放大此类位移和变形，使建筑产生更为剧烈的变形晃动，此时窗户和玻璃幕墙等附属结构很可能出现松动和开裂现象，导致玻璃碎裂脱落，产生较大安全隐患。台风"莫兰蒂"肆虐时，厦门有一些住高层的居民胆战心惊，因为感觉楼房在晃动。台风过境，高楼就开始左右晃动，犹如地震，许多建筑的玻璃幕墙遭到破坏，成为不定时炸弹。

（a）厦门某小区落地窗损坏　　　　　　　　　（b）机场指挥塔损坏

图 2.5-10　台风"莫兰蒂"造成的建筑破坏

采用"城乡建筑群大数据安全评估与决策系统"可进行特定灾害下的城乡时空模拟推演及应急预案分析。将地震烈度或者台风历史数据输入到系统当中，可对不同灾害下建筑群安全等级进行推演与预警。从而可以在台风等灾害来临之前预先判断出安全等级较差的建筑，有针对性地对其进行监测或鉴定加固，并对监测和加固成本进行分析优化，减少灾害来临时的损失，如图 2.5-11 所示。

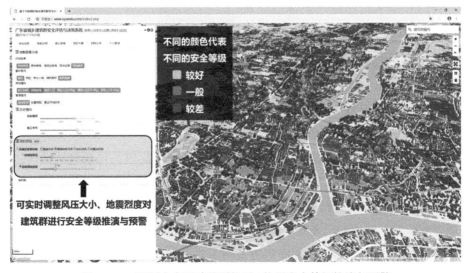

图 2.5-11　不同灾害下建筑群抗风 / 抗震安全等级推演与预警

2.5.6　建筑群综合评估及应急处置

当单栋建筑评估样本足够时，可在地图中看到已进行安全评估的建筑，通过不同颜色的三维模型展示该建筑的安全等级，并采用多种算法实现不同片区层次下的地理时空分析、推演预警，提前给出出现台风或者不同等级地震下某一片区建筑的损害情况，为可能出现的灾害情况提供预警方案。图 2.5-12 统计了学校建筑群的安全评估结果，并采用不同颜色的三维模型表示其安全评估等级。

图 2.5-12　学校建筑群安全评估结果

2.5.7　公共建筑定期巡检及综合评估

对于学校、医院等重要公共建筑，需要定期进行综合评估。学校建筑可以采用实时监测的手段进行统一监控和实时安全评估，形成基于物联网的一体化智慧校园，如图 2.5-13 所示。在寒暑假期间，可进行集中化的巡查和现场信息采集，对安全评估等级较低的学校建筑，也可利用假期时间对其进行鉴定加固，在保证建筑安全的前提下尽可能降低对学校教学的影响。

医院建筑属于在地震台风等灾害下要保证正常使用的建筑，包括建筑结构、附属结构、电气设备和医疗设备均需要保证 24h 安全使用。由于医院属于全年无休的状态，因此可采用集中化巡查的方式，在晚上下班后对各个建筑进行集中巡查，并采用实时监测的方式实现医院建筑、结构和设备安全信息化，对安全评估等级较低的建筑进行实时预警，同时采取详细调查、检测和鉴定加固等方式对其进行更进一步的安全处理，如图 2.5-14 所示。

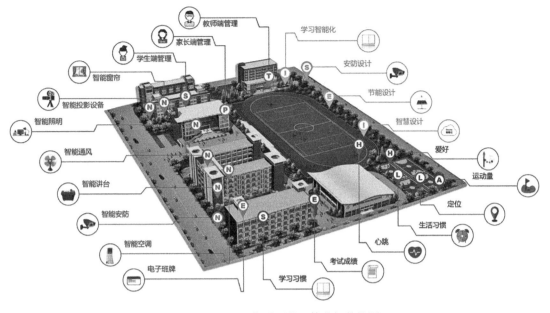

图 2.5-13　基于物联网的一体化智慧校园

图 2.5-14　医院建筑安全评估和现场鉴定

2.6　本章小结

　　本章研究了目前国内外社会公共管理的核心问题和发展趋势，结合我国城乡规划与发展城市高密度聚居与乡镇片区发展滞后等典型特点，提出"以建筑物及其使用者为核心的城乡公共管理模式"。该模式以"建立多种操作指引""完善渠道管理""打通数据共享""平衡居住者间利益冲突"等方向作为顶层设计，在落实环节提出"建立大数据建筑图谱""建筑全寿命周期区块链档案""科学定量评估及弹性决策""物业咨询与服务"等技术手段形成多层次建筑安全与决策保障体系。研究采用全周期分级巡检与多层次评估的方式实现精细化建筑安全管理，研究具体对象、范围、内容、流程与职责。该模式通过对建筑物及其使用者建立全方位的大数据图谱，通过区块链技术实现全周期档案追溯，能充分融入智慧城市中不同领域之间的横向交叉式发展。

　　本章总结了目前建筑安全管理相关政策、需求、措施和常见技术手段，编制了"城乡建筑群全寿命周期安全管理导则（范例）"（见本书附录），该手册可用于普通居民和基层社区管理人员快速了解房屋安全管理全过程的基本要求和方法，基于手册原则，可进行具体安全管理措施的细化，根据手册提供的建议方法开展具体安全评估委托及合约拟定。

第 3 章　物业安全咨询与顾问服务

3.1　物业管理与安全咨询服务现状分析 ·······················

3.1.1　国内物业管理现状及问题

　　房屋的质量不仅关系到建设工程的经济效益，更与人民群众的生命财产安全息息相关，是社会和谐稳定发展的重要保障。如何提升房屋质量一直是政府关心的重大问题。我国先后颁布了《中华人民共和国建筑法》《建设工程质量管理条例》《建设工程安全生产管理条例》等法律法规和相关标准技术文件，建立了与整套房屋质量相关的管理体系。建筑物从规划、设计、建设均受到严格的监管，从工程报建制度、参建主体工程资质制度、监理制度、质量安全监督管理制度、工程保险制度等均对建筑物建设期内和竣工验收后一定时期内的质量和安全形成了强有力的保护。随着这些管理制度趋于完善和成熟，重大工程安全事故逐年减少，建设期影响房屋安全的因素得以控制。

　　当前我国仍然处于建筑业发展阶段，日益完善的建设管理体系，使得房屋建设期的质量和安全得到了保证。然而，在建筑物全寿命周期中，使用期间的安全管理也非常重要。各种类型的房屋均有规定的设计使用年限，如普通住宅、办公楼的设计使用年限为 50 年，重点公共建筑物的设计使用年限为 100 年，我国改革开放以来建设的房屋，部分已接近设计使用年限；房屋在使用过程中，材料会不断老化，可靠度降低；房屋受到地震、台风、大雪、周边施工等影响均会产生不同程度的损伤；部分房屋存在使用人私自改造、加层、扩建等情况，房屋安全问题堪忧；同时，老旧房屋建设所依据的技术标准过于陈旧，房屋安全可靠性偏低。这些因素使房屋在使用期间的安全无法得到保证。

　　目前，我国对于房屋建筑的质量控制和管理主要集中在规划、设计和建设阶段，存在重建设轻管理的情况，对使用期间的保修期限过短。《建设工程质量管理条例》第四十条规定了建设工程在正常使用条件下的最低保修期限：基础设施工程、房屋建筑的地基基础工程和主体结构工程，为设计文件规定的该工程的合理使用年限；屋面防水工程、有防水要求的卫生间、房间和外墙面的防渗漏，为 5 年；电气管线、给水排水管道、设备安装和装修工程，为 2 年。该条例是施工质量保证的一种延伸。实际上，在建筑物使用期间，建筑物的众多安全问题并非施工造成,如突发的自然灾害、随意的装修改造等,这使得保修义务很难实现;同时,对于年代久远的建筑,责任主体已无法明确。

另外,我国对房屋安全使用和管理相关知识的普及较低,民众和物业管理者对房屋使用维护缺乏认知。每年都会出现私自加层、破坏承重墙、改变使用功能等造成建筑物倒塌的事故;同时也会出现对建筑物常规裂缝、门窗关闭振动、楼板渗水等常见问题过度解读,造成非必要的争议。

在我国,各级人民政府负责房屋管理工作的部门(以下简称房屋行政主管部门)对行政区内房屋使用安全工作进行统一的监督、管理。负责规划、建设、发展改革、财政、交通、治安、应急管理、民政、教育、市场监督管理、园林、文化、城市管理综合执法等工作的部门配合相关工作。同时,房屋行政主管部门也可以委托具有房屋检测、安全鉴定、危险房屋治理等能力的第三方安全咨询机构,负责房屋使用安全管理的具体事务。然而,我国的房屋安全管理多为垂直体系管理:政府部门处于行政监管位置,其特点是拥有行政审批权和执法权;安全咨询机构是社会第三方机构,其特点是公正、科学、独立,只具备参谋功能,不做决策。政府在日常的监管中占据了咨询机构应有的部分功能,与第三方安全咨询机构的职能关系混乱。

同时,房屋数量巨大,政府无法做到全方位的安全管理。而第三方安全咨询机构服务范围有限,由于没有房屋监管和检查的实际权力,仅能提供房屋安全的技术咨询,且服务对象只能是政府和企业委托方。房屋安全个人委托方由于资金和咨询服务对象规模有限,也不会受到安全咨询服务机构的足够重视。这样,对既有建筑的监管就存在较大的空白。我国每年均会因为对房屋的私自改造、加层、改变使用功能等发生事故,且只能采用事后处理的手段。

房屋的安全管理存在以下特点:(1)专业性较强;(2)工作量大;(3)房屋资料管理精细化要求较高;(4)监管应具有实时性。由于房屋安全管理的专业性较强,普通民众、协会、团体又无法解决实际技术问题;由于工作任务巨大,仅依靠政府无法做到全方位管理;由于精细化要求较高,房屋资料往往存储在城建档案馆、房管局、监督站等不同职能部门,不利于调取核查;房屋安全管理应具有实时性,政府的监管无法面面俱到,无法管理使用者对房屋的不当使用,无法全面了解房屋不同阶段的健康状况,通过抽查和阶段性检查,仅能筛查出一部分有问题的既有建筑。因此,正视和解决房屋的安全管理问题已具有现实性、必要性和紧迫性。

根据以上特点,解决房屋安全管理问题,普及房屋安全相关知识,应利用第三方的安全咨询服务,解放政府职能部门的双手。安全咨询就是运用安全科学技术和基础理论,从安全技术、安全管理和安全经济等方面入手,解决安全问题。安全咨询服务一方面可以解决专业性较强的问题,另一方面大量的安全服务机构又可以解决巨大工作量的问题。

当前我国的安全咨询服务机构主要包括科研机构、第三方检测机构、高校等,这些机构开展业务往往是由政府主导或价值导向，无资金支持或资金规模过小，都不足以开展咨询活动。同时，普通民众对房屋安全意识不强，对安全咨询业务的委托意愿不够强烈，不愿意在安全问题上投入太多资金；同时，国内安全咨询行业的发展很大程度取决于政府的政策导向，国内学者关于安全咨询机构及服务的研究大多是关于高危行业的职业健康安全管理体系，安全管理咨询和评价等[1]。

要解决上述问题，就要使房屋的安全咨询被纳入日常房屋管理的服务中去，即物业管理。物业管理机构数量庞大，并直接与房屋管理相关；在进行普通物业服务和房屋交易过程中增加安全服务，不仅可以为服务价值增值，同时又可以为政府职能部门提供直接的安全管理；普遍化的安全服务还能够促进居民房屋安全知识的普及，进一步促进安全咨询服务的发展，填补政府监管的空缺。

本节将通过我国的物业服务模式入手，探讨物业服务机构进行房屋安全管理、提供房屋安全咨询服务的可行性，尝试性解决目前在物业管理中提供安全咨询服务的困难，探讨物业机构进行安全服务的管理系统，以及安全咨询服务的方式、方法。

3.1.2　与物业安全服务相关的规定

物业管理，是指业主通过选聘物业服务企业，由业主和物业服务企业按照物业服务合同约定，对房屋及配套的设施设备和相关场地进行维修、养护、管理，维护物业管理区域内的环境卫生和相关秩序的活动。物业提供房屋安全技术咨询是有效解决房屋安全管理的重要手段。开展安全咨询服务需要解决以下 5 个问题：

（1）可提供的安全技术咨询服务具体内容是什么，提供深度如何；

（2）在哪里提供安全技术咨询服务，是依托已有的办公场所还是深入社区、小区设立办事点；

（3）在什么情况下可以提供安全技术咨询服务；

（4）谁来提供安全咨询服务，是现有的物业人员经过培训持证上岗，还是引进专业技术人才，或与专业机构合作；

（5）以何种方式提供安全咨询服务。

为了研究物业安全咨询服务的可行性，并解决上述 5 点问题，需要对我国物业服务特点进行探讨和详细分析。

1. 物业服务等级制度

1981 年 3 月深圳成立了第一家物业管理公司，物业管理正式市场化运作。2003 年国务院颁布实施了《物业管理条例》，2007 年国家颁布实施了《中华人民共和国物权法》，至此我国物业管理行业建立了完整的法律体系。同时，各地均出台了物业服务的相关标准，这些标准的共同特点是对物业服务按照服务质量、管理人员要求、服务时间、服务内容等进行 1~5 级不等的分级，从而使物业服务质量有了标准化的考核依据和评价标准，同时也为物业服务的定价标准提供了参考依据。以广州市举例，2016 年由广州市住房和城乡建设委员会提出，广州市标准化研究院、广州市天河区住房和水务局共同起草了《住宅物业管理服务规范》DBJ440100/T 259—2016，以指导广州市住宅物业服务工作。随着物业行业的不断发展，人民生活质量不断提高，物业服务的相应要求也有所提高。2019年，广州市物业管理行业协会成立了标准化工作委员会，编制了《物业服务》DB4401/T 100 系列标准，标准共分为通则、住宅小区、写字楼、商业、医院、工业园、政府及公众物业、学校 8 部分内容，规范了相关专业术语的定义，提出了特约服务、专项业务外包、责任性投诉、非责任性投诉的具体内容。细化了物业服务等级，将物业服务划分为客户服务、安全服务、保洁服务、绿化服务、共用部位和共用设施设备服务、装饰装修服务、综合管理、突发事件及应急处预案、节能降耗、信息技术等几大类，根据服务内容和服务质量，由高到低分为一级、二级、三级。以下对客户服务和安全相关内容进行汇总，具体见表 3.1-1、表 3.1-2。

表 3.1-1　客户服务等级

服务项目	考核标准	服务等级及标准		
		一级	二级	三级
报事报修	报事报修响应反馈及时率	≥95%	≥90%	≥80%
	急修到场及时率	≥95%	≥90%	≥80%
投诉处理	投诉处理反馈及时率	≥95%	≥90%	≥80%
业主意见征询	物业服务满意率	≥90%	≥80%	≥75%
客户关系服务等级	定期公布服务情况	≥1 次／月	≥1 次／季度	≥1 次／半年
	社区活动	≥6 次／年	≥4 次／年	≥2 次／年
	节日装饰布置	≥4 次／年	≥3 次／年	≥2 次／年
秩序维护服务	保安培训时间	≥60 小时／年	≥50 小时／年	≥40 小时／年
	保安员考核频次	≥3 次／年	≥2 次／年	≥1 次／年
	重点区域、重点部位巡查频次	≥2 次／日	≥2 次／日	≥1 次／日
	治安案件发生次数	≤2 次／年	≤3 次／年	≤4 次／年
应急演练服务	安全事件演练	≥1 次／年	≥1 次／年	≥1 次／年

表 3.1-2　部分涉及安全问题服务等级

服务内容	服务等级及标准					
	一级		二级		三级	
	频次	标准	频次	标准	频次	标准
金属栏杆、金属门巡查	每周≥1 次	栏杆无脱漆、无松动，金属门安装牢固、开关灵活、无变形	每半月≥1 次	栏杆无明显松动，金属门安装比较牢固、开关比较灵活、无明显变形	每月≥1 次	栏杆无明显松动，金属门安装比较牢固、开关比较灵活、无明显变形

续表

服务内容	服务等级及标准					
	一级		二级		三级	
	频次	标准	频次	标准	频次	标准
梁、板、柱巡查	每月≥1次	结构构件外观无明显开裂、无钢筋外露	每2月≥1次	结构构件外观无明显开裂、无钢筋外露	每季度≥1次	结构构件外观无明显开裂、无钢筋外露
外墙贴饰面巡查	每月≥1次	外墙贴饰面无渗漏、无明显破损、松脱、空鼓	每2月≥1次	外墙贴饰面无渗漏、无明显破损、松脱、空鼓	每季度≥1次	外墙贴饰面无渗漏、无明显破损、松脱、空鼓
围墙、道路巡查	每月≥1次	围墙无开裂、无倾斜、金属装饰面无生锈、道路无开裂、无下沉	每2月≥1次	围墙无开裂、无倾斜、金属装饰面无生锈、道路无开裂、无下沉	每季度≥1次	围墙无开裂、无倾斜、金属装饰面无生锈、道路无开裂、无下沉
室外招牌、广告牌、霓虹灯等巡查	每月≥1次	按规定设置、整齐有序、无安全隐患	每2月≥1次	按规定设置、整齐有序、无安全隐患	每季度≥1次	按规定设置、整齐有序、无安全隐患
对装修方案反馈意见期限	—	2个工作日内审核装修资料，并反馈意见	—	3个工作日内审核装修资料，并反馈意见	—	5个工作日内审核装修资料，并反馈意见
装修现场巡查	2次/天	定期巡查、无违规装修	1次/天	定期巡查、无违规装修	1次/天	定期巡查、无违规装修
竣工验收时限	—	1个工作日内，组织人员及时查检，查检合格	—	2个工作日内，组织人员及时查检，查检合格	—	3个工作日内，组织人员及时查检，查检合格
应急管理制度	至少包含安全生产责任制度、应急预案及事故处理、重大危险源安全管理制度、劳动保护用品管理制度、安全生产事故报告制度、安全生产教育培训制度、特种设备安全管理制度、突发公共卫生事件应急管理制度		至少包含安全生产责任制度、应急预案及事故处理、安全生产事故报告制度、安全生产教育培训制度		至少包含安全生产责任制度、应急预案及事故处理、安全生产事故报告制度、安全生产教育培训制度	

物业等级制度的出现，明确了物业服务的具体内容、服务频次、服务质量、人员配置等，为物业标准化服务和统一物业收费标准提供了基础保证。同时，广大业主也可以在与物业公司签订物业服务合同时，明确物业服务等级，并对其行为进行监督和评价。

2. 健全的管理制度

共用部位和共用设施设备服务不仅与社区正常运作有关，多数情况下还与安全挂钩，包括但不限于建筑物、道路、围墙共用部位服务管理制度，二次供水、排水、供配电、照明、电梯、消防、弱电、空调、避雷等共用设施服务管理制度。物业应健全工程岗位制度和工程人员管理制度。

根据《物业服务》的相关规定，物业应妥善保管共用部位、共用设施设备档案资料，包括但不限于：

（1）物业承接查验接收资料

1）物业的报建、批准文件，竣工总平面图、单体建筑结构、设备竣工图，配套设施、地下管网工程竣工图等竣工验收资料；

2）设施设备买卖合同复印件及安装、使用和维护等技术资料；

3）物业及配套设施产权清单；

4）物业用房清单；

5）物业承接查验协议。

（2）服务期间形成的重要技术资料

1）房屋主体承重结构部位、走廊通道、楼梯间、电梯井、物业服务用房、房屋外墙面等共用部位的维修、养护记录；

2）给水排水管道、水箱、加压水泵、电梯、天线、照明设施、供电线路、天然气管道、消防设施、安防监控、沟渠、池、井等共用设施设备的运行、维修、养护记录；

3）与相关公用事业单位签订的供水、供电、供气、通信、有线电视、网络等书面协议。

3. 工程人员要求

可以看出，物业安全服务涉及各方面，需要由综合素质较高的工程人员担任。《物业服务》规定：根据工程岗位的需要，每年不少于 1 次对工程人员进行工程专业知识和技能培训；每年不少于 1 次对工程人员进行业务考核。工程人员需对安全问题做出较为合理的判断，如装修方案中打掉的墙体是否可行、周边房屋施工是否需要提前启动安全鉴定、房屋出现的裂缝是否安全、饰面砖的空鼓判断方法等。

3.1.3　物业服务的人员配置

按照物业服务的具体内容对物业服务岗位进行划分，主要包括综合管理组、秩序维护组、客户服务组、工程组、环境组。综合管理组主要负责小区物业的人事、行政、品质、经营情况等的管理工作；秩序维护组主要负责小区日常秩序管理和维护，主要包括门岗、巡逻岗等；客户服务组主要面向广大业主，及时与业主进行沟通，解决业主问题；工程组主要负责日常设备维护、维修、二次装修的管理工作；环境组主要负责小区保洁和绿化工作。

《物业服务》还规定了特约服务的情况，在物业共有部分的物业服务基础上，物业服务企业接受业主组织或业主、物业使用人以及辖区行政主管部门的邀约而提供的专项有偿服务。这部分服务包括特殊的保洁服务（如家具保养、玻璃清洗、空调清洗等）、生活服务（如物品存放、生活缴费、家教服务等）、家政维修服务、绿化养护服务、社区养老服务、房屋装修、社区金融服务等。该类服务按照实际情况配置相应人员，或采用专项业务外包的形式获得相应服务。

物业服务人员的配置可按照建筑面积、服务等级、入住率、容积率、发展阶段、小区的定位（老旧小区、高端置业等）等确定数量。以华润物业管理按照建筑面积管理举例，具体见表 3.1-3；某物业按照服务等级对人员配置进行分类，见表 3.1-4。可以看出，工程管理岗位的人员已经参与了部分的房屋安全管理，如设备维护、装修管理等，虽然这些管理都相对简单。

表 3.1-3　物业服务人员配置数量

服务分组	岗位	10 万 m² 以下	10 万～20 万 m²	20 万～30 万 m²	30 万～40 万 m²	40 万 m² 以上
综合管理组	项目负责人	1 人	1 人	1 人	2 人	2 人
	人事	0.5 人	0.5 人	1 人	1 人	1 人
	行政	0.5 人	0.5 人	1 人	1 人	1 人
	品质	0	0.5 人	0.5 人	1 人	1 人
	经营	0	0.5 人	0.5 人	1 人	1 人
秩序维护组	秩序主管	1 人	1 人	1 人	1 人	2 人
	秩序领班	1 岗	1 岗	1 岗	2 岗	2 岗
	门岗	1 岗	2 岗	2 岗	2 岗	3 岗
	监控岗	1 岗	1 岗	1 岗	1 岗	1 岗
	巡逻岗	1 岗	2 岗	3 岗	4 岗	5 岗
	机动岗	每 5 名秩序维护增加 1 名机动秩序维护				
客户服务组	客户主管	1 人	1 人	1 人	1 人	2 人
	客户专员	3 人	3 人起，在 10 万 m² 基础上每增加 5 万 m² 增加 1 人			
工程组	工程主管	1 人	1 人	1 人	1 人	2 人
	设备维护	3 人	10 万 m² 以下设置设备维护 3 人，每增加 15 万 m² 增加 1 人			
	综合维修	2 人	10 万 m² 以下设置综合维修 2 人，每增加 5 万 m² 增加 1 人			
	二次装修	每 4 万 m² 管理面积可设置 1 人				
环境组	环境主管	1 人	1 人	1 人	1 人	2 人
	环境领班	每 10 名保洁 / 绿化工配置 1 人				
	保洁	每 8000m² 管理面积配置 1 人				
	绿化	每 6000m² 管理面积配置 1 人				

表 3.1-4　某物业按服务等级配置人员表

服务等级	服务工种	人数配置参考标准
一级	客服人员	1 人 /（400～500 户） （低于 400 户不得少于 2 人）
	保洁人员	1 人 /（0.8 万～1 万 m²） （建筑面积）

服务等级	服务工种	人数配置参考标准
一级	秩序维护人员	1 人 /（0.6 万～0.8 万 m²）（建筑面积）
	绿化人员	1 人 /（1 万～1.5 万 m²）（建筑面积）
	维修人员	1 人 /（2 万～2.5 万 m²）（建筑面积）
二级	客服人员	1 人 /（500～600 户）（低于 500 户不得少于 2 人）
	保洁人员	1 人 /（0.8 万～1 万 m²）（建筑面积）
	秩序维护人员	1 人 /（0.8 万～1 万 m²）（建筑面积）
	绿化人员	1 人 /（1.5 万～2 万 m²）（建筑面积）
	维修人员	1 人 /（2.5 万～3 万 m²）（建筑面积）
三级	客服人员	1 人 /（600～700 户）（低于 600 户不得少于 2 人）
	保洁人员	1 人 /（1.2 万～1.4 万 m²）（建筑面积）
	秩序维护人员	1 人 /（1 万～1.2 万 m²）（建筑面积）
	绿化人员	1 人 /（2 万～2.5 万 m²）（建筑面积）
	维修人员	1 人 /（3 万～3.5 万 m²）（建筑面积）

3.1.4 物业服务的模式分类

按照管理方式分类，物业管理模式分为一体化模式、管理型模式、职业经理模式、业主自主管理模式等[2]。

一体化模式是物业服务企业自主统一提供维修、保安、保洁、绿化等综合性服务，服务五脏俱全，可提供大而全的服务，克服了过去各自为政、条块分割、低效运行的弊端，也是我国最常采用的模式。这种模式的问题在于物业成本高，人员包袱沉重，同时物业服务内容和形式同质化，导致无法形成优势竞争，物业服务难以有较大发展。

管理型模式是在解决传统一体化模式的基础上形成的，物业服务在经营模式上实行管理与作业分开，只承担管理职责，而具体的作业外包给专业化团队进行，这样的模式下，物业管理有更多的精力统筹协调，而具体的作业服务也将更加专业化，这也是西方普遍采用的管理模式，在我国一些大城市已采用此类模式。物业项目管理处的工作重点将从大量作业层员工的培训、管理和工作事项的日常安排中解放出来，主要负责项目作业事务的外包单位选择、合同和作业标准的拟订、整个项目的预算平衡、监督各外包单位的合同履行、协调处理与开发商、业委会、业主和政府主管部门及各相关单位关系等事务。显然，这需要既懂经营又会管理的专业人员来完成，这一服务过程的转变，需要大量高素质的专业管理人员，职业经理应运而生。

管理型模式的基础上，部分地区逐步引入职业经理人机制。业主聘请物业管理职业经理，职业经理通过专业化的运作来完成物业管理的相关服务任务与目标。物业管理职业经理可以根据项目工作的需要，选聘若干名有从业经验的人员作为助理。物业管理职业经理制度的推行有利于提高我国物业管理行业的整体管理水平，也有利于推动物业服务的专业化，这种管理模式需要建立完善的物业管理职业经理人认证、注册和评价制度。

《中华人民共和国物权法》的颁布，为业主共治小区提供了法律上的依据。部分物业公司不能满足小区业主的要求，业主通过个人入股，建立经济实体，对全体业主共有的物业进行经营管理。该模式适用于中小型高端物业项目，由于业主不一定具有专业知识和经验，在实施过程中可以聘请物业管理专家或职业经理人协助业主专业化运作。

3.1.5　物业管理的发展趋势

随着科技的发展，基于互联网[3]、5G 物联网技术[4]，社区 O2O 模式[5]的物业也应运而生，使物业管理更加多元化，同时也为其注入了新的活力。同时，业主需要的服务行业逐渐向多元化发展，物业可开展装修、宠物代养、学生代接、学习辅导、幼儿园、理财保险等多项业务[6]。然而安全咨询服务却从来没有纳入物业服务的内容。

物业管理机构数量庞大，主要从事小区日常管理和建筑物的维护工作，却鲜有开展建筑物安全评估，尤其是老旧小区，更应该定期排查，从而预防可能出现的安全隐患。安全咨询，不仅是业主最为基础的服务，也是业主最关心的问题。周边工地施工、建筑材料老化、附属结构失效、消防设施不符合要求，均有可能产生致命的后果。因此物业服务不仅要向多元化发展，还应该把建筑安全咨询作为其最基本的服务内容。

3.1.6　物业安全咨询服务的可行性

3.1.1 节的论述说明了发展安全咨询服务的必要性，安全咨询服务是解决当下既有建筑监管困难的最有效手段，也是今后发展的重要趋势。但由于第三方机构的价值导向，无法为小区、街道和住户提供全方位的、全时段的安全咨询服务。我国物业管理机构体量庞大，又直接参与楼宇的日常管理工作，由于这种工作性质，由物业提供一定程度的安全咨询服务将会大大解决当前的安全咨询服务领域的困境。对于物业管理，这是一个全新的领域，还需要进一步探讨它的可行性。本节将从社会、经济可行性，组织可行性，风险因素等方面论述物业管理安全咨询服务的可行性。

（1）社会、经济可行性

1978~2017年，中国城镇住宅存量从14亿 m² 增至267亿 m²，城市更新速度不断加快。一些20世纪80~90年代的房屋由于时间久远，或破旧不堪，或接近设计使用年限。而城市更新不能总是通过拆除重建解决，部分房屋仅仅需要修缮加固即可满足继续使用的条件。同时，私自装修改造、改变使用功能、加层时有发生，每年均会有多起因建筑物使用不当而造成的倒塌事故。大量的房屋处于怎样的状态，是否有安全隐患，仅通过政府部门的行政监管很难做到全方位、无死角。政府也意识到仅靠行政监管，不足以解决当前存在的诸多安全问题，只有大力发展安全咨询，才能实现规范和解决相关安全问题。

房屋的安全一定程度上取决于房屋的所有权人，房屋不当的使用和改造，均会对房屋造成损伤。而房屋的价值却从未与房屋的安全情况挂钩，导致产权人不够重视这类问题，而使得由于自己损伤造成的安全问题需要后来的所有权人承担。而对房屋的安全咨询，可以正确评估房屋的安全损伤程度，从而为房屋交易过程中的估值增加安全因素。

国内安全咨询行业的发展很大程度取决于政府的政策导向，近些年来，行业安全咨询服务机构数量逐年增多，以高校、检测单位、设计单位为首的安全咨询蓬勃发展，一方面这类机构多数只提供自己领域内的安全技术咨询，很少提供安全管理服务；另一方面，现有机构的数量还远不能够满足所有房屋的安全咨询服务。同时，安全服务机构的行动均是价值导向，很难深入社区去提供服务。因此，要开展更多的安全咨询服务就要深入小区、街道，深入房屋日常管理的物业服务中去。因此物业安全咨询服务将会有很大的市场前景。

将安全咨询服务纳入物业安全管理，将会大大提高老旧房屋的安全管理，物业管理有无可比拟的广度，不管从空间上还是时间上，都可以做到持续的安全管理，填补政府安全管理部门对房屋安全管理的疏漏和间断性；通过安全咨询服务，也可以使住户在房屋交易过程中了解房屋安全的基本信息，并将房屋安全程度纳入房屋自身价值之中。综上所述，物业安全咨询服务是一个必要的、有利于民的、可增值的全新服务，是有市场前景和迫切需要的服务。

（2）组织可行性

目前国内的物业服务模式主要是一体化模式，这种模式要求物业自身在管理的同时也要提供具体的服务，而建筑安全咨询服务具有一定的专业性，普通的物业人员难以胜任。物业开展安全咨询服务仅可通过两种形式，一种是成立有关安全咨询服务部门，招聘有相关经验的人员进行相关服务，目前建筑行业人才大量饱和，若有政策驱动，这样的组织形式具有可行性；另一种是雇佣专业安全咨询服务机构，与物业公司长期进行合作，提供安全咨询服务，这种形式可大大减轻物业的人员成本，将精力集中在房屋整体的安全把控上。物业公司也可以同时采用两种形式相结合的方式，采用有限经验的专业人员对房屋安全进行日常管理，对于重大安全问题再由安全咨询服务机构把控，这样既可用相对低的成本实现物业安全咨询服务，同时也可以发挥物业日常管理的优势。

广义层面上，物业安全咨询服务还应结合安全咨询服务机构和政府监督，做好自身定位。物业安全咨询服务是基础的、广泛的、粗糙的，其可以为政府监督提供实时的、可持续性的数据，但是物业安全咨询服务不能够代替更为专业的技术服务，也并不能作为解决法律纠纷的专业机构。

（3）风险因素

物业安全咨询服务面临以下问题：

1）国内民众对房屋安全问题意识不够，只在房屋出现问题的时候，才会提出相关的安全咨询服务需求；

2）物业安全咨询服务在纠纷处理时会牵涉双方利益，如何保证公正客观的安全咨询结果也是面临的一大问题。

要解决上述问题，一方面需要政府大力推进政策制定，另一方面，物业在管理过程中也需要经常向住户宣传房屋安全使用和管理的相关知识。同时，物业安全咨询服务人员应经过培训合格，持证上岗。必要时应通过物业协会培训的形式，颁发执业证书。同时，一旦开展物业安全咨询服务，国家也应有相应的监管措施，出台相关的管理法规和制度。

3.2 物业安全咨询服务的顶层设计

3.2.1 物业安全咨询服务的基本内容

根据安全咨询服务的服务内容，安全咨询服务分为安全管理咨询、安全技术咨询、安全经济咨询、安全法律咨询。其中安全管理咨询包括安全标准化咨询、构建安全文化、构建安全目标控制体系等服务；安全技术咨询包括安全评价、专家支持等服务；安全经济咨询包括安全投资决策咨询、安全类项目经济评价；安全法律咨询包括安全类法律咨询、安全纠纷咨询等[1]。下面结合物业安全咨询服务的特点，探讨物业可以提供的安全咨询服务具体内容。

（1）物业安全管理咨询

安全管理是物业安全咨询最基础的内容，包括安全标准化咨询、构建安全文化、构建安全目标控制体系等服务，具体内容见图 3.2-1。

日常安全管理服务是国内大部分物业提供的服务类型，主要由物业工程部门负责相关工作，涉及内容包含使用管理、结构安全管理、消防安全管理、设备管理、环境影响等，具体内容见 3.1.2 节。物业安全管理属于建筑安全的日常管理，它不需要更为专业的安全评估，如完损性鉴定。定期统计建筑物的损伤情况，是宏观上的安全评定。当发现建筑物的安全评估结果较差，就需要请专业机构做进一步的评估。其主要手段为定期安全排查和业主自查上报，排查频次建议按照前文要求进行，如有需要，可以进一步按照物业等级划分排查频次。建筑安全监测是建筑物管理的重要手段，通过监测建筑物的倾斜、裂缝、沉降、模态，分析建筑物的健康安全情况。建筑物健康监测经常被运用到大型复杂的建筑中，但却很少用到小区住宅。在老旧建筑、施工周边建筑和台风等自然灾害频发地区，健康监测具有重要意义，它可以第一时间发现建筑物出现的损伤情况，响应速度更快。

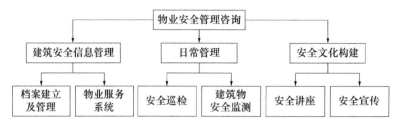

图 3.2-1　物业安全管理咨询服务

物业应进行建筑安全信息管理，建立并保管建筑安全信息档案，包括物业承接查验接收资料和服务期间形成的重要技术资料，具体见 3.1.2 节。目前，物业在服务期间均能形成较为完整的技术资料，但在物业之间的交接过程中或物业接收新楼的过程中，对房屋的原始资料管理不够重视。竣工总平面图、单体建筑结构、设备竣工图，配套设施、地下管网工程竣工图等竣工验收资料不够齐全，导致后期安全监管出现一定的困难，如装修过程中承重构件位置的确认等。因此，物业在接管小区后，应建立健全房屋验收资料。物业安全管理信息同样被纳入政府的监管系统中，监管平台可以获取某一地区建筑物安全情况的海量数据，通过大数据促进政府的决策和监管。

物业可在小区构建较为浓厚的安全文化，定期开展消防安全、装修安全、房屋使用安全等讲座活动，提升小区住户的安全责任意识。同时，应长期在宣传栏、安全角等区域宣传安全知识。同时物业可每年定期举办安全月活动，除以上活动外，还可发动社区入户宣传。

（2）物业安全技术咨询

安全技术咨询是一种较为专业的咨询，它的形式多种多样。主要包括建筑物的安全评价和专家支持等，见图 3.2-2。建筑物的安全评价是在安全管理评价的基础上按照现行技术规程，做出更为细致的评估，物业公司可开发基于互联网的物业顾问服务系统，与业主的建筑安全咨询系统联动，按照本书相关章节的算法对建筑物安全性进行评价。当评价等级为较差或较严重时，应按照各地房屋安全管理条例，要求业主委托有资质的单位进行房屋安全性鉴定，进一步确认房屋的安全性。

除了主动监管外，房屋出现的安全隐患（裂缝、渗水等）、房屋装修支持（如户主装修中不确定是否为非承重墙），户主可委托物业公司进行专家评估。物业公司可在工程部配置除工程运维人员外的专业顾问。由于该项工作平时需求不大，可根据服务等级和房屋的老旧程度，每 1 个工程运维人员负责 3～5 个小区，并根据实际需求作出调整。对于超出物业技术能力范围的专业性房屋鉴定，可在物业评估后委托具有相应检测鉴定资质的单位进行更专业的鉴定服务。

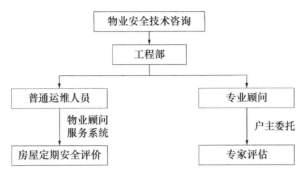

图 3.2-2　物业安全技术咨询服务

（3）物业安全经济咨询

建筑物的价值不仅和建筑物的地段、学区、年代有关，还应和建筑物的安全挂钩。物业通过日常建筑物的安全管理，在相同标准下评价建筑物的安全情况，通过安全的定量化研究，纳入建筑物的估值中。同理，住户在交易过程中也可以邀请物业提供安全经济咨询，来确认自己房屋的实际价值。房屋受到周边施工影响，住户也可以邀请物业对房屋受损情况进行经济损失评估，方便对开发商的索赔。同时，物业安全经济咨询结果也可纳入到中介管理系统或房管局系统，为房屋客观的估值提供数据支持。

房屋的估值可根据区域平均价格、房屋使用年限、房屋安全评估等级来确定。区域平均价格反映房屋的短期市场波动，包括地段、学位、生活配套、医疗等多方面因素。一个区域内的平均价格可以消除房屋使用年限、房屋安全等级带来的波动影响。而某一小区或某一栋房屋的估值应综合考虑区域平均价格，并受到房屋使用年限和房屋安全状况的影响。

房屋使用年限的影响主要包括房屋产权期限的折旧和房屋老化。根据《中华人民共和国民法典》第三百五十九条规定：住宅建设用地使用权期间届满的，自动续期。续期费用的缴纳或者减免，依照法律、行政法规的规定办理。目前住宅的房屋产权为 70 年，而房屋使用时间越久，购买者在缴纳房屋自动续期时的年均分摊费用就会越高，此时房屋价格应有一定的折价；同时，按照各地房屋管理相关规定，房屋到达设计使用年限需进行房屋安全性鉴定，来延续房屋的使用寿命，房屋安全鉴定的主要责任人为房屋产权人，房屋使用时间越久，购房者在缴纳房屋到达使用年限预估的年均分摊鉴定费用就会越高，此时房屋价格也应进行折旧。同时，房屋使用年限较久，存在混凝土炭化、钢筋锈蚀、砌体粉化、钢结构涂层失效等材料老化带来的耐久性问题，此时应考虑房屋的耐久性加固所产生的预估费用。一般情况下，房屋使用年限对房屋价格折旧的影响可采用以下公式进行：

$$房屋折旧价格＝区域平均价格－\frac{房屋产权续费金额}{70}×（70－使用年限）－$$

$$\frac{房屋预估鉴定费用＋房屋耐久性加固预估费用}{50}×（50－使用年限）$$

房屋的安全状况是至关重要的，物业可以通过日常的安全管理和定期的房屋安全评估来获得房屋的安全信息。考虑房屋安全性的估值可采用两种指标，一种是根据房屋的安全等级对房屋价格进行折减，如房屋的安全等级分为完好、基本完好、一般损坏、严重损坏、危险，房屋价格分别乘以 0~1 的折减系数；另一种是根据房屋安全等级评估后的安全性加固预估费用对房屋价格进行折减，此时需要委托专业的加固公司或评估单位对房屋的加固费用进行计算。

关系房屋安全的折减费用，同样也可以用于解决房屋纠纷问题。比如，房屋周边施工导致房屋受到不同程度的损伤，根据房屋安全评估的结果可评估房屋的折减费用，此部分费用应该由施工方进行赔付。当房屋所有者获取房屋安全折减费用，在出售房屋时就不会因为安全折减费用而蒙受损失。同时，业主也应对不当装修导致结构损伤折减费用买单，达到约束业主的作用。

上述为物业安全咨询服务可提供的部分内容，由于该项服务与安全性息息相关，甚至某些时候可能会引起争议。因此，物业安全咨询服务一定要受到政府的监管，政府相关部门应组织对物业安全咨询能力认证，并颁发资格证书。同时，从事物业安全咨询服务的人员也应经过协会培训，颁发合格证书，持证上岗。物业应研发安全顾问系统接入政府监管平台，一方面对物业安全服务进行咨询，另一方面也可以获得物业安全咨询服务的海量大数据。

物业安全管理咨询、物业安全技术咨询、物业安全经济咨询三者是相辅相成的，物业安全管理咨询是物业安全服务的基础服务，它可为后两者提供大数据支持和资料支持。物业安全技术咨询又进一步提高物业安全管理水平，同时为物业安全管理提供可行性建议。物业安全管理咨询和安全技术咨询同时又可以为安全经济咨询提供房屋的基础数据，方便对房屋价值的正确评估。

3.2.2 物业安全咨询服务的组织架构及人员配置

物业安全咨询服务应由政府部门推动，对房屋安全管理进行改革，允许部分安全管理权利下放给街道和物业机构，并让市场主导安全咨询服务。同时，政府应成立相关部门对物业安全咨询服务进行监管，以及推进相关监管平台的建设。物业安全咨询服务应制定相应的行为指导准则、物业安全咨询服务标准。同时，应强制物业公司必须提供基本的房屋安全管理服务，应鼓励小区物业成立安全管理基金，方便物业日常安全管理的资金支出。同时，物业协会应对物业安全咨询能力进行考核和备案，不满足要求的企业不得从事相关服务。

物业公司在此基础上应建立符合安全咨询服务的组织架构,建立安全咨询服务考核标准和培训机制。如 3.1.3 节所述,目前物业服务公司通过下设工程组管理建筑公共部分的安全服务,如设备维护、建筑维修管理等基本的安全服务。因此,物业安全咨询服务也应在现有框架下展开,以节省人力成本。

对建筑面积低于 0.8 万 m² 的小区,物业公司可采用外包的形式提供安全咨询服务,物业公司可与检测鉴定单位、设计单位签订年度合作协议,除小区常规安全巡检外,合作单位可派人按照每 2 周 1 次的频率对小区进行更为专业的安全检查和安全技术咨询,每月提供 1 次专业咨询服务,每季度进行一次建筑物安全评估服务,同时指导物业公司完成一年一次的建筑安全经济评估。

对建筑面积不小于 0.8 万 m² 的小区,为了方便物业日常管理,物业公司应在工程组下配置专门进行物业安全咨询服务的人员,进行日常的安全档案管理、安全咨询、安全评估等工作,见图 3.2-3。人员数量应按照小区面积、物业服务等级进行配置。工程组工程主管应对物业公司管理的小区安全情况负总责,编写安全咨询管理手册和实施细则,推动安全咨询服务的落实和开展;安全咨询服务技术人员应具体划分为现场管理人员和内业人员,现场管理人员负责小区安全巡检、装修现场排查、定期建筑物安全评价、建筑安全监测等工作,内业人员应负责小区安全相关档案管理、安全经济评估、业主委托的安全咨询服务,还应制定和组织小区安全宣传活动等项目。

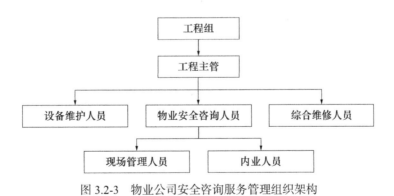

图 3.2-3　物业公司安全咨询服务管理组织架构

3.2.3　物业安全咨询服务的等级划分

物业安全咨询服务,应从可提供的服务类型、服务质量、服务人员配置等方面进行等级划分。表 3.2-1 是按照服务等级和建筑物使用年限进行人员配置的建议表。由于老旧小区住宅老化,出现问题较多,配置更多的人员较为合理,同时结合小区的实际情况和所处阶段,可以适当地调整人员配置。如小区周边施工,则需在特定时间段增加工程管理咨询人员,负责建筑物安全巡查,或调度工程部技术人员,实施建筑物安全监测。

表 3. 2-1　按服务等级配置人员表

服务等级	服务工种	人数配置参考标准
一级	工程部技术人员	负责小区的工程技术人员应每周驻场小区督导工作不少于 2 天
	工程主管	1 人 /（400～500 户）
	工程管理咨询人员	2 人 /（0.8 万～1 万 m²）（建筑面积）
	安全管理内业人员	2 人 /（0.8 万～1 万 m²）（建筑面积）
	设备维护人员	1 人 /（0.6 万～0.8 万 m²）（建筑面积）
	综合维修人员	1 人 /（1 万～1.5 万 m²）（建筑面积）
二级	工程部技术人员	负责小区的工程技术人员应每周驻场小区督导工作不少于 1 天
	工程主管	1 人 /（500～600 户）
	工程管理咨询人员	2 人 /（1 万～1.2 万 m²）（建筑面积）
	安全管理内业人员	1 人 /（0.8 万～1 万 m²）（建筑面积）
	设备维护人员	1 人 /（0.8 万～1 万 m²）（建筑面积）
	综合维修人员	1 人 /（1.5 万～2 万 m²）（建筑面积）
三级	工程部技术人员	负责小区的工程技术人员应每周驻场小区督导工作不少于 0.5 天
	工程主管	1 人 /（600～700 户）
	工程管理咨询人员	2 人 /（1.2 万～1.4 万 m²）（建筑面积）
	安全管理内业人员	可以不设置
	设备维护人员	1 人 /（1 万～1.2 万 m²）（建筑面积）
	综合维修人员	1 人 /（2 万～2.5 万 m²）（建筑面积）

备注:

1. 房屋可按照已使用年限对上述人员配置进行调整，主要分为三档，一档为使用年限 15 年以内的建筑，二档为使用年限 15～30 年的建筑，三档为使用年限 30 年以上的建筑。

2. 对二档建筑，可按照上述等级配置人员，一档建筑可适当降低一级标准配置人员，但不应低于三级。三档建筑应提高一级标准配置人员，对于服务等级为一级的小区可根据实际服务情况适当增加人员配置。

3. 表中根据服务年限降低等级采用后，仍可认为服务等级满足本级要求

　　表 3.2-2 为按照服务内容进行划分，所有物业公司均应具备建筑安全信息管理的能力，在日常安全巡检、装修报备及审查、安全评估、维修过程中全过程跟踪，并建立相关档案、记录等资料，方便日后查阅使用。同时，物业公司应根据自身能力，逐步开展房屋安全评估业务，接受业主的安全咨询委托，解决业主间的安全问题纠纷。

表 3. 2-2　按服务内容划分的服务项目

服务项目	考核标准	服务等级及标准		
		一级	二级	三级
建筑安全信息管理	档案建立及管理	齐全、归档	齐全、归档	齐全、归档
	物业服务系统	有，并具有 AI 安全评估功能	有	有
日常管理	安全巡检	按照表 3.1-2 要求进行		
	建筑安全监测	具备安全监测的技术能力，对 30 年以上的建筑和损伤建筑进行持续监测	可在第三方监测单位指导下，完成日常数据分析	由第三方监测单位开展实施
安全文化构建	安全讲座	每季度开展 1 次	每半年开展 1 次	每年开展 1 次
	安全宣传	具有固定的宣传栏，定期组织入户宣传	定期组织入户宣传	—
物业安全技术咨询服务	房屋定期安全评估	每年开展 1 次	委托第三方单位每年开展 1 次	—
	专家评估	具备资质及技术人员，可接受业主委托评估	委托第三方单位每年开展 1 次	—
物业安全经济咨询	—	具有考虑房屋安全因素的评估系统，可对接房管局评估系统		

3.2.4　开展物业安全咨询服务的路线图

（1）政策保证

物业安全咨询服务应由政府部门推动，对房屋安全管理进行改革，允许部分安全管理权利下放给街道和物业机构，并让市场主导安全咨询服务。同时，政府应成立相关部门对物业安全咨询服务进行监管，可通过立法形式对物业安全咨询服务进行规范。成立监管部门，定期对物业公司展开巡查、监督；物业协会应组织编制物业安全咨询服务指导准则、规范标准和收费指导，对可开展安全咨询服务的物业公司审核发放相关资质，同时对从业人员进行上岗培训，必要情况下可组织资格证书考试，以提高从业人员的执业水平。

同时，政府部门和物业公司应积极宣传房屋安全相关知识，以及房屋安全咨询的重要性，这不仅可以推动物业安全咨询服务的发展，同时也可以提高民众对房屋安全的认识，加强自身管理工作。

（2）资金保证

房屋交付前，建设单位可对每户房屋出具安全合格检验证，并购买 50 年的基础安全保险，小区在日后出现的非人为安全问题可通过保险部分理赔，减轻业主和物业的维修压力。同时，建议小区物业成立安全管理基金，该基金应从每月的物业管理费用中按照 10% 抽取，并存放于第三方托管平台。若小区需进行安全排查、安全维修或安全监测，可从该管理基金中取用。

（3）人员保证

近几年，新建房屋的数量已显著减缓，政府更加积极地推动城市改造更新。原有的工程建设技术人员已处于供过于求的状态。显然，过剩的技术人员可以分流到物业安全咨询服务行业。因此，物业公司可不必花较多精力去培养专业安全咨询人员，工程技术人员的加入，还可为物业服务带去新的活力。

（4）其他措施

物业服务公司需要对组织架构、服务内容、服务方式精益求精，提前布局相关业务。物业服务公司也应该积极研发基于互联网的物业服务顾问系统，利用大数据对小区安全活动进行管理，具体可参照 3.3 节的相关内容进行设计，物业服务顾问系统可接入房屋管理部门系统，方便监管和对房屋的价值进行动态评估。

居民使用方面，可以通过研发的建筑安全卫士 App 实现居民对房屋的自我监管和检查，详细见 3.3.4 节。同时可以与物业顾问服务系统对接，实现物业和居民的联动监管。

3.3 物业安全咨询系统研究与应用

3.3.1 既有房屋的安全隐患

（1）设计、施工问题埋下的安全隐患。我国既有房屋安全管理的重心在房龄 30 年以上的房屋，限于当时经济状况和建造标准，大量房屋在建设过程中存在设计质量不高或不正规施工等现象，给房屋安全带来隐患。

（2）构件承载力降低带来的安全隐患。房屋结构构件材料自然老化、强度降低、缺乏日常维护或者房屋在反复装修过程中破坏了结构构件，导致房屋局部甚至整体结构承载能力降低，减少建筑物的安全储备，给建筑物带来安全隐患。

（3）建筑外设物带来的安全隐患。空调外机支架、建筑幕墙、大型户外广告牌等建筑外设物的不规范安设均会带来安全隐患。建筑外设物与主体结构的联系构件以及外设物本身都会老化，一旦受台风、热带气旋、龙卷风等侵袭，给建筑带来安全隐患。

（4）房屋装修、改造带来的安全隐患。房屋所有人（或使用人）在装修改造中拆改承重墙体，改变房屋使用功能，增加楼面荷载，任意加层等改造行为都会对原有建筑物的安全带来严重的隐患。

3.3.2 传统房屋安全检测鉴定的困境

房地产作为重要的固定资产，其使用安全不仅需要满足房屋产权人，即小业主的居住要求，也是交易市场上重要的考虑因素。近些年，随着国家城市更新的不断推进，媒体的大力宣传，普通小业主对房屋的使用安全也日益重视。

　　小业主在日常生活中常会遇到墙体开裂、楼板渗水、装修凿洞、外墙皮脱落等问题，如图 3.3-1 所示，因缺乏专业知识，很难判断是否会对房屋安全产生危险，若联系检测鉴定单位又担心小题大做，产生较高的费用。目前业内尚缺少针对小业主的免费咨询渠道，既满足小业主对房屋安全的基本判断，又能在小业主需要专业服务时提供进阶服务。

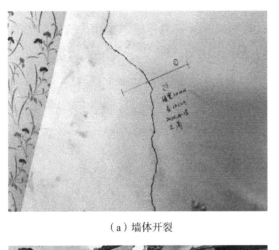

（a）墙体开裂

（b）渗水导致吊顶脱落

（c）装修改造

（d）外墙皮脱落

图 3.3-1　常见房屋损伤

　　目前随着人们安全意识的逐步提高，对房屋安全评估及检测的需求也不断增加，但市场还是集中在政府改造项目和部分公共建筑，与庞大的既有建筑物市场相比，房屋使用安全技术服务人员的数量明显不足，而常规专业检测鉴定服务的费用较高，导致专业队伍的服务难以覆盖到普通小业主。

3.3.3　新技术背景下的建筑安全咨询系统

　　近年来，"互联网＋"和人工智能等新技术的快速发展悄然改变了信息服务的传统方式 [7-8]。互联网问答社区日益兴起，将传统行业的面对面咨询转变为线上咨询，专业技术人员通过查看现场照片或视频即可为用户提供服务。智能算法的不断进步，更是弱化了"专业"概念，非专业者利用智能工具也可完成较复杂的操作。

　　面对时代的挑战，为提升建筑安全咨询的实时性与便捷性，开发了分布式建筑安全咨询系统，如图 3.3-2 所示。咨询系统由建安百科、AI 智能评估、健康监测和在线客服四大板块组成。"建安百科"总结了基础、环境、装修、构件、附属结构、消防、机电设备、耐久性和自然灾害九大方面的安全问题，用户可根据关键词检索相关的内容。"AI 智能评估"是建筑安全咨询系统的核心功能，可根据用户提供的照片和损伤信息对建筑结构的安全性进行实时评估，并给出处理建议。"健康监测"可通过安装传感器为用户提供建筑结构的实时监测数据，当监测值超出规范限值时，系统会发出警报提示。"在线客服"是工程师咨询通道，可为用户提供更专业的咨询与顾问服务。一体化的咨询平台可以充分发挥检测鉴定工程师的智力劳动，为用户提供集实时咨询与延时咨询于一体的服务，以弥补传统模式下延时咨询方式的不足。

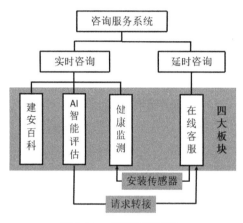

图 3.3-2　咨询系统架构

3.3.4　建安百科

　　建筑安全知识具有专业度高和覆盖面广的特点，若要嵌套进咨询服务系统，必须对知识进行整合。建安百科将来自不同方面且具有一定互补性的建筑安全知识进行粘合，再用生活化的语言表述，保证查询过程"无障碍"，更好地为用户解决实际问题。

　　建安百科总结了九大问题，每个问题下有若干词条，词条中包含多个关键词。当用户使用建安百科寻求解决方案时，可输入一个或多个关键词，系统会根据关键词匹配相关词条并为用户展示。

3.3.5　AI 智能评估

（1）基于神经网络的建筑安全评估模型

　　建筑可靠性鉴定流程可看作是已采集的结构特性数据与安全等级的映射。基于神经网络的建筑安全评估模型利用神经网络强大的非线性拟合能力，对大量已有的鉴定项目进行深度挖掘，掌握结构特征数据与安全等级的内在规律，进而建立构件"损伤信息 – 安全等级"之间的对应关系。在深度学习的过程中，构件的损伤信息（"低层"特征）经过神经网络被转化成抽象信息组合（"高层"特征），最终与安全等级一一对应。深度学习示意图如图 3.3-3 所示。

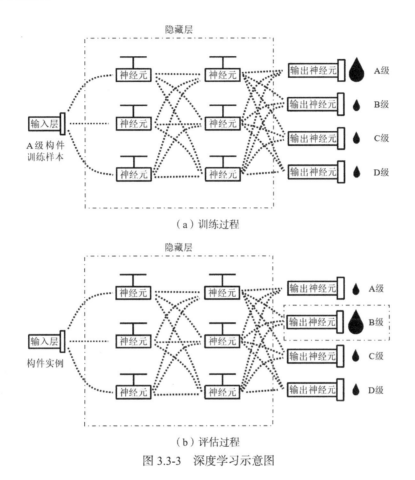

（a）训练过程

（b）评估过程

图 3.3-3　深度学习示意图

模型的准确性取决于训练后神经网络表达能力的强弱，表达能力越强，"损伤信息 – 安全等级"之间的对应关系就越明显，评估结果也越准确，如图 3.3-4 所示。神经网络表达能力的训练需要大量的样本。本研究模型的训练样本包括 200 个鉴定项目，涉及办公楼、学校、医院、体育馆、商业中心、酒店、会堂、展馆等公共建筑及城中村、老旧小区、农村自建房等个人房屋的主体结构、附属结构或消防设施。

建筑损伤类型众多，成因多样，损伤程度也存在差异，而机器学习在弱监督学习（样本分布偏移大、新类别多、属性退化严重、目标多样）下效果差，计算收敛性不好[9]，直接影响评估结果的准确性。因此，需要对训练样本进行分类，让模型对每一类样本特征进行深度挖掘，增强结构特征数据与安全等级的对应关系。为了让模型尽可能满足实际使用条件，样本分类需要遵循以下原则：

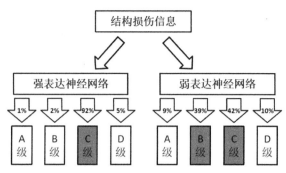

图 3.3-4   神经网络表达能力

1）损伤现象需要易观察，易获取，易理解；

2）损伤现象需尽可能帮助模型判断出结构的真实状态；

3）样本的分类需尽可能少。

本研究结合工程经验和相关文献[10]，以模型的评估总体准确率为评价指标，最终将训练样本分为 8 大类：开裂问题、渗水问题、钢筋外露、沉降变形、装修开洞、消防隐患、外墙问题、支架生锈。通过对训练样本进行分类后，模型的评估总体准确率高达 98%。因此，本研究的建筑安全评估模型能较好地对建筑结构进行初步的安全性评估。

（2）评估问答设计

8 类常见问题的评估问答选项见表 3.3-1。

表 3.3-1   评估问答表

问题大类	问题顺序	选项
开裂问题	1. 裂缝的位置	（1）隔墙；（2）承重墙；（3）柱子；（4）梁；（5）楼板
	2. 裂缝数量	（1）单条裂缝；（2）同一位置多条裂缝；（3）多个位置多条裂缝
	3. 裂缝的宽度	（1）1mm 以内；（2）1~5mm；（3）5mm 以上
	4. 开裂位置是否看到钢筋	（1）有看到；（2）未看到
	5. 过去一周至一个月内裂缝有没有扩展的情况	（1）有较快扩展；（2）有轻微扩展；（3）无扩展；（4）其他
	6. 裂缝的深度	（1）仅外部装修层开裂；（2）装修层内部开裂；（3）裂缝已贯通；（4）其他
	7. 开裂的时间	（1）一周内；（2）一个月内；（3）一年内；（4）超过一年；（5）其他
	8. 开裂的原因	（1）裂缝周边有装修改动；（2）房屋周边有施工；（3）其他
渗水问题	1. 渗水的位置	（1）屋顶；（2）外墙；（3）玻璃幕墙；（4）装修的设备管道；（5）楼板
	2. 房屋渗水的部位	（1）局部渗漏滴水；（2）多处渗漏滴水；（3）大面积渗水发霉

续表

问题大类	问题顺序		选项
渗水问题	3. 是否曾经修补过		（1）修补后仍然渗水；（2）未修补；（3）修补后转移到其他地方渗水
	4. 何时发现的渗水情况		（1）一周内；（2）一个月内；（3）一年内；（4）超过一年；（5）其他
	5. 渗漏的原因		（1）构件周边有改动（楼上装修等）；（2）房屋设计问题，年久失修；（3）房屋周边有施工；（4）其他
钢筋外露	1. 钢筋外露的位置		（1）隔墙；（2）承重墙；（3）柱子；（4）梁；（5）楼板
	2. 钢筋外露的数量		（1）仅一处钢筋局部外露；（2）多处钢筋局部外露；（3）仅一处钢筋大面积外露；（4）多处钢筋大面积外露
	3. 钢筋外露的情况		（1）钢筋未生锈未断裂；（2）钢筋已生锈未断裂；（3）钢筋未生锈已断裂；（4）钢筋已生锈已断裂
	4. 钢筋周边的情况		（1）混凝土开裂；（2）混凝土破损；（3）混凝土腐蚀脱落；（4）其他
	5. 钢筋外露的原因		（1）周边有装修改动；（2）房屋周边有施工；（3）年久失修；（4）渗水腐蚀；（5）其他
沉降变形	1. 沉降变形的严重程度		（1）房屋倾斜较为明显（肉眼可见倾斜）；（2）房屋倾斜不明显
	2.何时发现的沉降变形情况		（1）一周内；（2）一个月内；（3）一年内；（4）超过一年
	3. 发现变形后有没有发展的情况		（1）有较快发展；（2）有轻微发展；（3）无扩展
	4. 室外地面是否有开裂现象		（1）有；（2）无
	5. 房屋构件是否开裂变形		（1）未发现开裂变形情况；（2）隔墙开裂变形；（3）承重墙开裂变形；（4）柱子开裂变形；（5）梁板开裂变形
	6. 沉降变形的原因		（1）连日暴雨；（2）周边新建房屋；（3）周边有施工（开挖路面、基坑等）；（4）其他
装修开洞	1. 出现问题的位置		（1）装修开洞问题；（2）房屋整体翻新装修问题；（3）拆改房屋布局问题
	2a. 装修开洞问题	1. 开洞位置	（1）承重墙；（2）隔墙；（3）楼板；（4）梁；（5）柱子
		2. 开洞大小	（1）0.1m×0.1m 以内；（2）1m×1m 以内；（3）大于1m×1m
		3. 开洞位置钢筋情况	（1）断裂；（2）未断裂；（3）其他
		4. 开洞周边情况	（1）洞口周边出现开裂现象；（2）洞口周边未发现开裂现象；（3）其他
	2b. 房屋整体翻新装修问题	1. 翻新装修后是否改变房屋布局（比如拆除或增加隔墙等）	（1）是；（2）否
		2. 翻新装修后是否改变房屋使用功能（比如封闭阳台、房间改卫生间、自住改为出租等）	（1）是；（2）否

问题大类	问题顺序		选项
装修开洞	2c. 拆改房屋布局问题	1. 如何拆改房屋布局	（1）拆除隔墙；（2）增加隔墙；（3）拆除、增加隔墙；（4）拆除承重墙
		2. 是否增加楼层或者隔层	（1）是；（2）否
消防隐患	1. 出现问题的位置		（1）消防通道；（2）消防设施设备；（3）消防安全隐患
	2a. 消防通道	问题的描述	（1）消防通道被占用；（2）消防车道、消防救援场地被占用或被破坏；（3）安全出口被堵塞；（4）其他
	2b. 消防设施设备	问题的描述	（1）消火栓、灭火器材损坏；（2）水喷淋系统损坏；（3）火灾报警系统损坏；（4）其他
	2c. 消防安全隐患	问题的描述	（1）无消防用水；（2）无建筑消防验收合格证；（3）无消防设施年度检测报告；（4）不符合国家规范的强制性条款；（5）其他
外墙问题	1. 出现问题的位置		（1）外墙面脱落；（2）外墙开裂；（3）外墙附属物（外挂支架、广告牌、空调外挂机等）掉落；（4）玻璃幕墙爆裂、脱落（质量问题）；（5）玻璃幕墙安全问题；（6）其他
	2a. 外墙面脱落	外墙面脱落问题	（1）怀疑外墙面不牢固；（2）外墙面瓷砖有松动迹象；（3）外墙面瓷砖已部分脱落；（4）其他
	2b. 外墙开裂	外墙开裂问题	（1）外墙出现斜裂缝；（2）外墙出现竖直裂缝；（3）地面也有开裂情况；（4）其他
	2c. 外墙附属物掉落	外墙附属物掉落问题	（1）怀疑外墙附属物不牢固；（2）外墙附属物有松动迹象；（3）外墙附属物已部分脱落；（4）其他
	2d. 玻璃幕墙爆裂、脱落	玻璃幕墙质量问题	（1）怀疑玻璃幕墙不牢固；（2）玻璃幕墙有松动迹象；（3）玻璃幕墙已部分脱落或曾经爆裂；（4）其他
	2e. 玻璃幕墙安全问题	玻璃幕墙安全问题	（1）怀疑玻璃幕墙安全性；（2）玻璃幕墙支架有松动迹象；（3）玻璃幕墙支架有缺陷、损伤；（4）其他
支架生锈	1. 出现问题的位置		（1）广告牌支架；（2）挡雨棚支架；（3）设备支架（水管、空调管、电线等）支架；（4）水箱支架；（5）其他
	2. 支架的位置		（1）屋顶；（2）外墙面；（3）地面；（4）室内
	3. 出现生锈的位置		（1）支架整体生锈；（2）支架部分杆件生锈；（3）支架连接位置生锈
	4. 生锈的严重程度		（1）已锈蚀断裂；（2）出现锈蚀孔洞；（3）锈蚀松动；（4）表面锈蚀，连接未松动；（5）其他
	5. 生锈的严重程度		（1）经常有行人、车辆经过（路边）；（2）较少行人、车辆经过（绿化、草坪）；（3）一般无人经过（屋顶、河边）；（4）其他

（3）AI 智能评估应用场景的实现

AI 智能评估功能网络拓扑结构如图 3.3-5 所示。用户进入建筑安全咨询系统后，选择"AI 智能评估"，即可对房屋结构进行安全评估。第一步，用户选择需要评估的房屋安全问题；第二步，用户对损伤部位进行拍照并根据实际损伤情况回答问题，提交。系统会将现场照片存储于后台服务器，并将用户提交的损伤信息输入建筑安全评估模型。模型会根据损伤信息自动判定结构的安全等级，并给出处理建议。当用户对评估结果存在疑问或想进一步寻求专业的咨询时，点击评估结果页面的"在线咨询"即可进入在线客服板块，同时系统会将照片和损伤信息发送至会话界面。

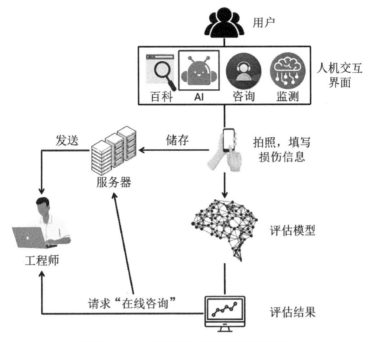

图 3.3-5　AI 智能评估功能网络拓扑结构

3.3.6　健康监测与在线客服

若用户需要对房屋结构安全进行实时监测，可请求工程师前往实地安装传感器，并在健康监测板块中查看实时监测数据。用户进入建筑安全咨询服务系统后，选择"在线客服"，即可直接进入会话界面，后台工程师会根据用户的需求提供相应的咨询服务。

3.4　本章小结

本章概括叙述了现有物业顾问服务的种类及其发展现状，总结了当前物业顾问服务的特点，从物业服务模式、物业服务等级、物业服务发展趋势等方面论述了我国物业服务的基本状况，提出了物业安全咨询服务的必要性和可行性。针对当前房屋评价体系缺少"安全评估"的不足，提出了一种物业安全顾问的物业服务新模式，包括物业顾问服务的基本内容、所需配置的人员、等级划分和开展路线图。

将"互联网＋"与传统的检测鉴定方法结合，搭建了基于互联网的物业顾问服务系统。利用人工智能的优势，研发了以建筑安全 AI 评估模型为核心的"建筑安全卫士"服务 App，基本实现了房屋结构安全实时评估。建筑安全评估 AI 模型对常见的 8 类建筑安全问题采用机器学习的方法，对大量已有的鉴定项目进行深度挖掘，掌握结构特征数据与安全等级的内在规律，具备智能判断评估的功能，改变了传统安全顾问服务中双方之间被动的信息交流模式，可帮助用户迅速了解房屋结构安全状态，及时排查安全隐患。

本章参考文献

［1］ 聂维. 安全咨询服务体系的框架构建及应用探讨［D］. 武汉：武汉理工大学，2012.

［2］ 王筝. 我国物业管理模式转变及其动因分析［J］. 经济问题探索，2010（12）：187-190.

［3］ 易冬. "互联网＋"背景下物业管理模式研究［D］. 北京：清华大学，2018.

［4］ 张驰. 基于 5G 物联网技术的物业管理系统研究［J］. 数字技术与应用，2021，39（4）：31-33.

［5］ 耿泽磊. 基于社区 O2O 模式的物业服务 APP 构建研究［D］. 广州：广州大学，2019.

［6］ 徐梓熊，陈思宇，肖艳，等. 新经济环境下我国住宅物管行业多元化发展的现状与对策［J］. 中小企业管理与科技（上旬刊），2021（9）：125-127.

［7］ 刘杨程. "互联网＋"如何影响工业企业高质量发展？［D］. 南昌：江西财经大学，2021.

［8］ 张新平，金梦涵. 人工智能时代舆情治理的转型与创新［J］. 情报杂志，2021（10）：66-73，165.

［9］ 周小龙，陈小佳，陈胜勇，等. 弱监督学习下的目标检测算法综述［J］. 计算机科学，2019，46（11）：49-57.

［10］ 陈志勇，黄波，潘景龙. 常见的房屋损伤现象及其原因分析［J］. 工业建筑，2011，41（S1）：779-784.

第4章　结构安全数据采集与评估指标

4.1　结构安全数据采集概述 ···

完备的建筑信息数据是建筑物安全评估的前提基础。当前针对建筑物数据完备性的研究主要表现在两个方面：一是建筑物数据采集方法的研究；二是建筑物数据库管理系统的建立。现阶段建筑物信息采集技术和数据库系统建设已取得了长足的发展，有效地推动了我国基础数据管理和政府公共安全数据管理。但随着城市化进程的快速推进，建筑物信息日新月异，对于既有建筑物工程信息（如结构类型、使用功能、建筑层高等）的快速获取、建筑数据快速更新、建筑数据库快速响应以及多源不同精度数据的快速融合将成为未来很长时间内研究工作的重点方向。

目前，国内外政府部门、研究机构对城市建筑物的信息采集进行了一定深度的研究。根据采集手段的不同，主要包括基于人口普查数据、现场调查与采集技术以及基于遥感技术3种采集手段。

（1）基于人口普查数据

人口普查是世界各国广泛采用的搜集人口资料的一种科学方法，主要用来调查人口和住户的基本情况。2010年我国完成的第六次全国人口普查表中对建筑物的基本信息进行了采集，主要包括建筑物的层数、建成年代、承重类型及用途等。陈洪富等[1]基于第六次全国人口普查数据结合区域建筑特点对整个区域建筑物信息进行了推演，获得了不同层数及建造年代的比例（面积比），为群体建筑安全评估提供了基础数据。

（2）现场调查与采集技术

现场采集最早主要用于地形测绘、野外森林资源、物种的现场调查。随着电子信息技术的成熟，现场采集工作模式也发生改变，主要有以下几种模式。

1）基于纸质表格的数据采集

纸质采集是最传统的采集方法，根据研究目的，设计比较完善的采集表格，按照采集表格内容对评估区域内的采集对象进行现场采集分析。其优点是采集数据结果比较精确，但其耗费精力和财力，采集的结果需要进行数字化，才能满足现代数字化的需求，比较适用于小区域范围内建筑物信息的普查。

2）基于 PDA 的数据采集

PDA（Personal Digital Assistant）的兴起，逐步改善了传统纸质采集方式易丢失、效率低、查找更新不方便等窘境。PDA 是基于 Windows Mobile 系统进行实现的，设备体积小、重量轻、工作效率高等，可以与 GIS 良好沟通，利于数据输入存储信息数字化，大大地提高了现场数据采集工作的效率。Annunziato 等基于 FEMA 154 的基本原理在 Windows Phone（Windows FMC）上，开发了一款现场建筑物采集工具 ROVER。但基于 PDA 的采集方式也存在一定的缺陷，PDA 屏幕太小、操作系统已基本过时、设备价格比较昂贵等，从而使得基于 Windows Mobile 的 PDA 也逐渐退出数据采集的舞台。

3）基于 Android 的数据采集

由于自身的缺陷 PDA 设备逐渐被 Android 智能移动设备所替代。新的 Android 设备具有操作智能化、体积更小、屏幕尺寸多样、GPS 和无线网络等功能。基于 Android 平台进行室外现场数据采集的研究热点，其不仅适用于室外数据采集领域，还可以结合已有的服务器端进行协同工作，提高了工作效率。

4）基于 iOS 的数据采集

不同于 Android 系统，基于 iOS 平台的数据采集工具也得到了广泛的使用。徐柳华等[2]基于 iOS 系统在 iPad 平台上开发了外业采集系统，主要用于测绘外业的采集需求。相比于 Android 平台，iOS 系统本身更侧重于娱乐性，对工程应用的适用性较差，另外，基于 iOS 系统的硬件设备比较昂贵，需要投入更多的资金，这也极大地限制了基于 iOS 的数据采集系统的应用。

（3）基于遥感技术

遥感技术采集建筑物数据主要指通过遥感图像或者结合其他信息来源进行建筑物数据采集的方法。目前主要方法有：

1）遥感影像法

遥感影像法主要基于 IKONOS、Quickbird 等影像采用影像分类技术来提取建筑物的几何外形。Saito 等[3]采用 0.6m 分辨率的 Quickbird 卫星图像，提取了希腊皮洛斯城 843 幢建筑物的结构类型、层数、使用类型、建造年代等建筑物数据。遥感卫星影像法可通过遥感图像的信息提取建筑物的形状、高度、建筑面积等数据，但与此同时，遥感卫星影像法的缺点也比较明显，如利用阴影来确定建筑物高度的方法并不适用于低层建筑物、单靠遥感影像很难分辨出建筑物的结构类型以及使用功能。

2）机载激光雷达采集

机载激光雷达（LiDAR）是一种快速获取高精度地面和地物三维信息的新技术。其融合了激光技术、高动态载体姿态测定技术和高精度动态 GPS 差分定位技术，可以快速、主动、实时、直接获得大范围地表及地物密集采样点的三维信息。机载激光扫描方法建立的建筑物三维几何模型，可高效、直观地获得建筑物高度、建筑面积等数据。但是，机载激光扫描法并不能采集到建筑物的使用类型、建造年代等信息，另外采用机载激光扫描方法时建筑物以外的物体会对建筑物的提取产生很大干扰。

3）多源数据结合采集

已有研究表明，仅通过遥感影像或机载激光雷达单一途径并不能获取建筑物的所有属性，因此有必要融合 LiDAR 数据与地面规划设计图或其他遥感影像来进行建筑物数据采集。邓宏宇等基于面向对象特征提取技术从遥感影像上获取建筑物信息，并结合 GIS 技术获取在空间地理坐标下网格化数据，得到建筑物基础信息空间网格数据库。谭衢霖等结合 IKONOS 影像和 LiDAR 数据，应用面向对象分类分析方法对城区建筑物数据进行了提取。Wieland 等提出遥感影像与对地全景成像的多源数据融合法，由全景影像信息来确定建筑物的高度、层数、使用类型等数据，并采用高分辨率卫星进行建筑物外形提取，确定建筑物坐标、建筑面积和每个分割区域建筑物的数量，结合两者信息进行建筑物信息获取。多源数据采集方法克服了单纯基于卫星遥感影像进行采集的局限性，集成了不同成像技术的优势，可以降低数据采集过程中成本和时间的耗费。

结构安全管理数据采集是利用已有的存档资料，现场人工查看，检测和设备的实时监控数据进行高效采集和终端汇聚。通过各类人工手段和设备手段采集大范围、深层次的结构安全管理数据，构建建筑物联网平台的数据基础。

目前大量老旧房屋仍缺少安全管理数据，尤其是一些具有历史价值的建筑，如图 4.1-1 所示，不同地点、不同形式房屋采集的数据指标不统一，给既有建筑安全管理带来不便。

图 4.1-1　某老旧砌体结构历史建筑

4.2 基于点云的结构安全数据采集

4.2.1 数据目标

按采集目标的范围进行划分，主要有以下两类采集模式：

（1）单体采集：通过定点 RGBD 设备（深度感知相机，如激光时差测距扫描、结构光相机、双目视角扫描等），实现建筑物物理定位信息、反射强度和颜色信息的采集，减少现场测量工作量，且特别适用于复杂空间钢结构、古建筑的测量。

（2）大规模采集：通过车载或航拍机载激光扫描，实现街区数字高程模型（DEM）及等高线、取得含空间信息的航拍数据，开展乡村治理、智慧园区运维、周边环境深层感知、在建项目巡场、灾后响应、地质灾害应急与评估等工作。图 4.2-1 为硬件端技术路线。

图 4.2-1　硬件端技术路线

目前，主流摄像头在检测范围、检测精度和检测角度等方面都相差不大，主要区别在于：

（1）结构光方案（单相机＋投影条纹斑点编码）：优势在于技术成熟，深度图像分辨率可以做得比较高，该方案解决了大多数环境下双目中匹配算法的复杂度和鲁棒性问题。但容易受光照影响，室外环境基本不能使用，在强光下，结构光核心技术激光散斑会被淹没，不适合室外。同时，在长时间监控方面，激光发射设备容易损坏，重新换设备后，需要重新标定。

（2）激光／脉冲光 TOF 方案（反射时间差）：抗干扰性能好，视角更宽，不足是深度图像分辨率较低，适合一些简单避障和视觉导航，不适合高精度场合。受环境影响小，传感器芯片并不成熟，成本很高，实现量产困难。但由于其原理与另外两种方案完全不同，实时性高，不需要额外增加计算资源，几乎无算法开发工作量，为目前主流发展方向。

（3）双目方案（双相机＋视差图像分析）：成本相对前面两种方案最低，但是深度信息依赖纯软件算法得出，此算法复杂度高，难度很大，处理芯片需要很高的计算性能，导致实时性很差，同时它也继承了普通 RGB 摄像头的缺点：在昏暗环境下以及特征不明显的情况下并不适用。同时，纯双目方案易受光照，物体纹理性质影响。

针对运维期的建筑管理，目前主流的技术路线一般采用以激光 / 脉冲光 TOF 方案为主。

4.2.2　数据采集与处理

相对激光雷达扫描硬件设备的快速发展而言，点云数据的智能化处理发展较为落后，点云处理的智能化水平、软件界面友好性、专业化应用数据接口方面还有待提高。

商业化的软件主要有 TerraSolid 公司的 TerraSolid（基于 Microstation 平台）、Trimble 公司的 Realworks、Leica 公司的 Cyclone、Bentley 公司的 Pointtools、Orbit GT 公司的 Orbit Mobile Mapping。国内主要集中在点云数据的管理、面向 DEM 生产的滤波、三维建筑物提取及重建、森林垂直结果参数提取等方面，有武汉天擎的 LiDAR Suite、西安煤航的 LiDAR-DP、北京数字绿土的 LiDAR 360。

在既有结构安全点云数据采集与利用过程中，具体步骤分为：

（1）数据采集：使用激光雷达设备获得的建筑物扫描数据，获得建筑结构表观的点数据，每个点都有其三维坐标和可能的颜色或反射强度信息。

（2）数据处理和点云配准：目前一般主流扫描硬件，将自动完成多视角扫描情况下的点云数据配准，自动形成完整的三维模型。

（3）特征提取：从点云数据中提取建筑物的特征，如边缘、角点、平面等，一般采用点法向量进行面划分，这些特征可便于技术人员对建筑物的结构构件进行进一步的评价。

（4）三维重建：利用点云数据构建建筑物的三维模型，该步骤目前暂无成熟的解决方法，但由于既有建筑的几何信息一般较为规则，均为平面形状，通过剖切划分，可得到建筑物带准确尺寸信息的平、立、剖面图纸信息，用于结构分析模型的构建。

4.3　结构安全数据采集流程和原则

4.3.1　数据采集流程

数据采集应结合现场调查情况，获得基本的建筑信息，并查阅建筑档案资料库中建筑设计图纸完善基本信息。基于采集数据的完成情况，对数据进行了校核、整理归类，并将其保存到数据库中作为基础数据源，供结构安全评估使用。在实际采集过程中，采集流程主要分为三个阶段：

（1）准备阶段。获取高分辨率的谷歌遥感影像数据或其他高精度的遥感影像数据并配准，以减少偏移影响造成的误差。与街道办及社区负责人进行沟通，获取街道办所属辖区的现实情况及辖区分界，查阅当地的年鉴及统计报告等资料，制定相应的采集方案，并对采集人员现场培训。

（2）采集阶段。实际采集过程中，采用两种途径进行采集，途径1采用纸质表格进行现场采集，采集过程比较耗费精力，但适合相关社区人员的配合实施；在途径1的基础上，开发基于激光/脉冲光TOF平台，途径2采用移动平台可以快速地定位建筑位置，并高效地将采集数据与基础数据平台交互。

（3）整理阶段。校核采集数据的准确性、完整性；对未普查区域采用实地调查补充；对途径1采集的数据进行矢量化及匹配，并进行数据的校核，校核无误后按要求存储入基础数据平台。

4.3.2　缺失数据处理

由于存档资料不全、历史资料缺失、现场环境复杂等原因，数据库信息输入容易出现缺项的情况，为保证后续各评估系统的运行，结合项目经验，缺省的参数均给出了缺省值，但对于主要的评价指标，缺省的参数越多，误差就越大，因此，缺省的参数数量宜尽量减少，保证评估结果的合理性。

4.4　结构安全数据采集主要内容

根据结构风险分析和破坏形式的分析，对建筑结构安全风险影响因素进行分类。结合现场采集的数据信息，以及根据建筑物的信息变化情况及层级关系，将结构安全管理信息进行分类。

将结构的调查信息按时间进行归类，研究结构采集的安全数据随时间的变化过程，有助于从实践角度研究单一指标对结构的安全风险的影响，有助于从时间的维度描述结构的安全风险变化情况，有助于研究时间对建筑群全寿命周期的安全风险变化。

房屋建筑物在整个寿命期内，影响其安全状况的因素非常多，通过对房屋建筑安全状况的健康体检及原有的关于房屋安全状况的存档资料为基础进行分类分析，形成影响建筑物安全的主要因素指标。根据信息的获取特点划分，结构安全管理信息可分为总体信息、基本信息和调查信息。

4.4.1　总体信息

总体信息指用于描述建筑物的使用功能、名称、地理位置、空间大小和外形特征等信息的总称。其包括项目地址、项目名称、建筑年代、建筑性质、建筑占地面积、总建筑面积、地上高度、地下高度、地上层数、地下层数、备注信息和附件信息等。总体信息详见表4.4-1。

表 4.4-1　总体信息

序号	因素	分类	说明
1	项目地址	—	用来确定建筑物所在地理位置，可人工输入详细的项目地址或采取地图定位的方式点击确认建筑物的地理位置
2	项目名称	—	人工输入详细的项目名称
3	建筑年代	—	人工输入建筑年代
4	建筑性质	住宅	人工选择建筑性质，建筑性质包括住宅、宿舍、公寓、办公建筑、商业建筑、其他居住建筑、其他公共建筑、工业建筑、农业建筑，当人工未选择建筑性质时，缺省字符串为"住宅"
		宿舍	
		公寓	
		办公建筑	
		商业建筑	
		其他居住建筑	
		其他公共建筑	
		工业建筑	
		农业建筑	
5	建筑占地面积	—	人工输入建筑占地面积
6	总建筑面积	—	人工输入总建筑面积
7	地上高度	—	人工输入地上高度
8	地下高度	—	人工输入地下高度
9	地上层数	—	人工输入地上层数，当人工未输入地上层数时，缺省整数为空值。当点击"详细层信息"时，人工还可以进一步输入房屋住宅用途的起始层号和终止层号或输入房屋商业用途的起始层号和终止层号
10	地下层数	—	人工输入地下层数
11	备注信息	—	人工输入备注信息
12	附件信息	—	点击浏览增加结构附件信息，附件信息格式可为 png、pdf、jpg 和 dwg 等，并以列表的形式显示附件信息

4.4.2　基本信息

基本信息指用于描述结构几何信息、荷载信息、设计信息、加固信息等信息的总称。其包括结构材料、结构体系、有效设计资料、历史信息、几何信息、整体牢固性、地震作用和荷载信息、地基基础信息等。

（1）结构材料

按房屋建筑物的材料分类，可分为混凝土结构、钢结构、砌体结构、混合结构、木结构和简易结构。结构材料需要人工选择，当人工未选择时，缺省字符串为"混凝土结构"。

1）混凝土结构。以混凝土为主制成的结构，包括素混凝土结构、钢筋混凝土结构和预应力混凝土结构等。其主要以钢筋混凝土的柱、梁、楼板、墙等构件组成，可采取现浇、预制、装配整体式等形式。混凝土结构的安全性较好，尤其是整体现浇的混凝土结构，相互连接紧密，即使出现局部破坏，也不会造成灾难性后果。

2）钢结构。采用钢骨架承重。目前我国城镇房屋建筑物采用钢结构形式的较少。

3）砌体结构。砌体结构是砖砌体、砌块砌体和石砌体结构的统称，由块体和砂浆砌筑而成的墙、柱作为建筑物主要受力构件的结构。

4）混合结构。混合结构是指承重的主要构件是用钢筋混凝土和砖木建造的。混合结构不是指单一的结构形式，而是指两种或两种以上不同材料的承重结构所共同组成的结构体系。

5）木结构。木结构是指采用以木材为主制作的构件承重的结构。

6）简易结构。简易结构是指以砖简易砌筑或其他如木板做围护，屋盖采用临时或简易材料的结构。

（2）结构体系

从房屋建筑物的结构体系分类，可分为框架结构、框架－剪力墙结构、剪力墙结构、框架－核心筒结构、部分框支剪力墙结构、单层钢结构厂房、门式刚架轻型房屋、多层钢结构厂房、钢框架结构、多层砖砌体房屋、多层砌块房屋、底部框架－抗震墙砌体房屋。结构体系需要人工选择，当人工未选择时，缺省字符串为"框架结构"。

1）框架结构。由梁和柱为主要构件，楼板为次要构件组成的承受竖向和水平作用的结构。

2）框架－剪力墙结构。由框架和剪力墙共同承受竖向和水平作用的结构。

3）剪力墙结构。由剪力墙组成的承受竖向和水平作用的结构。以梁、楼板、墙体为主要构件组成，可为现浇或部分装配。

4）框架－核心筒结构。由核心筒与外围的稀柱框架组成的高层建筑结构。

5）部分框支剪力墙结构。底部带托墙转换层的剪力墙结构。

6）单层钢结构厂房。由钢柱、钢屋架或钢屋面梁承重的单层厂房。

7）门式刚架轻型房屋。主要承重结构为单跨或多跨实腹门式刚架、具有轻型屋盖和轻型外墙、无桥式吊车或有起重量不大的单层房屋钢结构。

8）多层钢结构厂房。由钢柱、钢屋架或钢屋面梁承重的多层厂房。

9）钢框架结构。由钢梁和钢柱组成的能承受垂直和水平荷载的结构。用于大跨度或高层或荷载较重的工业与民用建筑。

10）多层砖砌体房屋。由普通砖（包括烧结、蒸压、混凝土普通砖）、多孔砖（包括烧结、混凝土多孔砖）等砌体承重的多层房屋。

11）多层砌块房屋。由混凝土小型空心砌块承重的多层房屋。

12）底部框架－抗震墙砌体房屋。底层或底部两层采用刚接混凝土框架－抗震墙或钢筋混凝土框架－砌体抗震墙结构，以上部位采用多层砌体墙承重的房屋。

（3）有效设计资料

有效设计资料包括岩土工程勘察报告，符合建筑物实际的竣工图纸和相关的施工验收资料，当有效设计资料选择"有"时显示上述内容，而选择"无"或"不详"时不显示上述内容，有效设计资料缺省信息为字符串"有"。

岩土工程勘察报告可选择"有""无"或"不详"，缺省信息为字符串"有"。

符合建筑物实际的竣工图纸可选择"有""无"或"不详"，缺省信息为字符串"有"。

施工验收资料包括房屋建设单位名称，房屋施工单位名称，房屋监理单位名称和房屋竣工时间，当施工验收资料选择"有"时显示上述内容，而选择"无"或"不详"时不显示上述内容，施工验收资料缺省信息为字符串"有"。

（4）历史信息

历史信息包括设计使用年限，用途变更次数，使用荷载变化情况，遭受地震、洪水、火灾、爆炸次数，是否加层、是否扩建、加固次数，加固改造信息等。历史信息见表4.4-2。

表 4.4-2　历史信息

序号	因素	说明
1	设计使用年限	需要人工输入设计使用年限，缺省整数由调查时间减去建筑年代
2	用途变更次数	需要人工输入用途变更次数，缺省整数为空值
3	使用荷载变化情况	使用荷载变化情况包括无变化，较小增加，较大增加，缺省字符串为"无变化"
4	遭受地震次数	需要人工输入遭受地震次数，缺省整数为空值
5	遭受洪水次数	需要人工输入遭受洪水次数，缺省整数为空值
6	遭受火灾次数	需要人工输入遭受火灾次数，缺省整数为空值
7	遭受爆炸次数	需要人工输入遭受爆炸次数，缺省整数为空值
8	是否加层	需要人工选择是否加层，缺省字符串为"否"
9	是否扩建	需要人工选择是否扩建，缺省字符串为"否"
10	加固次数	需要人工输入加固次数，缺省整数为空值，点击"详细信息"时，可输入每次加固的序号和范围占比
11	加固改造信息	加固改造信息包括一次加固改造时间、二次加固时间，以及加固时间对应的加固设计单位和加固施工单位，当加固改造信息选择"有"时显示上述内容，而选择"无"或"不详"时不显示上述内容，加固改造信息缺省信息为字符串"无"，加固时间缺省信息为空值，加固设计单位缺省信息为空值，加固施工单位缺省信息为空值

（5）几何信息

几何信息包括结构平面形状、长度、宽度、X向跨数、Y向跨数、X向跨号及间距，Y向跨号及间距。

结构平面形状包括矩形、L形、T形、工字形、Y形、回形等，缺省信息字符串为"矩形"。

长度包括主要长度 L 和突出长度 l，均需要人工输入对应的长度，主要长度 L 和突出长度 l 缺省整数均为空值。宽度包括主要宽度 B、突出宽度 b 和最大宽度 B_{max}，均需要人工输入对应的宽度，主要宽度 B、突出宽度 b 和最大宽度 B_{max} 缺省整数均为空值。当平面形状为"矩形"时，仅显示主要长度 L 和主要宽度 B。

X 向跨数和 Y 向跨数需要人工输入，缺省整数均为空值；X 向跨号及间距和 Y 向跨号及间距需要人工输入，缺省整数均为空值。当选择砌体结构时，需要输入纵墙和横墙墙体的跨距。

（6）整体牢固性

1）混凝土结构整体牢固性

混凝土结构整体牢固性内容及说明详见表4.4-3。

表 4.4-3　混凝土结构整体牢固性内容及说明

序号	内容	说明
1	构件间断	构件间断可选择"否""轻度""中度"或"严重"，缺省信息字符串为"否"
2	竖向收进和外挑	竖向收进和外挑可选择"否""轻度""中度"或"严重"，缺省信息字符串为"否"
3	多种结构体系混合	多种结构体系混合可选择"否""是"，缺省信息字符串为"否"
4	顶层形成空旷房间	顶层形成空旷房间可选择"否""是"，缺省信息字符串为"否"
5	框架结构的围护墙和隔墙不利布置	框架结构的围护墙和隔墙不利布置可选择"否""是"，缺省信息字符串为"否"
6	楼板不连续	楼板不连续可选择"否""轻度""中度"或"严重"，缺省信息字符串为"否"
7	结构构件的平面布置	结构构件的平面布置可选择"对称""基本对称""不对称"，缺省信息字符串为"对称"
8	框架－抗震墙结构的抗震墙双向设置	框架－抗震墙结构的抗震墙宜双向设置，可选择"否""是"，缺省信息字符串为"是"
9	纵向抗震墙设置在端开间	纵向抗震墙设置在端开间可选择"否""是"，缺省信息字符串为"否"
10	较长的抗震墙分成较均匀的若干墙段	较长的抗震墙分成较均匀的若干墙段可选择"否""是"，缺省信息字符串为"是"
11	较大洞口位置上下基本对齐	较大洞口位置上下基本对齐可选择"否""是"，缺省信息字符串为"是"
12	框支结构的落地抗震墙间距不大于四开间	框支结构的落地抗震墙间距不大于四开间可选择"否""是"，缺省信息字符串为"是"

续表

序号	内容	说明
13	框支结构的落地抗震墙间距小于 24m	框支结构的落地抗震墙间距小于 24m 可选择"否""是",缺省信息字符串为"是"
14	竖向构件与填充墙的拉结构造措施	竖向构件与填充墙的拉结构造措施可选择"良好""一般""差",缺省信息字符串为"良好"
15	板种类	板种类可选择"现浇""装配湿连接""装配干连接",缺省信息字符串为"现浇"
16	楼板拉接情况	楼板拉接情况可选择"良好""一般""差",缺省信息字符串为"良好"

2）砌体结构整体牢固性

砌体结构整体牢固性内容和说明详见表 4.4-4。

表 4.4-4　砌体结构整体牢固性内容和说明

序号	内容	说明
1	构件间断	构件间断可选择"否""轻度""中度"或"严重",缺省信息字符串为"否"
2	竖向收进和外挑	竖向收进和外挑可选择"否""轻度""中度"或"严重",缺省信息字符串为"否"
3	多种结构体系混合	多种结构体系混合可选择"否""是",缺省信息字符串为"否"
4	顶层形成空旷房间	顶层形成空旷房间可选择"否""是",缺省信息字符串为"否"
5	墙体布置在平面内闭合	墙体布置在平面内闭合可选择"否""是",缺省信息字符串为"是"
6	楼板不连续	楼板不连续可选择"否""轻度""中度"或"严重",缺省信息字符串为"否"
7	结构构件的平面布置	结构构件的平面布置可选择"对称""基本对称""不对称",缺省信息字符串为"对称"
8	楼梯间布置在房屋尽端或转角处	楼梯间布置在房屋尽端或转角处可选择"否""是",缺省信息字符串为"是"
9	有无构造柱和圈梁	有无构造柱和圈梁可选择"无""有""局部有""不详",缺省信息字符串为"不详"
10	较大洞口位置上下基本对齐	较大洞口位置上下基本对齐可选择"否""是",缺省信息字符串为"是"
11	墙体拉接情况	墙体拉接情况可选择"良好""一般""差",缺省信息字符串为"良好"
12	板种类	板种类可选择"现浇""装配湿连接""装配干连接",缺省信息字符串为"现浇"

3）钢结构整体牢固性

钢结构整体牢固性内容和说明详见表 4.4-5。

表 4.4-5　钢结构整体牢固性内容和说明

序号	内容	说明
1	设置支撑系统	可选择"是""否"，缺省字符串为"是"
2	支撑系统基本对称	可选择"是""否"，缺省字符串为"是"
3	楼盖与钢梁有可靠连接	可选择"是""否"，缺省字符串为"是"
4	钢框架柱延伸至地下一层	可选择"是""否"，缺省字符串为"是"
5	结构平面布置对称	可选择"是""否"，缺省字符串为"是"
6	结构布置均匀	可选择"是""否"，缺省字符串为"是"

（7）地震作用和风荷载信息

地震作用和风荷载信息包括抗震设防类别、抗震设防烈度、场地类别、基本风压和地面粗糙度类别等。

1）抗震设防类别包括甲类、乙类、丙类、丁类，缺省信息字符串为"丙类"。

2）抗震设防烈度包括 6（0.05g）、7（0.1g）、7（0.15g）、8（0.2g）、8（0.3g）、9（4.0g），缺省信息字符串为"7（0.1g）"。

3）场地类别包括 I_0、I_1、II、III、IV 五种场地，缺省信息字符串为"II"。

4）基本风压范围为 0.2～1.2kN/m^2，缺省信息浮点数为"0.5"。

5）地面粗糙度类别包括 A、B、C、D 四种类别，缺省信息字符串为"B"。

（8）地基基础信息

地基基础信息包括地基持力层土体、地基持力层特征值和基础形式等。

1）地基持力层土体一般包括：填土、淤泥、黏性土、粉土、砂土、碎石土、强风化岩、中风化岩、微风化岩、其他，缺省信息字符串为"黏性土"。

2）需要人工输入地基持力层特征值（kPa），缺省信息为空值。

3）基础形式一般包括：独立基础、条形基础、桩基础、桩筏基础、筏形基础、其他、不详，缺省信息字符串为"独立基础"。

4.4.3　调查信息

调查信息指根据工作人员现场的查看，检测和计算得到的信息。其包括环境信息、地基基础信息、构件信息、监测信息等。

（1）环境信息

环境信息包括周边环境和环境类别。周边环境包括周边基坑开挖、周边基坑降水、强振动环境和与邻近房屋的最小距离等情况。环境类别包括一般大气环境、冻融环境、近海环境、接触除冰盐环境和化学介质侵蚀环境情况。

1）周边环境

① 周边基坑开挖情况包括无开挖、轻度影响和严重影响，其缺省字符串为"无开挖"。

② 周边基坑降水情况包括无降水、轻度影响和严重影响，其缺省字符串为"无降水"。

③ 强振动环境情况包括无强振动和有强振动，其缺省字符串为"无强振动"。

④ 需要人工输入与邻近房屋的最小距离（mm），其缺省浮点数为空值。

2）环境类别

① 一般大气环境包括室内正常环境、室内高湿环境、露天环境、干湿交替环境，其缺省字符串为"室内正常环境"。

② 冻融环境包括轻度、中度、重度，其缺省字符串为"轻度"。

③ 近海环境包括土中区域、轻度盐雾大气区、重度盐雾大气区、潮汐区及浪溅区，其缺省字符串为"土中区域"。

④ 接触除冰盐环境包括轻度、中度、重度，其缺省字符串为"轻度"。

⑤ 化学介质侵蚀环境包括轻度、中度、重度，其缺省字符串为"轻度"。

（2）地基基础信息

地基基础信息包括基础沉降情况、整体倾斜和水平位移量。其中水平位移量包括输入具体的位移数值和判断是否存在继续滑动迹象。

1）基础沉降情况包括无沉降、小范围沉降、大范围沉降、缺省字符串为"无沉降"。

2）需要人工输入整体倾斜，缺省字符串为空值。

3）需要人工输入水平位移量和选择是否继续滑动迹象，水平位移量缺省字符串为空值，继续滑动迹象缺省字符串为"否"。

（3）构件信息

1）混凝土结构构件信息

构件信息包括楼层编号，楼板、梁、柱、墙和支撑构件编号，构件材料，是否存在裂缝，裂缝性能和程度，混凝土损伤位置和程度，钢筋锈蚀位置，变形的程度和附件信息。混凝土结构构件信息层级示意图详见图 4.4-1，混凝土结构构件信息详见表 4.4-6。

2）砌体结构构件信息

构件信息包括楼层编号，楼板、梁、柱、墙构件编号，构件材料，裂缝类型，裂缝性能和程度，砌体损伤位置和程度，钢筋锈蚀位置，变形的程度和附件信息。其中楼层编号根据总体信息内的地下层数和地上层数编号。砌体结构构件信息层级示意图见图 4.4-2，砌体结构构件信息详见表 4.4-7。

3）钢结构构件信息

构件信息包括楼层编号，梁、柱、支撑、檩条、焊缝连接、螺栓连接编号，构件强度，损伤形式、位置和程度，变形的程度和附件信息。钢结构构件信息层级示意图详见

图 4.4-3，钢结构构件信息详见表 4.4-8。

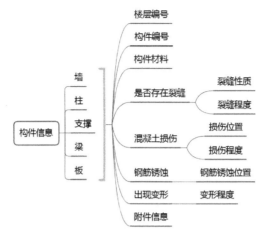

图 4.4-1 混凝土结构构件信息层级示意图

表 4.4-6 混凝土结构构件信息

序号	因素	说明
1	楼层编号	根据总体信息内的地下层数和地上层数编号
2	构件编号	需要人工输入构件编号，缺省的字符串为空值，构件编号的命名规则：对于框架柱命名按 C1、C2…的顺序，对于剪力墙命名按 W1、W2…的顺序，对于支撑命名按 ZC1、ZC2…的顺序，对于框架梁命名按 B1、B2…的顺序，对于楼板命名按 S1、S2…的顺序
3	墙、柱的构件材料	缺省字符串为"钢筋混凝土"
4	是否存在裂缝	包括"是"和"否"，缺省字符串为"否"；裂缝类型包括非受力裂缝和受力裂缝，缺省字符串为"非受力裂缝"；当裂缝类型为"受力裂缝"时，则显示裂缝性质；当裂缝类型为"非受力裂缝"和"受力裂缝"时，则显示裂缝程度
5	墙、柱、支撑和梁的裂缝性质	裂缝性质包括弯曲裂缝、受拉裂缝、受压裂缝、受剪裂缝，板的裂缝性质包括弯曲裂缝、受拉裂缝、受压裂缝，缺省字符串为"弯曲裂缝"
6	裂缝程度	裂缝程度包括轻度、中度、严重，缺省字符串为"轻度"
7	是否出现混凝土损伤	混凝土损伤包括轻度、中度、严重，缺省字符串为"轻度"
8	损伤位置	损伤位置包括底部、中部、顶部，缺省字符串为"底部"，梁、板损伤位置包括面支座、底支座、底跨中、面跨中，缺省字符串为"面支座"
9	损伤程度	损伤程度包括轻度、中度、严重，缺省字符串为"轻度"
10	是否出现钢筋锈蚀	缺省字符串为"否"，当选择"是"时，则显示钢筋锈蚀位置
11	钢筋锈蚀位置	钢筋锈蚀位置包括面支座、底支座、底跨中、面跨中，缺省字符串为"面支座"
12	是否出现变形	缺省字符串为"否"，当选择"是"时，则显示变形程度
13	变形程度	变形程度包括轻度、中度、严重，缺省字符串为"轻度"
14	附件信息	点击浏览增加构件附件信息，附件信息格式可为 png、pdf、jpg 和 dwg 等，并以列表的形式显示附件信息

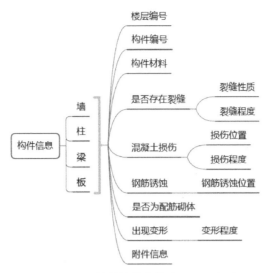

图 4.4-2　砌体结构构件信息层级示意图

表 4.4-7　砌体结构构件信息

序号	因素	说明
1	楼层编号	根据总体信息内的地下层数和地上层数编号
2	构件编号	需要人工输入构件编号，缺省的字符串为空值，构件编号的命名规则：对于柱命名按 C1、C2…的顺序，对于墙命名按 W1、W2…的顺序
3	墙、柱的构件材料	烧结砖，蒸压砖，空心砌块，混凝土砖，其他材料
4	是否存在裂缝	包括"是"和"否"，缺省字符串为"否"；裂缝类型包括非受力裂缝和受力裂缝，缺省字符串为"非受力裂缝"；当裂缝类型为"受力裂缝"时，则显示裂缝性质；当裂缝类型为"非受力裂缝"和"受力裂缝"时，则显示裂缝程度
5	墙、柱、支撑和梁的裂缝性质	裂缝性质包括弯曲裂缝、受拉裂缝、受压裂缝、受剪裂缝，缺省字符串为"弯曲裂缝"
6	裂缝程度	裂缝程度包括轻度、中度、严重，缺省字符串为"轻度"
7	是否出现混凝土损伤	混凝土损伤包括轻度、中度、严重，缺省字符串为"轻度"
8	墙、柱、支撑的损伤位置	损伤位置包括底部、中部、顶部，缺省字符串为"底部"
9	损伤程度	损伤程度包括轻度、中度、严重，缺省字符串为"轻度"
10	是否配置钢筋	缺省字符串为"否"，当选择"是"时，则显示钢筋锈蚀信息
11	是否出现钢筋锈蚀	缺省字符串为"否"，当选择"是"时，则显示钢筋锈蚀位置
12	钢筋锈蚀位置	钢筋锈蚀位置包括上部、底部、中部，缺省字符串为"底部"
13	是否出现变形	缺省字符串为"否"，当选择"是"时，则显示变形程度
14	变形程度	变形程度包括轻度、中度、严重，缺省字符串为"轻度"
15	附件信息	点击浏览增加构件附件信息，附件信息格式可为 png、pdf、jpg 和 dwg 等，并以列表的形式显示附件信息

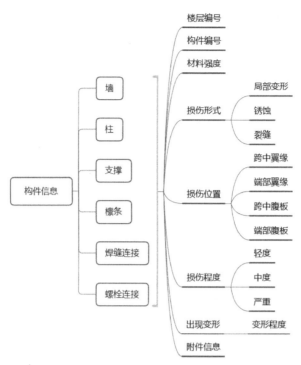

图 4.4-3　钢结构构件信息层级示意图

表 4.4-8　钢结构构件信息

序号	因素	说明
1	楼层编号	根据总体信息内的地下层数和地上层数编号
2	构件编号	需要人工输入构件编号，缺省的字符串为空值，构件编号的命名规则：对于框架柱命名按 Z1、Z2…的顺序，对于框架梁命名按 L1、L2…的顺序，对于支撑命名按 ZC1、ZC2…的顺序，对于焊接节点命名按 HJ1、HJ2…的顺序，对于螺栓节点命名按 LS1、LS2…的顺序
3	构件材料	材料强度包括 Q235、Q355、Q390、Q420、更高强度，缺省字符串均为"Q235"
4	有无损伤	缺省字符串为"无损伤"，当有损伤时，出现损伤形式、损伤位置和损伤程度，损伤形式包括局部变形、裂缝、锈蚀，缺省字符串为"局部变形"，损伤位置包括端部翼缘、跨中翼缘、跨中腹板、端部腹板，损伤程度包括轻度、中度、严重
5	涂层损伤	涂层损伤包括轻度、中度、严重，缺省字符串为"轻度"
6	变形程度	变形程度分为柱垂直度偏差程度和梁跨中挠度程度，分别在柱和梁界面中出现，需要人工输入测量数据
7	附件信息	点击浏览增加构件附件信息，附件信息格式可为 png、pdf、jpg 和 dwg 等，并以列表的形式显示附件信息

（4）监测信息

监测信息主要通过现场的人工测量或自动化仪器测量得到。仪器测量信息主要包括传感器的序号、传感器的类型（加速度、位移、应变和倾斜等类型）、监测时间和相关附件资料（比如传感器所处的位置示意图）等。

1）序号。点击添加后，按顺序对传感器进行编号。

2）传感器类型。选择传感器类型，传感器类型包括加速度、位移、应变、倾斜，缺省的传感器类型为"加速度"。

3）监测时间。需要人工输入监测时间，缺省整数为 0 年 0 月 0 日。

4）附件信息。点击浏览，读取传感器数据，并以列表的形式显示附件信息。

4.5　结构安全评估指标的分类

本研究在确定评判指标因素集时，以房屋的日常安全健康检测和安全管理部门的相关资料为基础，确定使用阶段影响安全状况的诸多因素，形成关于房屋建筑物的安全健康检查结论。

基于 4.4 节数据采集内容，针对混凝土结构确定了房屋的使用年限，经历灾害作用，使用功能改变情况，维修与加固的历史记录，周边环境，环境类别，混凝土损伤，钢筋锈蚀，装饰材料状况，基础的沉降速率，整体倾斜率，结构整体牢固性，构件变形，裂缝情况，结构整体位移，侧向刚度变化，维护系统牢固性，结构平面规则性，结构竖向规则性，位移角 20 个影响因素，并对这 20 个影响因素进行归类，又划分为七类建筑状态：① 房屋的使用历史；② 房屋所处环境情况；③ 耐久性；④ 地基基础情况；⑤ 结构承载力状态；⑥ 抗风能力；⑦ 抗震能力。建筑状态分级示意图见图 4.5-1。

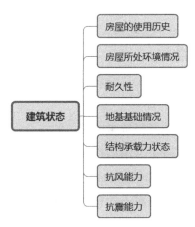

图 4.5-1　建筑状态分级示意图

（1）房屋的使用历史

房屋的使用历史主要涉及因素有房屋的使用年限，经历灾害作用，使用功能改变情况，维修与加固的历史记录等。

使用年限越长的房屋，受到环境和使用功能的影响其混凝土强度等级会越低，对结构的安全性越不利。

经历灾害作用指建筑物是否曾经遭受过地震作用，洪水、火灾、爆炸以及来自其他机械设备的冲击。

使用功能的改变也容易降低结构的耐久性和安全性，比如无防水做法的楼面改变为卫生间等。

维修与加固过的房屋，说明房屋的结构构件承载力或耐久性曾经不足，需要采取处理措施，考虑到新旧材料的共同作用能力不足和加固施工质量难以保证等问题，一定程度上也会降低结构强度。

虽然上述影响因素没有直接造成建筑物的损坏，但会不同程度地削弱建筑结构的强度和刚度。

（2）房屋所处环境情况

房屋所处的环境包括周边环境和环境类别。周边环境包括以下几个方面：基坑开挖，基坑降水，振动环境和与邻近房屋的距离。根据温度、湿度及其变化以及二氧化碳、氧、盐、酸等环境因素对结构或材料性能的影响进行分类，环境类别可划分为以下几个方面：一般大气环境，冻融环境，近海环境，接触除冰盐环境和化学介质侵蚀环境。

周边基坑开挖，基坑降水会引起邻近建筑物的不均匀沉降，基坑降水量越大，以及与建筑物越近对房屋的不利影响越大。振动对地表及周边建筑物的破坏作用比较复杂，振动波通过建筑物基座传递给上部承重结构，使建筑结构发生振动后引起建筑物的变形和破坏。

不同的环境类别所引起的混凝土或钢筋恶化情况如下：1）一般大气环境下会引起的钢筋锈蚀；2）反复冻融环境会导致混凝土损伤；3）近海环境下由于氯盐侵入会引起的钢筋锈蚀；4）接触除冰盐环境下由于氯盐侵入会引起的钢筋锈蚀；5）化学介质侵蚀环境下由于硫酸盐等化学物质会腐蚀混凝土。

因此，周边环境和环境类别这两大类因素也会间接地不同程度影响建筑物安全。

（3）耐久性

耐久性是指建筑结构整体或单元抵抗腐蚀破坏的能力。影响结构耐久性的因素包括混凝土、钢结构或砌体的缺陷，混凝土、钢结构或砌体的损伤，钢筋锈蚀，砂浆风化和装饰材料状况等。其中，混凝土的碳化和钢筋的锈蚀是导致结构发生耐久性破坏的重要因素。碳化后混凝土的脆性增加，加剧了混凝土的开裂，钢筋容易被腐蚀。钢筋锈蚀后，钢筋的结构特征和力学性能发生显著变化，抗拉强度的极限值将大大降低，锈胀引起的混凝土截面损伤以及混凝土、钢筋间粘结性能减弱。因此，耐久性对于结构的承载能力起着重要的作用。

（4）地基基础情况

地基基础情况是指地基和基础的承载力及变形情况。地基和基础的承载力状态通过以下因素反映：基础的沉降速率，整体倾斜率，裂缝情况等。通过对房屋建筑物的上述因素进行健康检查、观察地基基础的变形，构件裂缝情况等间接因素来分析地基和基础承载能力的情况。

（5）结构承载力状态

混凝土和砌体结构的承载能力极限状态计算应包括下列内容：1）结构构件应进行承载力和稳定性计算；2）直接承受重复荷载的构件应进行疲劳验算；3）有抗震设防要求时，应进行抗震承载力计算；4）必要时尚应进行结构的倾覆、滑移、漂浮验算；5）对于可能遭受偶然作用，且倒塌可能引起严重后果的重要结构，宜进行防连续倒塌设计。

钢结构承载能力极限状态应包括：构件或连接的强度破坏、脆性断裂，因过度变形而不适用于继续承载，结构或构件丧失稳定，结构转变为机动体系和结构倾覆。

结构承载力是指结构或结构中的杆件抵抗外力作用的能力。结构承载力状态通过以下因素反映：结构整体牢固性，结构位移，构件变形，裂缝情况和影响结构安全的损伤。结构的整体牢固性主要通过结构布置及构造（传力设计、完整性）、支撑系统或其他抗侧力系统的构造、结构、构件间的连接节点情况反映。

通过对房屋建筑物的上述因素进行健康检查、观察结构构件的破坏情况等间接因素来分析构件承载能力的情况。

（6）抗风能力

抗风能力指结构抵御风荷载的能力。主要通过结构整体位移，侧向刚度变化和围护系统牢固性体现。结构的整体位移为风荷载作用下结构的侧向位移或层间位移。建筑外形对风荷载影响较大，比如采用圆形建筑，沿建筑高度方向收进或在建筑外部设置开槽等措施均有利于结构的抗风。

（7）抗震能力

抗震能力指结构抵御地震作用的能力。主要通过结构整体牢固性，结构位移，结构平面规则性，结构竖向规则性，侧向刚度变化和位移角体现。结构的整体位移为地震作用下结构的侧向位移或层间位移。整体牢固性好，平面和竖向规则的结构有利于结构抗震。

4.6　混凝土结构主要评估指标

根据 4.5 节，七类建筑状态包括房屋的使用历史，房屋所处环境情况，耐久性，地基基础情况，结构承载力状态，抗风能力和抗震能力。为评估混凝土结构的安全性与主要评估因素指标的关系，针对以下 7 项内容进行分析研究：（1）截面尺寸变化分析；（2）构件材料强度变化分析；（3）使用荷载增加幅度对构件承载力的影响；（4）钢筋锈蚀对强度影响分析；（5）构件变形指标分析；（6）梁挠度与裂缝相关性；（7）环境类别对结构耐久性影响分析。

由于截面尺寸和材料强度需要大量的现场作业才能推定得到，为了提高数据采集的效率，拟通过在缺少截面尺寸和材料强度因素的情况下，对混凝土结构的安全性进行评估。

因此，需要提前评估截面尺寸和材料强度对混凝土结构安全性的影响情况，以及混凝土强度与时间相关性。

4.6.1 截面尺寸变化分析

胡晓鹏[4]选取了 2022 个样本进行统计，构件截面尺寸和混凝土保护层厚度的差异幅度主要在 4～13mm，说明当有竣工资料时，构件截面尺寸和混凝土保护层厚度一般与结构设计图较为吻合。以下说明构件截面尺寸和混凝土保护层厚度的变化对构件承载力的影响。

（1）构件截面变化的影响

为说明不同楼板厚度对楼板承载力的影响，选取典型楼板厚度 80mm，100mm 和 120mm 在楼板厚度分别减小 5mm，10mm 和 15mm 下的配筋面积，如表 4.6-1 所示。

表 4.6-1 楼板混凝土厚度变化对承载力的影响

楼板厚度（mm）	80				100				120			
厚度差（mm）	0	5	10	15	0	5	10	15	0	5	10	15
弯矩（kN·m）	3				6				9			
配筋面积（mm²）	157	174	196	224	231	249	271	296	273	289	308	329

从表 4.6-1 的计算结果可知，楼板厚度变化 5mm，配筋面积的变化范围为 5%～15%。当减小板厚与总板厚占比为 5% 时，构件配筋最大增加约 9%，当减小板厚与总板厚占比为 10% 时，构件配筋最大增加约 18%。

为说明梁截面不同高度对梁承载力的影响，以下选取典型梁截面（mm）200×400，200×500 和 200×600 在梁高度分别减小 20mm，40mm 和 60mm 下的配筋，如表 4.6-2 所示。

表 4.6-2 梁混凝土高度对承载力的影响

梁截面（mm）	200×400				200×500				200×600			
高度差（mm）	0	20	40	60	0	20	40	60	0	20	40	60
弯矩（kN·m）	80				120				160			
配筋面积（mm²）	678	731	892	1000	793	838	891	1043	861	901	922	992

从表 4.6-2 的计算结果可知，梁高度变化 20mm，配筋面积的变化范围为 2%～22%。当减小高度与总高度占比为 5% 时，构件配筋最大增加约 8%，当减小高度与总高度占比为 10% 时，构件配筋最大增加约 32%。

为说明柱高度变化对柱承载力的影响，以下选取典型柱截面（mm）400×400，500×500 和 600×600 在柱高度分别减小 20mm，40mm 和 60mm 下的配筋面积，如表 4.6-3 所示。

表 4.6-3　柱混凝土尺寸变化对承载力的影响

柱截面（mm）	400×400				500×500				600×600			
高度差（mm）	0	20	40	60	0	20	40	60	0	20	40	60
轴力（kN）	2000				3000				5000			
弯矩（kN·m）	300				600				1000			
配筋面积（mm²）	1717	1986	2281	2604	2454	2764	3097	3455	3749	4122	4515	4929

从表 4.6-3 的计算结果可知，柱混凝土高度减小 20mm，配筋面积的变化范围为 9%～16%。当减小高度与总高度占比为 5% 时，构件配筋最大增加约 16%，当减小高度与总高度占比为 10% 时，构件配筋最大增加约 33%。

从表 4.6-1～表 4.6-3 构件截面尺寸变化对承载力的影响结果可知，截面尺寸减小幅度相同的情况下，柱比梁、板的构件承载力减小幅度大。

（2）混凝土保护层厚度变化的影响

为说明保护层厚度对楼板承载力的影响，以下选取典型楼板厚度 80mm，100mm 和 120mm 在不同保护层厚度 10mm，15mm 和 20mm 下的配筋面积，如表 4.6-4 所示。

表 4.6-4　楼板混凝土保护层厚度对承载力的影响

楼板厚度（mm）	80			100			120		
保护层厚度（mm）	10	15	20	10	15	20	10	15	20
弯矩（kN·m）	3			6			9		
配筋面积（mm²）	143	157	174	215	231	249	258	273	289

从表 4.6-4 的计算结果可知，楼板保护层厚度变化 5mm，配筋面积的变化范围为 6%～11%。

为说明保护层厚度对梁承载力的影响，以下选取典型梁截面（mm）200×400，200×500 和 200×600 在不同保护层厚度 15mm，20mm 和 25mm 下的配筋面积，如表 4.6-5 所示。

表 4.6-5　梁混凝土保护层厚度对承载力的影响

梁截面（mm）	200×400			200×500			200×600		
保护层厚度（mm）	15	20	25	15	20	25	15	20	25
弯矩（kN·m）	80			120			160		
配筋面积（mm²）	678	691	704	793	804	815	861	871	881

从表 4.6-5 的计算结果可知，梁保护层厚度变化 5mm，配筋面积的变化范围为 1%～2%。

为说明保护层厚度对柱承载力的影响，以下选取典型柱截面（mm）400×400，500×500和600×600在不同保护层厚度15mm，20mm和25mm下的配筋面积，如表4.6-6所示。

表4.6-6　柱混凝土保护层厚度对承载力的影响

柱截面（mm）	400×400			500×500			600×600		
保护层厚度（mm）	15	20	25	15	20	25	15	20	25
轴力（kN）	2000			3000			5000		
弯矩（kN·m）	300			600			1000		
配筋面积（mm²）	1663	1717	1775	2391	2454	2519	3678	3749	3822

从表4.6-6的计算结果可知，柱保护层厚度变化5mm，配筋面积的变化范围为2%～4%。

从混凝土保护层厚度变化对承载力的影响结果可知，当混凝土保护层厚度变化不大于5mm时，混凝土保护层厚度变化对结构构件承载力影响不大。

4.6.2　构件材料强度变化分析

混凝土抗压强度一般随龄期单调增长，但增长速度渐减并趋向收敛[5]。混凝土抗压强度随龄期变化的表达式为：

$$f_c(t) = \beta_t f_c$$
$$\beta_t = e^{S(1-\sqrt{28/t})}$$

式中　$f_c(t)$——t时刻的混凝土抗压强度；

　　　　f_c——28d龄期的混凝土抗压强度；

　　　　β_t——混凝强度随时间的发展规律；

　　　　S——取决于水泥种类的系数，对于快硬高强水泥取0.2，对于普通快硬水泥取0.25，对于慢硬水泥取0.38。以普通快硬水泥为例，列出混凝土强度系数与时间的关系，如表4.6-7所示。

表4.6-7　混凝土强度系数与时间的关系

时间（d）	3	7	28	60	180	360	720	1800	3600
强度系数	0.60	0.78	1.00	1.08	1.16	1.20	1.22	1.24	1.26

注：混凝土强度系数取实际混凝土强度与28d龄期的混凝土抗压强度之比。

从表4.6-7可知，360d龄期比28d龄期的混凝土抗压强度高20%，3600d龄期比360d龄期的混凝土抗压强度高5%，说明混凝土受压强度在龄期1年后变化很小，更说明当建筑物不处于化学侵蚀和冻融等降低混凝土强度的恶劣环境中时，既有建筑物结构的混凝土强度值一般大于混凝土强度设计值。

胡晓鹏[4]提出导致结构构件抗力 R 变异的主要原因包括：材料性能的不定性、几何尺寸的不定性和计算模型误差。其中对抗力影响较大的有钢筋、混凝土强度、构件截面尺寸和混凝土保护层厚度等。实测的混凝土强度统计结果，实测的混凝土受压强度最大值相比设计强度小 14%。混凝土强度的降低对受弯框架梁影响较小，对框架柱的压弯承载力有一定影响，从表 4.6-8 可知，当混凝土受压强度减小 14% 时，承载力最大减小约 32%，说明了不能忽略框架柱的混凝土强度减小对承载力的影响。

表 4.6-8　混凝土强度对框架柱配筋的影响

编号	截面（mm）	压力（kN）	弯矩（kN·m）	配筋（mm²）						
				C50	C45	C40	C35	C30	C25	C20
KZ1	400×400	2000	300	761	870	1074	1367	1717	2116	2552
KZ2	600×600	5000	1000	1346	1716	2210	2916	3749	4685	5694

钢筋变异性能较好，钢筋的屈服强度也普遍高于规范规定值。因此，一般情况下，当无实测的钢筋强度信息时，钢筋强度可依据原设计图纸和规范取值。

4.6.3　使用荷载增加幅度对构件承载力的影响

以 5 层框架结构为例，说明使用活荷载的增加对结构构件承载力的影响，结构平面布置见图 4.6-1。

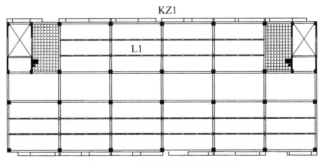

图 4.6-1　框架结构平面布置图

为说明使用活荷载变化对楼板承载力的影响，以下选取厚度为 120mm 的楼板承载力进行分析，如表 4.6-9 所示。

（1）从表 4.6-9 的计算结果可知，使用活荷载每增加 0.5kN/m²（活荷载标准值变化范围为 14%～25%，总荷载标准值变化范围为 6%～7%），楼板配筋面积增加范围为 6%～8%。

（2）从表 4.6-9 的计算结果可知，使用活荷载每增加 1.0kN/m²（活荷载标准值变化范围为 33%～50%，总荷载标准值变化范围为 12%～13%），楼板配筋面积增加范围为 13%～18%。

表 4.6-9　使用活荷载变化对楼板承载力的影响

楼板厚度（mm）	120				
楼面恒载（kN/m²）	1.5				
楼面活载（kN/m²）	2.0	2.5	3.0	3.5	4.0
弯矩（kN·m）	5.2	5.6	6.1	6.5	6.9
配筋面积（mm²）	155	167	183	195	207

为说明使用活荷载变化对梁承载力的影响，以下选取截面为 200mm×600mm 的梁承载力进行分析，如表 4.6-10 所示。

表 4.6-10　使用活荷载变化对梁承载力的影响

梁截面（mm）	200×600				
楼面恒载（kN/m²）	1.5				
楼面活载（kN/m²）	2.0	2.5	3.0	3.5	4.0
弯矩（kN·m）	221	237	254	270	287
配筋面积（mm²）	1233	1430	1460	1575	1703

（1）从表 4.6-10 的计算结果可知，使用活荷载每增加 $0.5kN/m^2$，梁配筋面积增加范围为 7%～9%。

（2）使用活荷载每增加 $1.0kN/m^2$，梁配筋面积增加范围为 16%～18%。

为说明使用活荷载变化对柱承载力的影响，以下选取截面为 500mm×500mm 的柱承载力进行分析，详见表 4.6-11。

表 4.6-11　使用荷载变化对柱承载力的影响

柱截面（mm）	500×500				
楼面恒载（kN/m²）	1.5				
楼面活载（kN/m²）	2.0	2.5	3.0	3.5	4.0
轴力（kN）	3177	3289	3402	3514	3627
弯矩（kN·m）	141	145	149	153	157
配筋面积（mm²）	846	1031	1219	1407	1597

（1）从表 4.6-11 的计算结果可知，使用活荷载每增加 $0.5kN/m^2$，柱配筋面积增加范围为 13%～22%，内力增加范围为 2.6%～3.5%。

（2）使用活荷载每增加 $1.0kN/m^2$，柱配筋面积增加范围为 31%～44%，内力增加范围为 5.2%～7.0%。

综上所述，根据典型的案例分析，当活荷载增加小于 30% 时，对梁、板的承载力影响小于 10%，对柱的承载力影响大于 10%，当活荷载增加大于 30% 时，对梁、板的承载力影响大于 10%，对柱的承载力影响大于 30%。

4.6.4　钢筋锈蚀对强度影响分析

一般来说，当钢筋锈蚀率达 5% 时，锈蚀钢筋的屈服强度降至 90%～99%；当钢筋锈蚀率达 10% 时，锈蚀钢筋的屈服强度降至 80%～98%；当钢筋锈蚀率达 15% 时，锈蚀钢筋的屈服强度降至 72%～92%[12]。

4.6.5　构件变形指标分析

结构的变形指标包括构件的挠度，结构整体倾斜和柱、墙侧移。下面列出各规范的变形指标控制要求，为后续章节的变形状况类别划分提供依据。

（1）参考《危险房屋鉴定标准》JGJ 125—2016 第 5.4.3 条：① 梁、板产生超过 $l_0/150$ 的挠度，且受拉区的裂缝宽度大于 1.0mm；② 柱或墙产生相对于房屋整体的倾斜、位移，其倾斜率超过 10‰，或其侧向位移量大于 $h/300$。

（2）参考《深圳市既有房屋结构安全隐患排查技术标准》SJG 41—2017 第 6.1.4 条：混凝土房屋上部结构安全隐患首次排查和复排查时，同时符合下列条件的应判定为 a 类：① 柱未发生倾斜；或倾斜率不大于 0.4%；② 墙未发生倾斜；或倾斜率不大于 0.4%；③ 主梁、托梁挠度不超过 $l_0/200$。《深圳市既有房屋结构安全隐患排查技术标准》SJG 41—2017 第 6.1.5 条：混凝土房屋上部结构安全隐患首次排查和复排查时，符合下列条件之一的应判定为 c 类：① 柱存在明显倾斜，倾斜率超过 1%；② 墙存在明显倾斜，倾斜率超过 1%。

（3）参考《近现代历史建筑结构安全性评估导则》WW/T 0048—2014 第 7.1.2.3 条，混凝土构件变形限值要求见表 4.6-12。

表 4.6-12　混凝土构件变形要求

检查项目	变形要求	检查项目	变形要求
梁、板挠度	$L_0/200$	柱、墙侧移	$h/350$

注：表中 L_0 指构件计算跨度（mm）；h 指层高（mm）。

（4）参考《民用建筑可靠性鉴定标准》GB 50292—2015 第 8.3.6 条，结构侧向（水平）位移等级的评定见表 4.6-13。

上述（1）～（3）项为影响结构安全的变形控制要求，变形指标的大小与结构的安全等级相关，变形越大结构安全性越低，而（4）项为影响结构使用性的变形控制要求，不同位移等级可体现结构的抗风能力情况，变形越大结构的抗风能力越低。

表 4.6-13　结构侧向（水平）位移等级的评定

检查项目	结构类别	位移限值		
		A_s 级	B_s 级	C_s 级
	多层框架	$\leq H/600$	$\leq H/500$	$> H/500$
	高层框架	$\leq H/700$	$\leq H/600$	$> H/600$
	框架－剪力墙、框架－筒体	$\leq H/900$	$\leq H/800$	$> H/800$
	筒中筒、剪力墙	$\leq H/1100$	$\leq H/900$	$> H/900$

注：表中 H 指结构顶点高度（mm）。

4.6.6　梁挠度与裂缝相关性

以一层框架结构为例，主要柱间距为 8m。下面列出现场检测的构件裂缝与挠度情况，并分析其相关性。结构平面布置图和梁构件编号图见图 4.6-2。表 4.6-14 为框架梁挠度值表，表 4.6-15 为框架梁裂缝值。

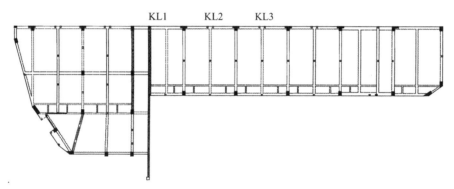

图 4.6-2　结构平面布置图和梁构件编号图

表 4.6-14　框架梁挠度值

测点编号	支座标高			跨中标高（m）	挠度值（mm）
	支座标高（m）	支座位置（轴号）	支座标高（m）		
KL1	13.0070	S2-2	12.7726	12.9000	10.2
KL2	13.4698	S2-C	13.6986	13.5618	22.4
KL3	12.7629	S2-3	12.7286	12.7326	13.15

从表 4.6-14 可知，框架梁长度 8000mm，挠度限值为 32mm（8000/250 = 32），而框架梁最大挠度值为 22.4mm，小于限值 32mm，挠度均满足要求。

从表 4.6-15 框架梁裂缝宽度可知，框架梁的裂缝宽度均超过规范裂缝宽度限值 0.3mm，其中 KL3 的裂缝宽度高达 9.0mm，远大于规范限值 0.3mm 要求。

从以上的挠度和裂缝宽度结果可知，即使框架梁出现了明显的裂缝，但其挠度值依然满足规范限值要求，因此，对没有出现明显裂缝的混凝土构件可以不进行挠度值的测量。

表 4.6-15 框架梁裂缝值

测点编号	最大裂缝宽度（mm）
KL1	2.5
KL2	2.3
KL3	9.0

4.6.7 环境类别对结构耐久性影响分析

根据参考文献[6]，在近海地带盐雾区，受盐雾作用，氯离子在混凝土结构表面集聚并侵入内部，对混凝土结构造成耐久性破坏。研究给出混凝土表面氯离子浓度随离海岸线距离的变化规律与盐雾沉降量随离海岸距离的变化规律相似，即在距海岸数百米范围内混凝土表面的氯离子浓度迅速减小，并在距海岸一定范围内达到稳定，混凝土受侵蚀的特征开始与正常大气环境一致。

较为保守地选取处于热带季风气候的万宁地区的数据作为中国近海大气环境下混凝土表面氯离子浓度的分析依据，建立表面氯离子浓度 c_s 随离海岸距离 d（km）变化的关系式：

$$c_s = 0.093/(d + 0.4102)$$

表 4.6-16 为表面氯离子浓度和离海岸距离的关系。

表 4.6-16 表面氯离子浓度和离海岸距离的关系

距离（km）	0.0	0.1	0.2	0.3	0.4	0.5	1
c_s（%con）	0.227	0.182	0.152	0.131	0.115	0.102	0.066

从表 4.6-16 可知，（1）距离海岸线 200m 范围内混凝土表面氯离子浓度迅速衰减；（2）离海岸距离 500m 以内，每增加 100m，氯离子浓度减小 11%~20%。

4.6.8 混凝土结构主要评估指标的等级划分

对各主要因素进行定量化描述是一个非常重要的过程，这些因素值的确定主要依据建筑行业相应的规范和行业标准，并结合以往的研究以及实践经验。采用语言描述对各主要因素进行状况类别划分，一般划分为三级或四级，比如无变化，增加较少，增加较多三级划分或者无、轻度、中度和严重四级划分，但是这种语言描述很难定量或清晰地判定。因此，需要对各状况类别划分的内容进行说明。

（1）使用历史的评估因素

使用活荷载变化情况状况类别划分和说明详见表 4.6-17。

表 4.6-17　使用活荷载变化情况状况类别划分和说明

状况类别划分	说明	参考依据
无变化	使用活荷载无变化	本书 4.6.3 节
增加较少	使用活荷载增加小于 30%	
增加较多	使用活荷载增加大于等于 30%	

注：一般认为超过 30% 指较多，少于 30% 指较少。

（2）环境信息的评估因素

结合周边基坑开挖到建筑物距离的程度划分为无开挖，轻度影响和严重影响三类；基坑降水引起的建筑物不均匀沉降程度划分为无降水，轻度影响和严重影响三类；强振动环境类别划分为无强振动和有强振动状况。见表 4.6-18。

表 4.6-18　环境信息的评估因素的状况类别划分和说明

评估因素	状况类别划分	说明	参考依据
周边基坑开挖	无开挖	基坑无开挖或基坑与邻近建筑物的距离大于 4 倍基坑深度	—
	轻度影响	基坑与邻近建筑物的距离小于 4 倍基坑深度	
	严重影响	基坑与邻近建筑物的距离小于 2 倍基坑深度或 2.5m	
基坑降水	无降水	基坑无降水	—
	轻度影响	周边降水防护措施符合要求，基坑降水无引起建筑物不均匀沉降	
	严重影响	周边降水防护措施不符合要求或基坑降水引起建筑物不均匀沉降	
强振动环境	无强振动	建筑物周边无强振动源	—
	有强振动	建筑物周边有强振动源	
一般大气环境	室内正常环境	居住及公共建筑的上部承重结构构件	《民用建筑可靠性鉴定标准》GB 50292—2015 第 4.2.5 条
	室内高湿环境	地下室构件	
	露天环境	露天结构构件	
	干湿交替环境	频繁受水蒸气或冷凝水作用的构件，以及开敞式房屋易遭飘雨部位的构件	
冻融环境	无	无冻融环境	《民用建筑可靠性鉴定标准》GB 50292—2015 第 4.2.5 条

评估因素	状况类别划分	说明	参考依据
冻融环境	轻度	微冻地区混凝土或砌体构件高度饱水，无盐环境；严寒和寒冷地区混凝土或砌体构件中度饱水，无盐环境	《民用建筑可靠性鉴定标准》GB 50292—2015 第 4.2.5 条
	中度	微冻地区盐冻；严寒和寒冷地区混凝土或砌体构件高度饱水，无盐环境；混凝土或砌体构件中度饱水，有盐环境	
	重度	严寒和寒冷地区盐冻环境；混凝土或砌体构件高度饱水，有盐环境	
近海环境	无	无近海环境	《民用建筑可靠性鉴定标准》GB 50292—2015 第 4.2.5 条和本书 4.6.7 节
	轻度	涨潮岸线 200～300m 以内的室外无遮挡构件	
	中度	涨潮岸线 100～200m 以内的室外无遮挡构件	
	重度	涨潮岸线 100m 以内的室外无遮挡构件	
接触除冰盐环境	无	无接触除冰盐环境	《民用建筑可靠性鉴定标准》GB 50292—2015 第 4.2.5 条
	轻度	受除冰盐雾轻度作用	
	中度	受除冰盐水溶液溅射作用	
	重度	直接接触除冰盐水溶液	
化学介质侵蚀环境	无	无化学介质侵蚀环境	《民用建筑可靠性鉴定标准》GB 50292—2015 第 4.2.5 条
	轻度	大气污染环境	
	中度	酸雨 pH > 4.5；盐渍土环境	
	重度	酸雨 pH ≤ 4.5；盐渍土环境	

（3）耐久性的评估因素

耐久性的评估因素的状况类别划分和说明见表 4.6-19。

表 4.6-19　耐久性的评估因素的状况类别划分和说明

评估因素	状况类别划分	说明	参考依据
混凝土构件损伤	无	构件混凝土有效截面削弱小于 5%	《深圳市既有房屋结构安全隐患排查技术标准》SJG 41—2017 第 6.1.4 条和本书 4.6.1 节
	轻度	构件混凝土有效截面削弱 5%～10%	
	中度	构件混凝土有效截面削弱 11%～15%	
	重度	构件混凝土有效截面削弱大于 15%	
钢筋锈蚀	无	钢筋截面锈损率小于 5%	《危险房屋鉴定标准》JGJ 125—2016 第 5.4.3 条和本书 4.6.4 节
	轻度	钢筋截面锈损率 5%～10%	
	中度	钢筋截面锈损率 11%～15%	
	重度	钢筋截面锈损率大于 15%	

（4）地基基础的评估因素

结合基础沉降程度（无变化，增加较少，增加较多），列出基础沉降情况状况类别划分和说明，详见表 4.6-20。

表 4.6-20　基础沉降情况状况类别划分和说明

状况类别划分	说明	参考依据
无变化	不均匀沉降小于现行国家标准《建筑地基基础设计规范》GB 50007 规定的允许沉降差；建筑物无沉降裂缝、变形或位移建筑物无沉降裂缝、变形或位移	《民用建筑可靠性鉴定标准》GB 50292—2015 第 7.2.3 条
增加较少	不均匀沉降不大于现行国家标准《建筑地基基础设计规范》GB 50007 规定的允许沉降差；且连续两个月地基沉降量小于每月 2mm	
增加较多	不均匀沉降大于现行国家标准《建筑地基基础设计规范》GB 50007 规定的允许沉降差；或连续两个月地基沉降量大于每月 2mm	

（5）结构承载力的评估因素

结构承载力的评估因素的状况类别划分和说明见表 4.6-21。

表 4.6-21　结构承载力的评估因素的状况类别划分和说明

评估因素	状况类别划分	说明	参考依据
裂缝程度	无	未出现受力裂缝	轻度和重度的划分参考《深圳市既有房屋结构安全隐患排查技术标准》SJG 41—2017 第 6.1.4 条，中度则介于轻度与重度之间
	轻度	（1）柱无开裂现象；或仅存在宽度不大于 1.5mm 的箍筋锈蚀水平裂缝、宽度不大于 0.5mm 的其他类型水平裂缝；柱梁核心区混凝土无开裂现象；柱混凝土无压碎迹象； （2）墙体无斜裂缝；或仅存在宽度不大于 0.5mm 的竖向、斜向裂缝；连梁无斜裂缝；墙混凝土无压碎现象； （3）梁混凝土无钢筋锈蚀裂缝；或仅存在宽度不大于 1.0mm 箍筋锈蚀裂缝；梁支座部位无斜裂缝；跨中部位无裂缝或仅存在宽度不超过 0.3mm 的裂缝； （4）板面支座周边无裂缝；板底无斜裂缝；或仅存在宽度不大于 0.5mm 的其他裂缝； （5）悬挑构件支座无受力裂缝	
	中度	（1）柱混凝土存在非钢筋锈蚀引起的竖向裂缝；柱一侧存在缝宽小于 1.0mm 的水平裂缝且另一侧无混凝土被压碎； （2）连梁出现宽度小于 0.7mm 斜裂缝； （3）主梁跨中存在超过 1/2 梁高且宽度小于 1.0mm 的梁底裂缝； （4）板面支座或板底受拉区存在宽度小于 1.0mm 的裂缝； （5）悬挑构件支座受拉区存在宽度小于 0.4mm 的裂缝	

续表

评估因素	状况类别划分	说明	参考依据
裂缝程度	重度	（1）柱混凝土存在非钢筋锈蚀引起的竖向裂缝；柱一侧存在缝宽大于 1.0mm 的水平裂缝且另一侧混凝土压碎；柱梁核心区混凝土有明显裂缝； （2）墙体混凝土压碎；或墙体混凝土存在斜裂缝；连梁出现宽度大于 0.7mm 斜裂缝； （3）主梁支座部位存在斜向裂缝；主梁跨中存在超过 1/2 梁高且宽度大于 1.0mm 的梁底裂缝； （4）板面支座或板底受拉区存在宽度大于 1.0mm 的裂缝；板底存在斜裂缝； （5）悬挑构件支座混凝土出现受压裂缝；或支座受拉区存在宽度大于 0.4mm 裂缝	轻度和重度的划分参考《深圳市既有房屋结构安全隐患排查技术标准》SJG 41—2017 第 6.1.4 条，中度则介于轻度与重度之间
挠度程度	无	梁、板挠度 $v \leqslant L_0/200$ 墙：侧向位移量 $\theta \leqslant h/350$	重度的划分参考《危险房屋鉴定标准》JGJ 125—2016 第 5.4.3 条，轻度的划分参考《近现代历史建筑结构安全性评估导则》WW/T 0048—2014 第 7.1.2.3 条，中度的划分取轻度与重度的平均值
	轻度	梁、板：$L_0/200 <$ 挠度 $v \leqslant L_0/175$ 墙：侧向位移量 $h/350 < \theta \leqslant h/325$	
	中度	梁、板：$L_0/175 <$ 挠度 $v \leqslant L_0/150$ 墙、柱：侧向位移量 $h/325 < \theta \leqslant h/300$	
	重度	梁、板：挠度 $v > L_0/150$ 墙、柱：侧移量 $\theta > h/300$	
倾斜程度	无	倾斜率 $k \leqslant 0.4\%$	轻度与重度的倾斜率数值参考《深圳市既有房屋结构安全隐患排查技术标准》SJG 41—2017 第 6.1.4 条，中度的倾斜率数值取轻度与重度的倾斜率数值的平均值
	轻度	$0.4\% <$ 倾斜率 $k \leqslant 0.7\%$	
	中度	$0.7\% <$ 倾斜率 $k \leqslant 1\%$	
	重度	倾斜率 $k > 1\%$	

注：L_0 为梁板的计算跨度，h 为墙、柱计算高度。

（6）抗风能力的评估因素

结合整体位移的变化程度（无，轻度，中度，重度），列出混凝土构件整体位移状况类别划分和说明，详见表 4.6-22。

表 4.6-22　整体位移状况类别划分和说明

状况类别划分	说明	参考依据
无	框架结构：$\theta \leqslant H/600$ 框架 - 剪力墙结构，框架 - 核心筒结构：$\theta \leqslant H/900$ 剪力墙结构，部分框支剪力墙结构：$\theta \leqslant H/1100$	《民用建筑可靠性鉴定标准》GB 50292—2015 第 8.3.6 条
轻度	框架结构：$H/600 < \theta \leqslant H/500$ 框架 - 剪力墙结构，框架 - 核心筒结构：$H/900 < \theta \leqslant H/800$ 剪力墙结构，部分框支剪力墙结构：$H/1100 < \theta \leqslant H/900$	

续表

状况类别划分	说明	参考依据
中度	框架结构：$H/500 < \theta \leqslant H/400$ 框架－剪力墙结构，框架－核心筒结构：$H/800 < \theta \leqslant H/700$ 剪力墙结构，部分框支剪力墙结构：$H/900 < \theta \leqslant H/800$	《民用建筑可靠性鉴定标准》 GB 50292—2015 第 8.3.6 条
重度	框架结构：$\theta > H/400$ 框架－剪力墙结构，框架－核心筒结构：$\theta > H/700$ 剪力墙结构，部分框支剪力墙结构：$\theta > H/800$	

注：表中 H 为结构顶点高度。

（7）抗震能力的评估因素

结合构件间断，竖向收进和外挑程度（无，轻度，中度，严重），楼板不连续程度（无，轻度，中度，严重），结构平面布置以及结合结构平面对称性划分（对称，基本对称，不对称），构造的好坏程度划分（良好，一般，差），列出抗震能力的评估因素的状况类别划分和说明详见表 4.6-23。

表 4.6-23　抗震能力的评估因素的状况类别划分和说明

评估因素	状况类别划分	说明	参考依据
构件间断，竖向收进和外挑	无	结构未出现构件间断；结构未出现竖向收进和外挑	《建筑抗震设计标准》GB/T 50011—2010 第 3.4.3 条、《高层建筑混凝土结构技术规程》JGJ 3 第 3.5.5 条和《高层建筑混凝土结构技术规程》DBJ/T 15—92—2021 第 4.3.15 条
	轻度	结构某一层出现构件间断的构件截面面积占比小于10%；除顶层或出屋面小建筑外，局部收进的水平向尺寸小于相邻下一层的20%或外挑长度小于2m	
	中度	结构某一层出现构件间断的构件截面面积占比10%~30%；除顶层或出屋面小建筑外，局部收进的水平向尺寸大于相邻下一层的20%~25%或外挑长度2~4m	
	重度	结构某一层出现构件间断的构件截面面积占比大于30%；除顶层或出屋面小建筑外，局部收进的水平向尺寸大于相邻下一层的25%或外挑长度大于4m	
楼板不连续	无	结构未出现楼板不连续	严重的划分参考《建筑抗震设计标准》GB/T 50011—2010 第 3.4.3 条
	轻度	有效楼板宽度大于该层楼板典型宽度的50%，或开洞面积小于该层楼面面积的30%	
	中度	有效楼板宽度大于该层楼板典型宽度的30%~50%，或开洞面积小于该层楼面面积的30%~50%	
	严重	有效楼板宽度小于该层楼板典型宽度的30%，或开洞面积大于该层楼面面积的50%	
结构构件的平面布置	对称	结构构件的平面布置对称，规则	—
	基本对称	结构不存在不规则平面，但柱网布置不对称	
	不对称	结构存在不规则平面	

续表

评估因素	状况类别划分	说明	参考依据
混凝土结构构件构造	良好	（1）结构、构件的构造合理，符合国家现行设计规范要求； （2）连接方式正确，构造符合国家现行设计规范要求，无缺陷； （3）构造合理，受力可靠，无变形、滑移、松动或其他损坏	良好和差的划分参考《民用建筑可靠性鉴定标准》GB 50292—2015 第 5.2.3 条
	一般	（1）结构、构件的构造基本合理，基本符合国家现行设计规范要求； （2）连接方式正确，仅有局部的表面缺陷，工作无异常	
	差	（1）结构、构件的构造不当，或有明显缺陷，不符合国家现行设计规范要求； （2）连接方式不当，构造有明显缺陷，已导致焊缝或螺栓等发生变形、滑移、局部拉脱、剪坏或裂缝； （3）构造有明显缺陷，已导致预埋件发生变形、滑移、松动或其他损坏	

4.7　砌体结构主要评估指标

　　砌体结构采用砌体作为承重墙，具有整体性较差、抗拉和抗剪强度较低的特点。影响砌体结构安全的直接因素指标有使用历史的评估因素，环境信息的评估因素，耐久性的评估因素，地基基础的评估因素，结构承载力状态的评估因素，抗风能力的评估因素和抗震能力的评估因素等。其余间接影响指标通过直接指标，从而对结构安全产生影响。间接指标包括房屋使用年限、房屋的高度、材料强度、构件的截面、变形等，比如并非房屋高度越高、材料强度越低房屋就越不安全，还需要通过判断房屋结构的承载能力大小，才能确定房屋是否安全。

　　当砌体结构的承载能力小于外部作用效应或结构变形过大，砌体结构就会产生破坏，破坏的形式主要表现在结构出现结构性裂缝损伤。砌体结构裂缝情况的轻重程度直接决定了结构的安全程度。当结构出现裂缝损伤后，又会导致结构承载能力下降，耐久性降低等现象，砌体结构是否安全大都直接表现在裂缝情况这一指标当中。因此砌体结构数据采集指标中结构裂缝是非常重要的采集指标，需对其进行详尽的采集记录。

　　综上所述，为进行砌体结构安全管理，需要重点对以下主要影响因素指标进行采集分析：使用历史的评估因素，环境信息的评估因素，耐久性的评估因素，地基基础的评估因素，结构承载力状态的评估因素，抗风能力的评估因素和抗震能力的评估因素等。

通过对上述七类直接影响指标的相关数据进行采集分析，可以有针对性地提出建筑安全管理需要的采集指标和处理措施。但是上述直接影响指标大都不能通过现场调查直接获得，而需要通过一些间接的、现场检测和采集到的指标进行分析判断得出。以下主要探究部分指标对结构安全的影响，及其相关可直接采集的指标。

4.7.1 结构承载力状态指标

建筑物的裂缝产生主要是由荷载、变形引起的，结构材料本身的抗拉强度小于由荷载、变形引起的拉应力，构件在薄弱处出现裂缝[7]。裂缝分为荷载裂缝（受力裂缝）、变形裂缝（非受力裂缝）。根据国内外大量调查资料，民用建筑物上的裂缝，由荷载引起的裂缝约占20%，由变形引起的裂缝约占80%。由变形产生的裂缝，在竣工后约一年内出现并继续发展，地基沉降2～3年内进入稳定，干缩变形1～2年即可完成，温度裂缝经过1～2年后，变形幅度可以稳定在一个很小范围内，但随季节做周期变化。这种裂缝一般不会影响结构安全，称无害裂缝。由荷载作用在构件上引起的裂缝，随荷载的持续作用，裂缝逐渐发展而不会自行稳定，危及结构安全，称有害裂缝。图4.7-1为砖墙开裂现象。

（a）门上斜裂缝 　　　　　　　（b）窗边墙斜向裂缝

图 4.7-1　砖墙开裂现象

（1）受力裂缝

砖砌体受力后开裂的主要特征是：一般轴心受压或小偏心受压的墙、柱裂缝方向是垂直的；在大偏心受压时，可能出现水平方向裂缝，裂缝位置常在墙、柱下部1/2位置，上、下两端除了局部承压承载力不足外，一般很少有裂缝。

受力裂缝的宽度一般比较小，当裂缝宽度较小，长度较短时，不影响结构整体的安全性，但也需要严格控制裂缝的长宽以及出现的位置。参考《危险房屋鉴定标准》JGJ 125—2016和《民用建筑可靠性鉴定标准》GB 50292—2015，受压或局部受压产生的竖向裂缝缝宽一般超过1.0mm则属于危险点；偏心受压、受拉产生的水平或者斜向裂缝缝宽一般超过 0.5mm 则属于危险点；一般局部受压裂缝主要出现在屋架和支撑梁端部的位置，受压和偏心受压裂缝出现在承重墙柱位置。当结构的一些关键受力位置出现裂缝时，无论缝宽大小，均属于危险点，例如沿块材断裂的斜裂缝、构件变截面处出现水平裂缝和砖砌过梁出现了裂缝。裂缝沿块材断裂时，说明块材承重能力已不满足要求；构件变截面位置属于应力集中位置，裂缝有发展的可能；砖砌过梁本身承载能力较低，属于易倒塌位置。当上述位置出现了裂缝，均属于危险点，应引起足够的重视和关注。

（2）非受力裂缝

非受力裂缝（变形裂缝）一般占砌体结构裂缝的 80% 以上，产生的原因包括地基不均匀沉降、温度变化、砌块干缩变形等，裂缝一般在结构建成 3 年以内即可稳定，不再开展，裂缝缝宽不大时对结构安全性影响有限，但是会产生渗漏现象、加快砌块和内部钢筋的腐蚀，影响结构的耐久性，因此此类裂缝也需要进行相应调查，从而评估其对结构整体安全性的影响。

当地基发生不均匀沉降后，沉降大的部分砌体与沉降小的部分砌体会产生相对位移，从而使砌体中产生附加的拉力或剪力，当这种附加内力超过砌体的强度时，砌体中便产生相对裂缝。这种裂缝一般都是斜向的，且多发生在门窗洞口上下。常见的裂缝有以下 3 种类型：① 斜裂缝：墙上出现"八"字形裂缝或倒"八"字形裂缝，多数裂缝通过窗对角，在紧靠窗口处裂缝较宽。主要原因是地基不均匀变形，使墙体受到较大的剪切应力，造成砌体的主拉应力过大而破坏。② 窗间墙上水平裂缝：这种裂缝一般成对地出现在窗间墙的上下对角处，也是靠窗口处裂缝较宽。裂缝的主要原因是地基不均匀沉降，使窗间墙受到较大的水平剪力。③ 竖向裂缝：一般产生在纵墙顶层墙或底层窗台墙上。顶层墙竖向裂缝多数是建筑物反向挠曲，使墙顶受拉而开裂。底层窗台墙上的裂缝，多数是由于窗口过大，窗台墙起了反梁作用而引起的。

当房屋周围的温度产生变化，会引起砌体结构的热胀冷缩，由于钢筋混凝土的线膨胀系数为（0.8～1.4）×10^{-5}/℃，砖砌体线膨胀系数为（0.5～0.8）×10^{-5}/℃，在相同温差下，钢筋混凝土结构的变形值要比砖砌体大一倍左右。因此，当温度变化时，钢筋混凝土屋盖、楼盖、圈梁等与砌体砖墙伸缩变形不一，必然彼此相牵制而产生温度应力，使房屋结构开裂破坏。但是当裂缝达到一定数量和宽度后，温度应力得到释放，裂缝不再开展。当缝宽不大时，对结构安全性影响较小。

参考现行国家标准《民用建筑可靠性鉴定标准》GB 50292，当出现纵横墙连接处通长的竖向裂缝、墙身缝宽大于 5mm，或者其他显著影响结构整体性的裂缝时，视为该变形裂缝已经影响到结构的安全性，需要进行调查记录，进行更详细的分析。

承载能力包括上部承重结构的承载能力和基础承载能力。砌体承载力不足是指由于外部荷载超载，作为承重结构的墙体或者基础自身强度不足，导致结构产生破坏。

可通过现场采集与砌体承载力大小有关的指标得到结构承载能力指标，包括结构材料

（砌体和砂浆的强度等）、结构几何信息（层数、高度）、结构构件信息（梁、柱、墙的长度和宽度等）、结构历史信息（用途变更、加固改造等）和荷载信息。

4.7.2　结构变形影响指标

砌体结构一般整体刚度较大，主要的整体变形原因有两点：一是下部地基基础变形，二是侧向的外力作用（如台风来时屋架下弦产生变形，给砌体较大的水平推力）。有些砌体结构在倾斜的同时，产生上文砌体裂缝中表述的沉降裂缝、受载裂缝，但有些建筑整体刚度较好，或者变形速度较快，不会产生局部砌体损坏。

侧向的外力作用引起整体变形过大时，一般会伴随出现受力裂缝的出现，通过裂缝情况可判断其对整体结构安全的影响。

基础变形引起的结构位移包括结构的整体倾斜，结构的整体下沉和结构不均匀沉降。结构不均匀沉降会导致结构产生裂缝从而影响结构安全性，结构整体下沉对结构整体安全性影响较小。当结构采用刚度较大的筏形基础时，基础不均匀沉降容易引起结构整体倾斜，结构有明显倾斜但并未产生裂缝，在一定的倾斜范围内结构安全性仍满足要求；但是如果倾斜过大，会导致结构产生附加二阶弯矩，从而导致墙体稳定性降低，容易形成墙体失稳倒塌。因此，判断结构整体倾斜是否对结构安全产生影响，倾角是最主要的因素。有研究表明，当倾斜角度小于 0.6% 时，在仅考虑竖向荷载时，倾角对结构的安全性能没有明显影响，倾斜后与倾斜前抗力效应比最小值大于 95%。如果结构倾斜小于 0.6%，但出现较明显的结构性裂缝，考虑到设计、施工质量或其他不确定因素导致的安全隐患，应进一步检测鉴定（包括计算复核）后确定结构的安全性能，该结论与现行行业标准《危险房屋鉴定标准》JGJ 125 相关规定较为接近，该标准规定地基基础引起的结构整体倾斜限值为 0.7%，约为 $H/143$[8]。

考虑到房屋整体倾斜给人带来的不安全感，为保证房屋正常使用状态，规范对于倾斜角的限值较为严格。《民用建筑可靠性标准》GB 50292—2015 第 8.3.6 条，砌体结构整体倾斜情况可依据墙承重和柱承重两类结构形式进行区分。当结构顶点位移大于 $H/550$（墙承重）或 $H/600$（柱承重）时，即判定为不符合使用性要求。考虑到房屋正常使用时不能出现较为明显的倾斜，从而给业主造成心理压力，因此本书参考《民用建筑可靠性标准》GB 50292 使用性的要求，并在其基础上进行适当的放松，从而判断房屋是否符合安全性要求。

现场可采集的与结构变形有关的指标包括建筑物地址、年代、设计资料（场地勘察报告）、结构材料、结构体系、结构几何信息、结构整体牢固性、地基基础信息（基础类型）、环境信息（周边基坑开挖情况）、基础沉降信息（可通过上部承重结构变形获取，如图 4.7-2 所示）、荷载信息，砌体结构构件信息，必要时需要记录结构的变形监测信息（一段时间内建筑的变形情况）。

图 4.7-2　房屋变形检测

4.7.3　耐久性的评估指标

　　本节的砌体损伤指砌体由于风化和腐蚀造成的损伤。砌体的风化侵蚀即墙体产生粉化、酥松、剥落等现象，影响房屋耐久性，严重地削弱砌体的有效截面，从而降低房屋的结构强度。这种结构损害一般在年代较久远、使用条件较恶劣、缺修少养的房屋中表现较为明显，如果养、修得当，可以减少这种损害的出现[9]。与结构耐久性有关的指标包括房屋的使用年限、结构材料、环境信息、砌体结构构件信息（结构腐蚀损伤位置和程度）等。

　　砌体风化腐蚀的成因主要有三类：① 外界自然力的作用。砌体作为围护结构长期受高温、严寒气候作用，受风、雨、日照，尤其地下水长期侵蚀砌体，砌体保护层及砌筑砂浆逐渐粉化、剥落。② 恶劣使用条件影响。在浴室、厨房等高温潮湿条件下，砌体冻融；在化工厂房强碱、强酸的空气中，腐蚀物被砌体吸收，从而产生侵蚀。③ 砌体材料质量差。在前面两个成因中，砌体材料质量差也是促成风化腐蚀严重不可缺失的内因，砌体中砌块及砌筑砂浆强度等级较低，侵蚀、风化将进一步加重。

　　砌体的风化腐蚀是一个长期的过程，主要影响结构的耐久性，但是随着时间的增长，砌体构件的截面削弱会越来越严重，从而导致构件承载力降低，影响结构整体安全性。因此，需要对砌体的风化腐蚀进行调查评估，对风化腐蚀严重的构件进行处理。比如，调查砌体受侵蚀的原因找到侵蚀物，采取措施清除侵蚀物，或尽可能避免，减轻侵蚀物对砌体的危害。对风化侵蚀不严重的砌体，应铲除砌体上已松散的侵蚀层，用水冲干净再做抹灰处理，对局部砌体受侵蚀严重有效截面削弱达 1/5 以上，或出现承载力不足现象，可采用M2.5 以上饱满砂浆局部砌的方法。对拆砌时影响上部荷载传递的情况下，应采用先加固后掏砌的办法，用钢、木梁临时支撑，再对受损的砌体进行分段拆砌。

4.7.4　抗风抗震能力

自然灾害作用主要指台风和地震。对于地震作用，由于砌体结构采用的材料是砌块与砂浆，其抗震性能与钢结构和钢筋混凝土结构相比是较差的。台风或地震来时会给砌体较大的水平推力，容易导致结构开裂变形。2008 年四川省汶川县 8 级特大地震中砌体结构造成了大量人员伤亡和财产损失，通过灾后调查分析发现，结构体系不合理、圈梁构造柱等构造措施不足是造成这一严重后果的主要原因。

因此，圈梁和构造柱是否设置对结构整体承载力和结构抗震性能均有较大影响，结构安全评估中应对砌体结构的圈梁和构造柱进行调查，才能给出较为可靠的安全评估结果。现场可采集的与抗灾能力有关的指标包括：建筑物地址、建筑面积、高度、地下层数、地上层数、结构材料、结构体系、设计资料、结构几何信息、结构整体牢固性（圈梁和构造柱）和砌体结构构件信息。

4.7.5　砌体结构主要评估因素指标的等级划分

（1）使用历史的评估因素

使用荷载变化情况状况类别划分和说明详见表 4.7-1。

表 4.7-1　使用荷载变化情况状况类别划分和说明

状况类别划分	说明	参考依据
无变化	使用荷载无变化	本书 4.6.3 节
增加较少	使用荷载增加不大于 30%	
增加较多	使用荷载增加大于 30%	

注：一般认为超过 30% 指较多，少于 30% 指较少。

（2）环境信息的评估因素

结合周边基坑开挖到建筑物距离的程度划分（无开挖，轻度影响和严重影响），基坑降水引起的建筑物不均匀沉降程度划分（无降水，轻度影响和严重影响），有强振动和无强振动状况类别划分和对涨潮岸线的距离进行了细分等列出环境信息的评估因素的状况类别划分和说明，详见表 4.7-2。

表 4.7-2　环境信息的评估因素的状况类别划分和说明

评估因素	状况类别划分	说明	参考依据
周边基坑开挖	无开挖	基坑无开挖或基坑与邻近建筑物的距离大于 4 倍基坑深度	—
	轻度影响	基坑与邻近建筑物的距离小于 4 倍基坑深度	

续表

评估因素	状况类别划分	说明	参考依据
周边基坑开挖	严重影响	基坑与邻近建筑物的距离小于 2 倍基坑深度或 2.5m	—
基坑降水	无降水	基坑无降水	—
	轻度影响	周边降水防护措施符合要求，基坑降水无引起建筑物不均匀沉降	
	严重影响	周边降水防护措施不符合要求或基坑降水引起建筑物不均匀沉降	
强振动环境	无强振动	建筑物周边无强振动源	—
	有强振动	建筑物周边有强振动源	
一般大气环境	室内正常环境	居住及公共建筑的上部承重结构构件	《民用建筑可靠性鉴定标准》GB 50292—2015 第 4.2.5 条
	室内高湿环境	地下室构件	
	露天环境	露天结构构件	
	干湿交替环境	频繁受水蒸气或冷凝水作用的构件，以及开敞式房屋易遭飘雨部位的构件	
冻融环境	无	无冻融环境	《民用建筑可靠性鉴定标准》GB 50292—2015 第 4.2.5 条
	轻度	微冻地区混凝土或砌体构件高度饱水，无盐环境；严寒和寒冷地区混凝土或砌体构件中度饱水，无盐环境	
	中度	微冻地区盐冻；严寒和寒冷地区混凝土或砌体构件高度饱水，无盐环境；混凝土或砌体构件中度饱水，有盐环境	
	重度	严寒和寒冷地区盐冻环境；混凝土或砌体构件高度饱水，有盐环境	
近海环境	无	无近海环境	《民用建筑可靠性鉴定标准》GB 50292—2015 第 4.2.5 条和本书 4.6.7 节
	轻度	涨潮岸线 200～300m 以内的室外无遮挡构件	
	中度	涨潮岸线 100～200m 以内的室外无遮挡构件	
	重度	涨潮岸线 100m 以内的室外无遮挡构件	
接触除冰盐环境	无	无接触除冰盐环境	《民用建筑可靠性鉴定标准》GB 50292—2015 第 4.2.5 条
	轻度	受除冰盐雾轻度作用	
	中度	受除冰盐水溶液溅射作用	
	重度	直接接触除冰盐水溶液	
化学介质侵蚀环境	无	无化学介质侵蚀环境	《民用建筑可靠性鉴定标准》GB 50292—2015 第 4.2.5 条
	轻度	大气污染环境	

评估因素	状况类别划分	说明	参考依据
化学介质侵蚀环境	中度	酸雨 pH > 4.5；盐渍土环境	《民用建筑可靠性鉴定标准》
	重度	酸雨 pH ≤ 4.5；盐渍土环境	GB 50292—2015 第 4.2.5 条

（3）耐久性的评估因素

结合砌体构件损伤程度（无，轻度，中度，重度），列出耐久性的评估因素的状况类别划分和说明，详见表 4.7-3。

表 4.7-3　耐久性的评估因素的状况类别划分和说明

评估因素	状况类别划分	说明	参考依据
砌体构件损伤	无	无腐蚀现象	《民用建筑可靠性鉴定标准》GB 50292—2015 第 6.4.4 条
	轻度	实心砖：小范围腐蚀，最大深度不大于 3mm，且无发展趋势 空心砖：小范围腐蚀，最大深度不大于 1.5mm，且无发展趋势 砂浆层：小范围腐蚀，最大深度不大于 5mm，且无发展趋势	
	中度	实心砖：较大范围腐蚀，最大深度 3～10mm，且无发展趋势 空心砖：较大范围腐蚀，最大深度 1.5～6mm，且无发展趋势 砂浆层：小范围腐蚀，最大深度 5～10mm，且无发展趋势	
	重度	实心砖：较大范围腐蚀，最大深度大于 10mm，或腐蚀有发展趋势 空心砖：较大范围腐蚀，最大深度大于 6mm，或腐蚀有发展趋势 砂浆层：小范围腐蚀，最大深度大于 10mm，或腐蚀有发展趋势	
钢筋锈蚀	无	钢筋截面锈损率小于 5%	《危险房屋鉴定标准》JGJ 125—2016 第 5.4.3 条和本书 4.6.4 节
	轻度	钢筋截面锈损率 5%～10%	
	中度	钢筋截面锈损率 11%～15%	
	重度	钢筋截面锈损率大于 15%	

（4）地基基础的评估因素

结合基础沉降程度（无变化，增加较少，增加较多），列出基础沉降情况状况类别划分和说明，详见表 4.7-4。

表 4.7-4　基础沉降情况状况类别划分和说明

状况类别划分	说明	参考依据
无变化	不均匀沉降小于现行国家标准《建筑地基基础设计规范》GB 50007 规定的允许沉降差；建筑物无沉降裂缝、变形或位移建筑物无沉降裂缝、变形或位移	《民用建筑可靠性鉴定标准》GB 50292—2015 第 7.2.3 条
增加较少	不均匀沉降不大于现行国家标准《建筑地基基础设计规范》GB 50007 规定的允许沉降差；且连续两个月地基沉降量小于每月 2mm	
增加较多	不均匀沉降大于现行国家标准《建筑地基基础设计规范》GB 50007 规定的允许沉降差；或连续两个月地基沉降量大于每月 2mm	

（5）结构承载力状态的评估因素

结合裂缝的开裂程度（无，轻度，中度，严重），列出结构承载力状态的评估因素的状况类别划分和说明，详见表 4.7-5。

表 4.7-5　结构承载力状态的评估因素的状况类别划分和说明

评估因素	状况类别划分	说明	参考依据
裂缝情况	无	未出现受力裂缝	轻度和重度的划分参考《深圳市既有房屋结构安全隐患排查技术标准》SJG 41—2017 第 6.2.4 条
	轻度	（1）墙体无竖向裂缝；或存在宽度不大于 1.5mm 的水平、斜向裂缝；（2）柱无开裂现象；（3）砖砌过梁的跨中及支座无开裂现象；（4）内框架砖房中框架柱与砖墙之间无竖向裂缝；（5）底部框架砖房与底部框架－抗震墙砖房中框架柱与抗震砖墙之间无竖向裂缝，框架转换梁无明显变形，转换梁上部墙体无裂缝；（6）空旷砖房中承重外墙的变截面处无水平裂缝	
	中度	（1）墙、柱存在宽度小于 1.0mm、长度小于层高 1/2 的竖向裂缝；或长度小于层高 1/3 的多条竖向裂缝；（2）桁架、主梁支座下的墙、柱存在宽度小于 1.0mm 的单条竖向裂缝；（3）内框架砖房中框架柱与砖墙之间出现竖向裂缝，单侧裂缝长度小于层高的 1/2，双侧裂缝长度小于层高的 1/3；（4）底部框架砖房与底部框架－抗震墙砖房中框架柱与抗震砖墙之间存在竖向裂缝，单侧裂缝长度小于层高的 1/2，双侧裂缝长度小于层高的 1/3	
	严重	（1）相邻构件连接处断裂成通缝；（2）墙、柱存在宽度大于 1.0mm、长度超过层高 1/2 的竖向裂缝；或长度超过层高 1/3 的多条竖向裂缝	

续表

评估因素	状况类别划分	说明	参考依据
裂缝情况	严重	（3）桁架、主梁支座下的墙、柱存在宽度大于1.0mm的单条竖向裂缝，或多条竖向裂缝； （4）砖砌过梁中部存在竖向裂缝，或端部存在斜裂缝；或支承过梁的墙体存在开裂现象； （5）在挠曲部位存在水平或者交叉裂缝； （6）内框架砖房中框架柱与砖墙之间出现竖向裂缝，单侧裂缝长度超过层高的1/2，双侧裂缝长度超过层高的1/3； （7）底部框架砖房与底部框架-抗震墙砖房中框架柱与抗震砖墙之间存在竖向裂缝，单侧裂缝长度超过层高的1/2，双侧裂缝长度超过层高的1/3；框架转换梁存在明显变形，或梁上部墙体存在开裂现象； （8）空旷砖房中承重外墙的变截面处存在水平裂缝	轻度和重度的划分参考《深圳市既有房屋结构安全隐患排查技术标准》SJG 41—2017 第 6.2.4 条
砌体结构构件变形	无	无明显变形	轻度与重度的倾斜率数值参考《深圳市既有房屋结构安全隐患排查技术标准》SJG 41—2017 第 6.2.4 条
	轻度	倾斜率 $k \leqslant 0.4\%$	
	中度	倾斜率 $0.4\% < k \leqslant 0.7\%$	
	严重	倾斜率 $k > 0.7\%$	

（6）抗风能力的评估因素

结合整体位移程度划分（无，轻度，中度，严重），列出砌体构件整体位移状况类别划分和说明，见表4.7-6。

表 4.7-6 砌体构件整体位移状况类别划分和说明

状况类别划分	说明	参考依据
无	墙承重：$\theta \leqslant H/650$ 柱承重：$\theta \leqslant H/700$	无和轻度的划分参考《民用建筑可靠性标准》GB 50292—2015 第 8.3.6 条
轻度	墙承重：$H/650 < \theta \leqslant H/550$ 柱承重：$H/700 < \theta \leqslant H/600$	
中度	墙承重：$H/550 < \theta \leqslant H/450$ 柱承重：$H/600 < \theta \leqslant H/500$	
严重	墙承重：$\theta > H/450$ 柱承重：$\theta > H/500$	

注：H 为层高。

（7）抗震能力的评估因素

结合不规则程度划分（无，轻度，中度，严重），楼板不连续程度划分（无，轻度，中度，严重），结构平面对称性划分（对称，基本对称，不对称）和整体牢固性程度划分（良好，一般，差），列出抗震能力的评估因素的状况类别划分和说明，见表4.7-7。

表 4.7-7　抗震能力的评估因素的状况类别划分和说明

评估因素	状况类别 划分	说明	参考依据
构件间断， 竖向收进	无	结构未出现构件间断；结构未出现竖向收进和外挑	《建筑抗震设计标准》 GB/T 50011—2010 第 3.4.3 条、《高层建筑 混凝土结构技术规程》 JGJ 3 第 3.5.5 条和 《高层建筑混凝土结构 技术规程》DBJ/T 15— 92—2021 第 4.3.15 条
	轻度	结构某一层出现构件间断的构件截面面积占比小于 10%；除 顶层或出屋面小建筑外，局部收进的水平向尺寸小于相邻下 一层的 20% 或外挑长度小于 2m	
	中度	结构某一层出现构件间断的构件截面面积占比大于 10%；除 顶层或出屋面小建筑外，局部收进的水平向尺寸大于相邻下 一层的 20%～25% 或外挑长度大于 2～4m	
	严重	结构某一层出现构件间断的构件截面面积占比大于 30%；除 顶层或出屋面小建筑外，局部收进的水平向尺寸大于相邻下 一层的 25% 或外挑长度大于 4m	
楼板不连续	无	结构未出现楼板不连续	严重的划分参考《建筑 抗震设计标准》GB/T 50011—2010 第 3.4.3 条
	轻度	有效楼板宽度大于该层楼板典型宽度的 50%，或开洞面积小 于该层楼面面积的 30%	
	中度	有效楼板宽度大于该层楼板典型宽度的 30%～50%，或开洞 面积小于该层楼面面积的 30%～50%	
	严重	有效楼板宽度小于该层楼板典型宽度的 30%，或开洞面积大 于该层楼面面积的 50%，或在墙体两侧同时开洞	
结构构件的 平面布置	对称	纵横墙均匀对称，沿平面内基本对齐	《建筑抗震设计标准》 GB/T 50011—2010 第 7.1.7 条平面布置 状况的参考指标
	基本对称	结构不存在不规则平面（平面轮廓凹凸尺寸超过典型尺寸的 50% 为不规则平面），但墙体布置不对称	
	不对称	结构存在不规则平面	
圈梁和构造柱 设置	设置	在楼、电梯间四角，楼梯斜梯段上下端对应的墙体处；外墙 四角和对应转角；错层部位横墙与外纵墙交接处；大房间内 外墙交接处；较大洞口两侧均设置构造柱；外墙和内纵墙屋 盖处及每层楼盖处均设置圈梁	《建筑抗震设计标准》 GB/T 50011—2010 第 7.3.1 条构造柱和 第 7.3.3 条圈梁设置的 参考指标
	部分设置	在楼、电梯间四角，楼梯斜梯段上下端对应的墙体处；外墙 四角和对应转角；错层部位横墙与外纵墙交接处；大房间内 外墙交接处；较大洞口两侧的部分位置设置了构造柱；外墙 和内纵墙屋盖处及每层楼盖的部分位置设置圈梁	
	未设置	结构未设置圈梁和构造柱	
砌体结构整体 牢固	良好	（1）符合或略不符合国家现行设计规范的要求； （2）连接及砌筑方式正确，构造符合国家现行设计规范要 求，无缺陷	良好和差的划分参考 《民用建筑可靠性鉴定 标准》GB 50292—2015 第 5.4.3 条
	一般	（1）不符合国家现行设计规范的要求，但小于限值的 10%； （2）构造基本符合国家现行设计规范要求，仅有局部的表面 缺陷，工作无异常	
	差	（1）不符合国家现行设计规范的要求，且已超过限值的 10%； （2）连接及砌筑方式不当，构造有严重缺陷，已导致构件或 连接部位开裂、变形、位移或松动，或已造成其他损坏	

4.8　钢结构主要评估指标 ···

影响钢结构安全评估的因素包括房屋的使用年限，经历灾害作用，使用功能改变情况，维修与加固的历史记录，周边环境，环境类别，基础的沉降速率，整体倾斜率，结构整体牢固性，构件变形，裂缝和锈蚀情况，构件表面涂层材料状况，节点连接情况，结构整体位移，侧向刚度变化，维护系统牢固性，结构平面规则性，结构竖向规则性18个影响因素。这18个因素通过影响钢结构的承载状态，耐久性和抗震能力三个方面，从而影响对钢结构安全性的评价。其中大多数因素对结构安全的影响较为直观，前面章节已有分析，以下针对钢结构较为常见的钢构件变形、裂纹和锈蚀情况，节点连接情况等进行深入的研究，分析其与钢结构结构安全性的关联。

4.8.1　钢构件局部变形

钢结构在使用过程中，碰撞或者钢索悬挂物会引起杆件的局部凹凸变形，尤其以工业厂房中轴心受力的钢桁架杆件最为严重。局部变形对轴心受压构件影响较为明显[10]。局部变形在制作和施工过程中难以避免，但是当变形超过一定程度时会影响结构的失稳模式及构件的承载力。钢结构质量轻、强度高，因此其极限承载能力较好，但是钢结构常见破坏形式为失稳破坏，尤其在实际荷载值超过设计荷载值一定范围时，钢柱外若缺少足够的支撑，会造成柱平面外失稳而整体倒塌。例如，冬天暴雪中容易发生钢结构仓库或罩棚坍塌，故除考察钢结构荷载在合理区间外，考察钢结构构件变形也成为我们的判断指标。

4.8.2　钢构件裂纹

在自然环境下长期工作的钢结构，容易受到台风，雨雪等自然灾害的侵蚀，尤其在沿海地区，台风出现的频次较高，风力较大，长此以往容易对钢结构造成疲劳损伤。钢结构建筑物此方面研究较少，参考文献[11]显示，2008年雪灾，湖南、江西等地区由于冰雪灾害造成54条500kV的输电线路瘫痪，另外还有大量输电铁塔倒塌，给国家电网造成了104.5亿元的直接经济损失，可以看出疲劳损伤对钢结构的巨大危害。疲劳损伤是一个损伤累积的动态过程，单一次数的检测只能判定相对短的时间内钢结构的状态，是一个静态的过程，定期的维护检查才能真实反映钢结构的受力状态。疲劳损伤会在钢结构内部或表面产生裂纹，进一步加剧钢结构内部缺陷的扩展，最后发展成开裂，开裂会造成应力集中，而且裂纹有可能进一步扩大，对构件承载力造成极大影响，因此需要对裂纹进行严格控制。

在建筑钢结构体系中，常用形式主要有两种：门式刚架体系和网架空间结构体系，其中又以门式刚架体系居多。无论是哪种结构体系，都不可避免地会用到焊接工艺。由于受到焊接工艺、环境条件、操作人员技术水平等多种因素的影响，焊接接头不可避免地会产生缺陷。缺陷是绝对的，因此需要根据所采用的标准进行评价。焊接质量受到诸多因素的影响，产生的缺陷品种繁多，从检测的角度可以简单区分为表面缺陷和内部缺陷。表面缺陷是指从焊缝表面用肉眼即可发现的缺陷。常见的表面缺陷有咬边、焊瘤、烧穿、弧坑、凹陷及表面气孔、表面裂纹、根部未焊透等。内部缺陷是指位于焊缝内部，无法用肉眼看到，需借用特别的仪器或手段才能发现缺陷。常见的内部缺陷主要包括气孔、夹渣、裂纹、未焊透等。无论是表面缺陷还是内部缺陷，都会减小金属的有效截面面积，导致金属强度降低，产生应力集中，甚至产生裂纹，危害极大，应严格控制缺陷的产生。大多数人可能会认为内部缺陷要比外部缺陷危害更大，更容易使金属强度降低，因此在对焊接接头的检查上主要关注内部质量，容易忽视表面缺陷。试验表明，将含当量相同的分别位于表面与内部的气孔缺陷的焊接试件进行拉伸试验，其抗拉强度均能达到母材强度，但断口位置不同，含表面气孔的试件断口在焊缝上（气孔处），含内部气孔的试件断口在母材热影响区。虽然两种缺陷对试件的抗拉强度影响不大，但从断口位置来看，其影响是不同的。一般情况下，封闭型的缺陷如气孔、夹渣等处在焊缝表面时比在内部时对结构影响要大。因此在实际检测工作中，不仅要注重内部缺陷检测，表面缺陷也是不能忽略的。在检查过程中以外观质量检查为主，观察焊缝表面裂纹、根部收缩、弧坑、表面夹渣、焊缝饱满度、表面气孔和腐蚀程度等。

4.8.3　节点连接情况

螺栓连接是螺栓与螺母、垫圈配合，利用螺纹连接，使两个或两个以上的构件连接（含固定、定位）成一个整体。这种连接的特点是可拆卸，即若把螺母旋下，可使构件分开。钢结构的连接螺栓一般分为普通螺栓和高强度螺栓两种。普通螺栓或高强度螺栓不施加紧固轴力的称为普通螺栓连接，以高强度螺栓为紧固件，并对螺栓施加轴力而形成连接作用的称为高强度螺栓连接。螺栓连接因其具有施工简单、耐疲劳、可拆换、连接可靠性高和整体性好等优点而广泛应用于土木、机械、电力、交通、航空、化工等各个行业的结构和设备中，是一种广泛应用的结构连接形式。螺栓连接节点是否安全可靠关系到整个设备和结构的安全性和可靠性，螺栓连接部位的松动损伤可能影响整个结构和设备的安全运行，甚至引发结构破坏等灾难性事故，造成重大的经济损失和人员伤亡，因此对螺栓连接状态进行有效监测具有重要的工程意义。螺栓在服役期间，其轴向荷载或预紧力需要控制在一定范围内以确保结构的安全性和可靠性，螺栓预紧力退化和松动是螺栓节点失效的常见类型。

高强度螺栓在钢结构建筑物或构筑物中属于连接节点中的重要组成部分，是目前钢结构中应用最为广泛的连接方式之一。但是高强度螺栓在安装和使用过程中由于操作不当、安装偏差和振动荷载等条件下容易产生松动，严重时可导致高强度螺栓断裂，严重影响结构安全稳定性，因此需要定期对螺栓连接处进行检查。常见检测方法为观察和锤击检查。

4.8.4 钢结构锈蚀

由于各种各样的环境作用，钢结构普遍存在着腐蚀现象。据统计，每年由于腐蚀原因使全球损失 10%～20% 的金属，约合 7000 多亿美元。若以我国 2005 年产粗钢 3.494 亿 t 计算，则一年的最低腐蚀量为 0.3494 亿 t，相当于我国一家大型钢铁企业的年产量。同时，我国钢材消费主要集中在建筑、机械、汽车三大领域，占全部消费量的 78% 左右，其中建筑业用钢量占我国钢材消费总量的 59% 以上，2005 年的消费量达到 1.3924 亿 t，因此建筑用钢材的金属腐蚀造成的经济损失尤为巨大。

钢结构锈蚀不仅造成构件截面尺寸不足，还会对构件的力学性能造成影响，从而导致钢结构整体可靠性的降低。现阶段钢结构防腐主要靠防腐涂层，一般认为，涂层的防护作用在于对金属基材的机械保护作用和阻止腐蚀性介质到达基材表面，暴露引起的老化和涂层下的金属腐蚀是引起涂层失效最重要的两个因素。昼夜变化引起的张力是导致涂层开裂的原因，紫外线对涂层的老化起关键性的作用；当涂层金属发生电化学腐蚀时，阴极反应或阴极反应产物会影响涂层与基体金属的键合，致使涂层从基体金属分离（阴极剥离），就是涂层下金属腐蚀引起的涂层失效。在涂层失效之后，钢构件直接与外界接触，引发金属腐蚀，最终导致涂层脱落。因此在实际评测中需要先检查防腐涂层的完好性，涂层出现损伤之后，再查看构件的锈蚀情况。

4.8.5 钢结构主要评估因素指标的等级划分

钢结构主要评估因素的状况类别划分详见表 4.8-1 规定。

表 4.8-1　钢结构主要评估因素的状况类别划分和说明

评估因素	状况类别划分	说明	参考依据
钢构件裂纹	完好	表面无裂纹	
	严重	表面发现裂纹	
钢构件焊缝	轻度	焊缝表面无影响节点性能的缺陷（如裂纹、夹渣、气孔等），轻微锈蚀	《钢结构工程施工质量验收标准》GB 50205—2020 和《钢结构检测与鉴定技术规程》DG/TJ 08—2011
	中度	焊缝表面存在少量影响节点性能的缺陷（如细微裂纹、少部分夹渣、少量气孔等），轻度锈蚀	
	严重	焊缝表面存在明显影响节点性能的缺陷（如明显裂纹、较多夹渣、较多气孔等），中度锈蚀	
钢构件螺栓	轻度	螺杆无裂纹，连接板无裂纹、变形，螺母有个别松动，无锈蚀，整体无脱落	《钢结构工程施工质量验收标准》GB 50205—2020 和《钢结构检测与鉴定技术规程》DG/TJ 08—2011—2007

续表

评估因素	状况类别划分	说明	参考依据
钢构件螺栓	中度	螺杆有较为明显裂纹，连接板出现裂纹、轻微局部变形，螺母较多松动，个别存在脱落，存在明显锈蚀	《钢结构工程施工质量验收标准》GB 50205—2020 和《钢结构检测与鉴定技术规程》DG/TJ 08—2011—2007
	严重	螺杆出现断裂，连接板出现明显裂纹、变形，螺母普遍松动、脱落，锈蚀严重	
钢结构防火防腐涂层完整性	完整	无气泡开裂粉化等症状	
	轻微	有明显可察觉的小面积气泡开裂粉化等症状	
	严重	有较严重的气泡开裂粉化等症状	
钢结构防火防腐涂层起泡等级	完整	正常视力下无破坏	《色漆和清漆 涂层老化的评定缺陷的数量和大小以及外观均匀变化程度的标识 第1部分：总则和标识体系》ISO 4628—1—2016
	轻微	有少量气泡，且气泡直径 < 5mm	
	严重	有较多数量的气泡，或气泡直径 > 5mm	
钢结构防火防腐涂层开裂等级	完整	正常视力下无开裂	
	轻微	有少量裂缝，且裂缝宽度小于 < 1mm	
	严重	有较多数量的裂缝，或气泡直径 > 1mm	
锈蚀程度	轻度	防腐涂层局部凸起或局部脱落，钢材表面仅有少量点状腐蚀，腐蚀深度与构件厚度之比小于 0.05	参考文献[12]和《钢结构检测与鉴定技术规程》DG/TJ 08—2011—2007
	中度	防腐涂层大面积凸起或大面积脱落，钢材表面呈麻面状腐蚀，腐蚀深度与构件厚度之比大于 0.05、小于 0.1	
	严重	防腐涂层完全脱落，钢材严重腐蚀，腐蚀深度与构件厚度之比大于 0.1	

挠度程度状况类别划分和说明见表 4.8-2。

表 4.8-2　挠度程度状况类别划分和说明

状况类别划分	说明	参考依据
无	梁、板、屋架：挠度 $v \leqslant L_0/300$ 钢柱：侧移量不大于 $\theta \leqslant h/250$	重度的划分参考《危险房屋鉴定标准》JGJ 125—2016 第 5.4.3 条，轻度的划分参考《近现代历史建筑结构安全性评估导则》WW/T 0048—2014 第 7.2.2.3 条，中度的划分取轻度与重度的平均值
轻度	梁、板、屋架：$L_0/300 <$ 挠度 $v \leqslant L_0/275$ 钢柱：$h/250 <$ 侧向位移量 $\theta \leqslant h/200$	
中度	梁、板、屋架：$L_0/275 <$ 挠度 $v \leqslant L_0/250$ 钢柱：$h/200 <$ 侧向位移量 $\theta \leqslant h/150$	
重度	梁、板、屋架：挠度 $v > L_0/250$ 钢柱：侧向位移量 $\theta > h/150$	

4.9　本章小结

完备的建筑信息数据是进行建筑物安全评估的基础和前提。为了推动建筑物安全管理工作，我们建立了安全评估的数据采集系统。本章研究了影响结构安全评估的因素和数据采集指标，总结如下：

（1）以房屋建筑安全状况的健康体检和已有的房屋安全存档资料为基础，建立了结构安全管理采集数据库，用于结构运维期的安全评估。

（2）由于混凝土强度和构件截面尺寸的数据采集工作量较大，研究混凝土强度和构件截面尺寸变化对构件承载力的影响。当有竣工资料和建筑物不处于化学侵蚀和冻融等降低混凝土强度的恶劣环境中时，在设计使用年限范围内可认为其对结构的安全性能影响不大。当缺乏竣工资料时，尚需对混凝土强度和构件截面尺寸与结构安全性的相关性进行研究。

（3）针对混凝土结构，确定影响建筑物安全的20个因素（房屋的使用年限，经历灾害作用，使用功能改变情况，维修与加固的历史记录，周边环境，环境类别，混凝土损伤，钢筋锈蚀，装饰材料状况，基础的沉降速率，整体倾斜率，结构整体牢固性，构件变形，裂缝情况，结构整体位移，侧向刚度变化，维护系统牢固性，结构平面规则性，结构竖向规则性，位移角），并将20个影响因素整合为七类建筑状态：房屋的使用历史，房屋所处环境情况，耐久性，地基基础情况，结构承载力状态，抗风能力和抗震能力。

（4）结合规范和经验，对各主要因素进行定量化描述，按三级或四级划分标准进行等级划分，为后续的评估方法提供评级依据。

本章参考文献

［1］陈洪富，孙柏涛，陈相兆．基于GIS的地震基础数据库管理系统［J］．地震研究，2014，37（4）：648-653．

［2］徐柳华，陈捷，陈少勤．基于iPad的移动外业信息采集系统研究与试验［J］．测绘通报，2012（12）：75-78．

［3］Saito K, Spence R. Mapping urban building stocks for vulnerability assessment–preliminary results[J]. International Journal of Digital Earth, 2011, 4 (sup1): 117-130.

［4］胡晓鹏．结构构件抗力的调查统计与住宅结构可靠性分析［D］．西安：西安建筑科技大学，2005．

［5］周建民．考虑时间因素的混凝土结构分析方法［D］．上海：同济大学，2006．

［6］武海荣．混凝土结构耐久性环境区划与耐久性设计方法［D］．杭州：浙江大学，2012．

［7］彭斌．房屋安全鉴定中对砌体结构裂缝的分析［J］．四川水泥，2015（12）：348．

［8］ 章晓咏，赵德波，何鹏. 整体倾斜下砌体结构房屋安全性能研究［J］. 特种结构，2018（3）：9-14.

［9］ 秦平. 砌体结构损害的检测和处理［J］. 科技信息，2010（7）：320-321.

［10］ 葛安祥. 局部变形单角钢承载能力评估研究［D］. 天津：天津大学，2011.

［11］ 王振京. 钢结构疲劳裂纹扩展声发射监测及预警参数的研究［D］. 南昌：南昌航空大学，2017.

［12］ 魏春梅. 锈蚀对钢结构建筑的危害与防护［J］. 四川建材，2015（1）：58-59.

第 5 章　结构安全直接评估方法

5.1　结构安全直接评估方法概述

  本章建立适用于混凝土结构，砌体结构和钢结构的直接评估方法。结构安全直接评估应在对调查、查勘、检测的数据资料全面分析的基础上进行快速直接评定。

  结构安全直接评估应根据地基基础的安全等级和上部结构的安全等级按两阶段进行：

  （1）第一阶段为上部结构的安全评估，评定上部结构的安全等级状态；

  （2）第二阶段为地基基础的安全评估，评定地基基础的安全等级状态。

  结构安全直接评估方法是基于已有的存档资料，对现场人工查勘，检测和设备的实时监控数据进行人工打分。结构安全直接评估包括上部承重结构安全直接评估和地基基础安全直接评估，最后综合上部承重结构和地基基础结果得到结构的整体评估结果，为评价已有建筑的安全和健康状态提供依据。图 5.1-1 为直接评估系统示意图。

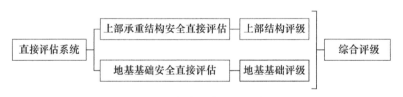

图 5.1-1　直接评估系统示意图

5.2　混凝土结构安全直接评估方法

  上部承重结构安全直接评估内容包括结构体系和布置，连接关系，裂缝和损坏情况，整体和构件变形，耐久性，环境情况，历史情况，抗震能力和抗风能力 9 个方面内容。图 5.2-1 为上部承重结构评估系统示意图。

  地基基础安全直接评估内容包括地基沉降，房屋整体倾斜及滑移，裂缝 3 个方面内容。图 5.2-2 为地基基础评估系统示意图。

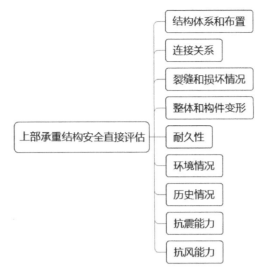

图 5.2-1　上部承重结构评估系统示意图

图 5.2-2　地基基础评估系统示意图

5.2.1　项目内容

（1）结构体系和布置

结构体系和布置包括以下内容：1）结构体系、结构高度、层数和层高、楼梯间位置的合理性；2）主要结构构件和填充墙的平面布置宜对称或基本对称，结构构件的竖向布置宜上下连续，构件中线宜重合；3）框架－抗震墙结构的抗震墙宜双向设置，房屋建筑较长时，纵向抗震墙不应设置在端开间；4）抗震墙结构中较长的抗震墙宜分成较均匀的若干墙段，较大洞口位置上下基本对齐；5）底部框支结构的落地抗震墙间距不大于四开间和 24m 的较小值；6）框架结构非单跨或单向框架。

（2）连接关系

连接关系包括以下内容：1）框架柱与填充墙的拉结构造措施；2）楼板种类与拉结。

（3）裂缝和损坏情况

裂缝和损坏情况包括以下内容：1）承重构件受压区混凝土有压坏迹象；2）结构构件出现对承载能力构成影响的混凝土孔洞、脱落、酥松、腐蚀及钢筋锈蚀等损伤和缺陷；3）柱类构件、楼梯梁出现受力裂缝；或悬挑构件根部出现裂缝；或梁构件受拉区宽度超过 0.5mm 的受力裂缝或剪切裂缝。

（4）整体和构件变形

整体和构件变形包括以下内容：1）高层框架剪力墙、框架筒体顶点位移小于$H/300$；2）高层框架顶点位移小于$H/250$；3）多层建筑顶点位移小于$H/150$；4）单层建筑顶点位移小于$H/150$；5）结构构件出现不适于继续承载的横向位移或倾斜[1]。

（5）耐久性

耐久性包括以下内容：1）混凝土损伤情况；2）钢筋锈蚀情况。

（6）环境情况

环境情况包括以下内容：1）周边基坑开挖情况；2）周边基坑降水情况；3）强振动环境情况；4）一般大气环境情况；5）冻融环境情况；6）近海环境情况；7）接触除冰盐环境情况；8）化学介质侵蚀环境。

（7）历史情况

历史情况包括以下内容：1）设计使用年限；2）用途变更情况；3）使用荷载变化情况；4）遭受地震情况；5）遭受洪水情况；6）遭受火灾情况；7）遭受爆炸情况；8）加固情况。

（8）抗震能力

可根据需要是否进行抗震能力的评估，抗震能力包括以下内容：1）设计图纸执行的规范；2）平面规则性情况；3）竖向规则性情况。

（9）抗风能力

可根据需要是否进行抗风能力的评估，抗风能力包括以下内容：1）结构体系；2）高宽比和长宽比情况；3）平面形状情况等。

（10）地基沉降

地基沉降主要包括以下内容：1）当房屋处于自然状态时，地基沉降情况；2）当房屋处于相邻地下工程施工影响时，地基沉降情况。

（11）房屋整体倾斜及滑移

房屋整体倾斜及滑移主要包括以下内容：1）房屋高度大于60m，不大于100m的高层建筑整体倾斜率不大于0.5%；2）房屋高度不大于60m的高层建筑整体倾斜率不大于0.7%；3）三层及三层以上的多层房屋整体倾斜率不大于2%；4）两层及两层以下房屋整体倾斜率不大于3%；5）地基水平位移量不大于10mm。

（12）裂缝

裂缝主要包括因地基变形引起混凝土结构房屋框架梁、柱及连接节点因沉降变形出现开裂情况。

5.2.2　项目分值分配

（1）项目的权重比值

　　根据工程经验，房屋整体倾斜及滑移，地基沉降，地基引起的结构裂缝，较大的上部承重结构构件裂缝和损坏情况，整体和构件变形直接影响到结构的安全性，说明其对结构的安全性影响最大，而耐久性，结构体系和布置，连接关系，历史情况和环境情况对结构安全性没有直接关系，说明其仅间接影响结构的安全性。

　　9 个项目对上部混凝土结构安全性的影响程度，从高至低的顺序为裂缝和损坏情况，整体和构件变形，耐久性，结构体系和布置，连接关系，抗震能力，抗风能力，环境情况和历史情况；3 个项目对地基基础安全性的影响程度，从高至低的顺序为房屋整体倾斜及滑移，地基沉降和裂缝。

　　由于上部承重结构和地基基础项目分值分配均难以根据工程经验确定，提出基于层次分析法[1] 给出各项目的分值分配。采用层次分析法确定每层各类项目的相对本层的权重系数，项目的权重比值的确定见表 5.2-1～表 5.2-4。

表 5.2-1　上部承重结构项目的权重比值

类别	裂缝和损坏情况	整体和构件变形	耐久性	结构体系和布置	连接关系	抗震能力	抗风能力	环境情况	历史情况
裂缝和损坏情况	1.00	0.33	0.33	0.20	0.33	0.33	0.33	0.20	0.20
整体和构件变形	3.00	1.00	0.50	0.50	0.50	0.50	0.50	0.50	0.20
耐久性	3.00	2.00	1.00	1.00	0.33	0.50	0.50	0.33	0.33
结构体系和布置	5.00	2.00	1.00	1.00	1.00	1.00	1.00	0.33	0.33
连接关系	3.00	2.00	3.00	1.00	1.00	1.00	1.00	0.33	0.33
抗震能力	3.00	2.00	2.00	1.00	1.00	1.00	1.00	0.33	0.33
抗风能力	3.00	2.00	2.00	1.00	1.00	1.00	1.00	0.33	0.33
环境情况	5.00	5.00	3.00	3.00	3.00	3.00	3.00	1.00	1.00
历史情况	5.00	5.00	3.00	3.00	3.00	3.00	3.00	1.00	1.00

表 5.2-2　地基基础项目的权重比值

类别	地基沉降	房屋整体倾斜及滑移	地基引起的结构裂缝
地基沉降	1.00	1.00	0.80
房屋整体倾斜及滑移	1.00	1.00	0.80
地基引起的结构裂缝	1.25	1.25	1.00

表 5.2-3　上部承重结构项目的权重及分值

类别	裂缝和损坏情况	整体和构件变形	耐久性	结构体系和布置	连接关系	抗震能力	抗风能力	环境情况	历史情况
项目的权重	0.287	0.170	0.125	0.090	0.084	0.087	0.087	0.035	0.035
百分制分数	28.7	17.0	12.5	9.0	8.4	8.7	8.7	3.5	3.5
项目分值分配	28.7	17.0	12.5	9.0	8.4	8.7	8.7	3.5	3.5

表 5.2-4　地基基础项目的权重及分值

类别	地基沉降	房屋整体倾斜及滑移	地基引起的结构裂缝
项目的权重	0.357	0.357	0.286
百分制分数	35.7	35.7	28.6
项目分值分配	35.7	35.7	28.6

（2）项目的分值分配

根据层次分析法得到地基沉降，房屋整体倾斜及滑移和裂缝，结构体系和布置，连接关系，裂缝和损坏情况，整体和构件变形，耐久性，环境情况，历史情况，抗震能力和抗风能力 12 个项目的分值分配，其中结构体系和布置，连接关系，裂缝和损坏情况，整体和构件变形，耐久性，环境情况和历史情况 7 项的总得分为 100，当考虑抗震能力和抗风能力时，总得分等于原始总得分×折减系数［折减系数＝100/（100＋"抗震能力"分值＋"抗风能力"分值）］。总得分是评估上部结构好坏的量化指标，为后续的评级提供依据。

工程师根据 10～12 项的项目内容，项目分值并结合工程经验对地基基础每个项目进行打分，最后汇总得到"总得分"。总得分是评估地基基础结构好坏的量化指标，为后续的评级提供依据。

各项目分值分配见表 5.2-5。

表 5.2-5　混凝土结构直接评估系统打分

序号	项目	分值分配	内容及扣分说明	得分
1	结构体系和布置	10	a. 多种结构体系混合：否 / 是（是减 2 分） b. 构件间断程度：否，轻度，中度，严重（轻度减 1 分，中度减 2 分，严重减 3 分） c. 竖向收进和外挑程度：否，轻度，中度，严重（轻度减 1 分，中度减 2 分，严重减 3 分） d. 楼板不连续程度：否，轻度，中度，严重（轻度减 1 分，中度减 2 分，严重减 3 分） e. 顶层形成空旷房间：是 / 否（是减 2 分） f. 结构构件的平面布置：对称 / 基本对称 / 不对称（基本对称减 1 分，不对称减 2 分） g. 较大洞口位置上下基本对齐：是 / 否（否减 2 分） 当结构体型为框架结构时，则显示 h 项的内容 h. 框架结构的围护墙和隔墙不利布置：是 / 否（是减 2 分） 当结构体型为框剪或框筒时，则显示 i 项的内容 i. 框架－抗震墙结构的抗震墙宜双向设置：是 / 否（否减 2 分） 当结构体型为框剪、框筒或剪力墙结构时，则显示 j、k 项的内容 j. 纵向抗震墙设置在端开间：是 / 否（是减 2 分） k. 较长的抗震墙分成较均匀的若干墙段：是 / 否（否减 2 分） 当结构体型为部分框支剪力墙结构时，则显示 l、m 项的内容 l. 框支结构的落地抗震墙间距不大于四开间：是 / 否（否减 2 分） m. 框支结构的落地抗震墙间距小于 24m：是 / 否（否减 2 分）	—

续表

序号	项目	分值分配	内容及扣分说明	得分
2	连接关系	10	a. 竖向构件与填充墙的拉结构造措施：良好，一般，差（一般减 2 分，差减 4 分） b. 板种类：现浇，装配连接（装配连接减 2 分） c. 楼板拉结情况：良好，一般，差（一般减 2 分，差减 4 分）	—
3	裂缝和损坏情况	35	a. 承重构件受压区混凝土有压坏迹象或出现剪切裂缝：是／否（是减 35 分） b. 柱类构件、楼梯梁出现受力裂缝：是／否（是减 25 分） c. 悬挑构件根部出现裂缝：是／否（是减 25 分） d. 梁构件受拉区宽度超过 0.5mm 的受力裂缝：是／否（是减 20 分） e. 结构构件出现对承载能力构成影响的混凝土孔洞、脱落、酥松、腐蚀及钢筋锈蚀等损伤和缺陷：否，轻度，中度，严重（轻度减 5 分，中度减 10 分，严重减 15 分）	—
4	整体和构件变形	20	a. 单层建筑顶点位移小于 $H/150$；多层建筑顶点位移小于 $H/150$；高层框架顶点位移小于 $H/250$；高层框架剪力墙顶点位移小于 $H/300$；高层框架筒体顶点位移小于 $H/400$：是／否（否减 20 分） b. 结构构件出现不适于继续承载的横向位移或倾斜：是／否（是减 20 分）	—
5	耐久性	15	a. 混凝土损伤程度：无损伤，轻度，中度，严重（轻度减 3 分，中度减 6 分，严重减 9 分） b. 钢筋锈蚀程度：无损伤，轻度，中度，严重（轻度减 3 分，中度减 6 分，严重减 9 分）	—
6	环境情况	5	a. 周边基坑开挖：是／否（是减 1 分） b. 周边基坑降水：是／否（是减 1 分） c. 强振动环境：是／否（是减 1 分） d. 环境类别：一般大气环境情况，冻融环境情况，近海环境情况，接触除冰盐环境情况，化学介质侵蚀环境（冻融环境情况，近海环境情况，接触除冰盐环境情况，化学介质侵蚀环境减 2 分）	—
7	历史情况	5	a. 设计使用年限：大于 10 年，大于 20 年，大于 30 年（大于 10 年减 1 分，大于 20 年减 2 分，大于 30 年减 3 分） b. 用途变更情况：是／否（是减 1 分） c. 使用荷载变化情况：无变化，较小增加，较大增加（较小增加减 1 分，较大增加减 2 分） d. 遭受地震、洪水、火灾、爆炸作用：是／否（是减 1 分）	—
8	抗震能力	10	a. 设计图纸执行的规范（20 世纪 90 年代前建筑减 5 分，20 世纪 90 年代建筑减 3 分，2000 年后建筑减 1 分） b. 平面规则性情况（平面不规则减 3 分） c. 竖向规则性情况（竖向不规则减 5 分）	—
9	抗风能力	10	a. 高宽比和长宽比情况（高宽比＞8 减 5 分，高宽比＞7 减 4 分，高宽比＞6 减 3 分，高宽比＞5 减 2 分，高宽比＞4 减 1 分） b. 平面形状情况等（L、Y、T、工形减 2 分）	—
10	地基沉降	35	a. 当房屋处于自然状态时，地基沉降情况：无沉降／小范围沉降／大范围沉降（小范围沉降减 15 分，大范围沉降减 30 分） b. 当房屋处于相邻地下工程施工影响时，地基沉降情况：无沉降／小范围沉降／大范围沉降（小范围沉降减 15 分，大范围沉降减 30 分）	—

序号	项目	分值分配	内容及扣分说明	得分
11	房屋整体倾斜及滑移	35	a. 两层及两层以下房屋整体倾斜率不大于 3%：是 / 否（否减 35 分） b. 三层及三层以上的多层房屋整体倾斜率不大于 2%：是 / 否（否减 35 分） c. 房屋高度不大于 60m 的高层建筑整体倾斜率不大于 0.7%：是 / 否（否减 35 分）；房屋高度大于 60m，不大于 100m 的高层建筑整体倾斜率不大于 0.5%：是 / 否（否减 35 分） d. 地基水平位移量不大于 10mm：是 / 否（否减 35 分）	—
12	地基引起的结构裂缝	30	因地基变形引起混凝土结构房屋框架梁、柱及连接节点因沉降变形出现开裂情况：是 / 否（是减 30 分）	—
13	上部结构总得分		（根据上述 1～9 项得分结果计算）	
14	地基基础总得分		（根据上述 10～12 项得分结果计算）	

注：表中每项得分等于分值分配减去扣除的分数，当小于 0 时取 0。

（3）直接评估法评级

混凝土结构直接评估系统评级分为上部承重结构评级，地基基础评级和综合评级。在满足工程需要的前提下，提出评价的级别分为较差，一般和较好三个级别，其中总得分为 0～79 分时，对应的级别为较差，总得分为 80～89 分时，对应的级别为一般，总得分为 90～100 分时，对应的级别为较好，详见表 5.2-6。上部承重结构和地基基础的级别分别根据上部承重结构和地基基础的总得分直接得到，而综合级别取上部承重结构和地基基础级别的较不利级别。

表 5.2-6　直接评估法评级与分数关系

评级	较差	一般	较好
分数	0～79 分	80～89 分	90～100 分

5.3　砌体结构安全直接评估方法

上部砌体结构安全直接评估内容包括结构体系和布置，整体性和连接构造，裂缝、损坏和构件变形情况，整体和构件变形，耐久性，环境情况，历史情况，抗震能力和抗风能力 9 个方面内容。

地基基础安全直接评估内容包括地基沉降，房屋整体倾斜及滑移，裂缝 3 个方面内容。

5.3.1　项目内容

（1）结构体系和布置

对于多层砌体房屋建筑的结构体系与结构布置，应检查实际结构体系、结构布置与竣工图符合程度以及结构变动情况。多层砌体结构房屋的结构体系与结构布置应按下列规定检查。

1）房屋总高度和总层数应符合现行国家标准《建筑抗震鉴定标准》GB 50023 的规定；

2）墙体平面布置宜对称或基本对称；

3）墙体布置在平面内应闭合，不应存在未闭合的开口墙或整开间为阳台且横墙端部未设置构造柱情况；

4）墙体布置应沿竖向上下连续，底部几层不宜有抽掉墙体的大开间，也不应有对结构墙体的拆改；

5）最大横墙间距不宜大于 15m，纵向墙体的窗间墙的高度与宽度之比不应大于 1.0；

6）楼梯间不宜布置在房屋尽端和转角处。

（2）整体性和连接构造

整体性和连接构造包括以下内容：1）墙体布置与纵横墙连接；2）构造柱及圈梁布置与连接；3）预制楼板连接；4）房屋建筑中易引起局部倒塌的构件及连接。

（3）裂缝、损坏和构件变形情况

裂缝、损坏和构件变形情况包括以下内容：1）砌体结构墙体出现明显倾斜，墙柱出现明显的受压裂缝；2）砌体结构墙体出现的温度或收缩引起的非荷载裂缝，其裂缝宽度大于 2mm；3）砌体结构墙体出现明显外闪，或出现严重的风化、粉化、酥碱和面层脱落；4）阳台板等悬挑构件出现明显下垂，与墙体交接的部位出现开裂；5）板、梁等混凝土构件出现明显开裂和下垂，或出现混凝土局部剥落、钢筋明显外露及钢筋严重锈蚀；6）砖过梁中部出现明显竖向裂缝，或端部出现明显水平裂缝。

（4）整体和构件变形

整体和构件变形包括以下内容：1）单层建筑墙顶点位移小于 $H/250$；2）单层建筑柱顶点位移小于 $H/300$；3）多层建筑墙顶点位移小于 $H/300$；4）多层建筑柱顶点位移小于 $H/330$；5）单层排架平面外倾斜小于 $H/350$。

（5）耐久性

耐久性包括以下内容：1）砌体、砌块损伤情况；2）砌块、砂浆层腐蚀情况；3）使用功能，环境或荷载变化情况；4）剩余使用年限；5）遭受地震、洪水、火灾和爆炸情况。

（6）环境情况

环境情况包括以下内容：1）周边基坑开挖情况；2）周边基坑降水情况；3）强振动环境情况；4）一般大气环境情况；5）冻融环境情况；6）近海环境情况；7）接触除冰盐环境情况；8）化学介质侵蚀环境。

（7）历史情况

历史情况包括以下内容：1）设计使用年限；2）用途变更情况；3）使用荷载变化情况；4）遭受地震情况；5）遭受洪水情况；6）遭受火灾情况；7）遭受爆炸情况；8）加固情况。

（8）抗震能力

可根据需要是否进行抗震能力的评估，选择"是"表示考虑抗震能力评估时，抗震能力包括以下内容：1）设计图纸执行的规范；2）平面规则性情况；3）竖向规则性情况；4）墙肢高度与厚度之比。

（9）抗风能力

可根据需要是否进行抗风能力的评估，选择"是"表示考虑抗风能力评估时，抗风能力包括以下内容：1）结构体系；2）高宽比和长宽比情况；3）平面形状情况等。

（10）地基沉降

地基沉降主要包括以下内容：1）当房屋处于自然状态时，地基沉降情况；2）当房屋处于相邻地下工程施工影响时，地基沉降情况。

（11）房屋整体倾斜及滑移

房屋整体倾斜及滑移主要包括以下内容：1）两层及两层以下房屋整体倾斜率不大于3‰；2）三层及三层以上的多层房屋整体倾斜率不大于2‰；3）房屋高度不大于60m的高层建筑整体倾斜率不大于0.7‰；4）地基水平位移量不大于10mm。

（12）裂缝

裂缝主要包括因地基变形引起砌体结构房屋承重墙体因沉降变形出现开裂情况。

5.3.2　项目分值分配

（1）项目的权重比值

根据工程经验，房屋整体倾斜及滑移，地基沉降，地基引起的结构裂缝，较大的上部承重结构构件裂缝和损坏情况，整体和构件变形直接影响到结构的安全性，说明其对结构的安全性影响最大，而耐久性，结构体系和布置，连接关系，历史情况和环境情况对结构安全性没有直接关系，说明其对仅间接影响结构的安全性。

9个项目对上部砌体结构安全性的影响程度，从高至低的顺序为裂缝和损坏情况，耐久性，整体和构件变形，结构体系和布置，连接关系，抗震能力，抗风能力，环境情况和历史情况；3个项目对地基基础安全性的影响程度，从高至低的顺序为房屋整体倾斜及滑移，地基沉降和裂缝。

由于上部砌体结构和地基基础项目分值分配均难以根据工程经验确定，提出基于层次分析法给出各项目的分值分配。采用层次分析法确定每层各类项目的相对本层的权重系数，项目的权重比值的确定见表5.3-1～表5.3-4。

表 5.3-1 上部结构项目的权重比值

类别	裂缝和损坏情况	整体和构件变形	耐久性	结构体系和布置	连接关系	抗震能力	抗风能力	环境情况	历史情况
裂缝和损坏情况	1.00	0.33	0.33	0.20	0.33	0.33	0.20	0.20	0.20
整体和构件变形	3.00	1.00	0.50	0.50	0.50	0.50	0.33	0.20	0.20
耐久性	3.00	2.00	1.00	1.00	0.33	0.50	0.33	0.33	0.33
结构体系和布置	5.00	2.00	1.00	1.00	1.00	1.00	0.50	0.33	0.33
连接关系	3.00	2.00	3.00	1.00	1.00	1.00	0.50	0.33	0.33
抗震能力	3.00	2.00	2.00	1.00	1.00	1.00	0.50	0.33	0.33
抗风能力	5.00	3.00	3.00	2.00	2.00	2.00	1.00	0.33	0.33
环境情况	5.00	5.00	3.00	3.00	3.00	3.00	3.00	1.00	1.00
历史情况	5.00	5.00	3.00	3.00	3.00	3.00	3.00	1.00	1.00

表 5.3-2 地基基础项目的权重比值

类别	地基沉降	房屋整体倾斜及滑移	地基引起的结构裂缝
地基沉降	1.00	1.00	0.80
房屋整体倾斜及滑移	1.00	1.00	0.80
地基引起的结构裂缝	1.25	1.25	1.00

表 5.3-3 上部结构项目的权重及分值

类别	裂缝和损坏情况	整体和构件变形	耐久性	结构体系和布置	连接关系	抗震能力	抗风能力	环境情况	历史情况
项目的权重	0.296	0.173	0.127	0.095	0.089	0.093	0.059	0.034	0.034
百分制分数	29.6	17.3	12.7	9.5	8.9	9.3	5.9	3.4	3.4
项目分值分配	29.6	17.3	12.7	9.5	8.9	9.3	5.9	3.4	3.4

表 5.3-4 地基基础项目的权重及分值

类别	地基沉降	房屋整体倾斜及滑移	地基引起的结构裂缝
项目的权重	0.357	0.357	0.286
百分制分数	35.7	35.7	28.6
项目分值分配	35.7	35.7	28.6

（2）项目的分值分配

各项目对应的分值如表 5.3-5 所示。

表 5.3-5　各项目分值分配

序号	项目	分值分配	内容及扣分说明	得分
1	结构体系和布置	10	a.多种结构体系混合：否 / 是（是减 2 分） b.构件间断程度：否，轻度，中度，严重（轻度减 1 分，中度减 2 分，严重减 3 分） c.竖向收进和外挑程度：否，轻度，中度，严重（轻度减 1 分，中度减 2 分，严重减 3 分） d.楼板不连续程度：否，轻度，中度，严重（轻度减 1 分，中度减 2 分，严重减 3 分） e.顶层形成空旷房间：否 / 是（是减 2 分） f.结构构件的平面布置：对称，基本对称，不对称（基本对称减 1 分，不对称减 2 分） g.墙体平面布置是否基本对称：是 / 否（否减 2 分） h.墙体布置在平面内闭合：是 / 否（否减 2 分） i.楼梯间布置在房屋尽端或转角处：是 / 否（否减 2 分） j.有无构造柱和圈梁：是 / 否（否减 2 分）	—
2	整体性和连接构造	10	a.竖向构件与填充墙的拉结构造措施：良好，一般，差（一般减 2 分，差减 4 分） b.板种类：现浇，装配连接（装配湿连接减 2 分） c.楼板拉结情况：良好，一般，差（一般减 2 分，差减 4 分）	—
3	裂缝、损坏和构件变形情况	35	a.砌体结构墙体出现明显倾斜，墙柱出现明显的受压裂缝：是 / 否（是减 35 分） b.砌体结构墙体出现的温度或收缩引起的非荷载引起的裂缝，其裂缝宽度大于 2mm：是 / 否（是减 35 分） c.砌体结构墙体出现明显外闪，或出现严重的风化、粉化、酥碱和面层脱落：是 / 否（是减 35 分） d.阳台板等悬挑构件出现明显下垂，与墙体交接的部位出现开裂：是 / 否（是减 25 分） e.板、梁等混凝土构件出现明显开裂和下垂，或出现混凝土局部剥落、钢筋明显外露及钢筋严重锈蚀：是 / 否（是减 25 分） f.砖过梁中部出现明显竖向裂缝，或端部出现明显水平裂缝：是 / 否（是减 25 分）	—
4	整体变形	20	a.单层建筑墙顶点位移小于 $H/250$，单层建筑柱顶点位移小于 $H/300$，多层建筑墙顶点位移小于 $H/300$，多层建筑柱顶点位移小于 $H/330$，单层排架平面外倾斜小于 $H/350$：是 / 否（否减 20 分） b.结构构件出现不适于继续承载的横向位移或倾斜：是 / 否（是减 20 分）	—
5	耐久性	15	a.砌体、砌块损伤情况：否，轻度，中度，严重（轻度减 3 分，中度减 6 分，严重减 9 分） b.砌块、砂浆层腐蚀情况：否，轻度，中度，严重（轻度减 3 分，中度减 6 分，严重减 9 分）	—
6	环境情况	5	a.周边基坑开挖：是 / 否（是减 1 分） b.周边基坑降水：是 / 否（是减 1 分） c.强振动环境：是 / 否（是减 1 分） d.环境类别：一般大气环境情况，冻融环境情况，近海环境情况，接触除冰盐环境情况，化学介质侵蚀环境（冻融环境情况，近海环境情况，接触除冰盐环境情况，化学介质侵蚀环境减 2 分）	—

续表

序号	项目	分值分配	内容及扣分说明	得分
7	历史情况	5	a. 设计使用年限：大于 10 年，大于 20 年，大于 30 年（大于 10 年减 1 分，大于 20 年减 2 分，大于 30 年减 3 分） b. 用途变更情况：是 / 否（是减 1 分） c. 使用荷载变化情况：无变化，较小增加，较大增加（较小增加减 1 分，较大增加减 2 分） d. 遭受地震、洪水、火灾、爆炸作用：是 / 否（是减 1 分）	—
8	抗震能力	10	a. 设计图纸执行的规范（20 世纪 90 年代前建筑减 5 分，20 世纪 90 年代建筑减 3 分，2000 年后建筑减 1 分） b. 平面规则性情况（平面不规则减 3 分） c. 竖向规则性情况（竖向不规则减 5 分）	—
9	抗风能力	10	a. 高宽比和长宽比情况（高宽比 > 2.5 减 5 分，高宽比 > 2 减 4 分，高宽比 > 1.5 减 3 分，高宽比 > 1.0 减 2 分） b. 平面形状情况等（L、Y、T、工形减 2 分）	—
10	地基沉降	35	a. 当房屋处于自然状态时，地基沉降情况：无沉降 / 小范围沉降 / 大范围沉降（小范围沉降减 15 分，大范围沉降减 30 分） b. 当房屋处于相邻地下工程施工影响时，地基沉降情况：无沉降 / 小范围沉降 / 大范围沉降（小范围沉降减 15 分，大范围沉降减 30 分）	—
11	房屋整体倾斜及滑移	35	a. 两层及两层以下房屋整体倾斜率不大于 3%：是 / 否（否减 35 分） b. 三层及三层以上的多层房屋整体倾斜率不大于 2%：是 / 否（否减 35 分） c. 房屋高度不大于 60m 的高层建筑整体倾斜率不大于 0.7%：是 / 否（否减 35 分）；房屋高度大于 60m，不大于 100m 的高层建筑整体倾斜率不大于 0.5%：是 / 否（否减 35 分） d. 地基水平位移量不大于 10mm：是 / 否（否减 35 分）	—
12	地基引起的结构裂缝	30	因地基变形引起砌体结构房屋承重墙体因沉降变形出现开裂情况：是 / 否（是减 30 分）	—
13	上部结构总得分		（根据上述 1～9 项得分结果计算）	
14	地基基础总得分		（根据上述 10～12 项得分结果计算）	

注：表中每项得分等于分值分配减去扣除的分数，当小于 0 时取 0。

  根据层次分析法得到地基沉降，房屋整体倾斜及滑移和裂缝，结构体系和布置，连接关系，裂缝和损坏情况，整体和构件变形，耐久性，环境情况，历史情况，抗震能力和抗风能力 12 个项目的分值分配，其中结构体系和布置，连接关系，裂缝和损坏情况，整体和构件变形，耐久性，环境情况和历史情况 7 项的总得分为 100，当考虑抗震能力和抗风能力时，总得分等于原始总得分 × 折减系数 [折减系数 = 100/（100 + "抗震能力"分值 + "抗风能力"分值）]，总得分是评估上部承重结构好坏的量化指标，为后续的评级提供依据。

  工程师根据 10～12 项的项目内容，项目分值和结合工程经验对地基基础每个项目进行打分，最后汇总得到"总得分"。总得分是评估地基基础结构好坏的量化指标，为后续的评级提供依据。

（3）直接评估法评级

砌体结构直接评估系统评级分为上部承重结构评级，地基基础评级和综合评级。结合直接评估系统评级的精度情况，在满足工程需要的前提下，提出评价的级别分为较差，一般和较好三个级别，其中总得分为 0～79 分时，对应的级别为较差，总得分为 80～89 分时，对应的级别为一般，总得分为 90～100 分时，对应的级别为较好，详见表 5.2-6。上部承重结构和地基基础的级别分别根据上部承重结构和地基基础的总得分直接得到，而综合级别取上部承重结构和地基基础级别的较不利级别。

5.4 钢结构安全直接评估方法

上部钢结构安全直接评估内容包括结构体系和布置，环境情况，历史情况，整体和构件变形，裂纹局部变形锈蚀情况，表面防火防腐涂装，抗震能力，抗风能力 8 个方面内容。

地基基础安全直接评估内容包括地基沉降，房屋整体倾斜及滑移，地基引起的结构反应 3 个方面内容。

5.4.1 项目内容

（1）结构体系和布置

钢结构房屋建筑的结构体系、结构布置应包括以下内容：① 结构体系或传力系统布置，主要构件形式；② 支撑系统布置；③ 结构平面布置的对称性、结构布置的均匀性；④ 结构体系中主要传力路径上的构件和节点的布置及构造措施。

（2）环境情况

环境情况包括以下内容：1）周边基坑开挖情况；2）周边基坑降水情况；3）强振动环境情况；4）一般大气环境情况；5）冻融环境情况；6）近海环境情况；7）接触除冰盐环境情况；8）化学介质侵蚀环境。

（3）历史情况

历史情况包括以下内容：1）设计使用年限；2）用途变更情况；3）使用荷载变化情况；4）遭受地震情况；5）遭受洪水情况；6）遭受火灾、冰灾情况；7）遭受爆炸情况；8）加固情况。

（4）整体和构件变形

整体和构件变形包括以下内容：

1）单层钢结构：在风荷载标准值作用下，单层钢结构（排架、框架体系）无桥式起重机时，当围护结构采用砌体墙，柱顶水平位移不宜大于 $H/150$；有桥式起重机时，当围护结构采用砌体墙，柱顶水平位移不宜大于 $H/400$。

2）冶金厂房或类似车间中设有 A7、A8 级吊车的厂房柱与设有中级和重级工作制吊车的露天栈桥柱，在吊车梁或吊车桁架的顶面标高处，由一台最大吊车水平荷载（按荷载规范取值）所产生的计算变形值，按平面结构图形计算时，厂房柱的横向位移不宜大于 $H/1250$，露天栈桥柱的横向位移不宜大于 $H/2500$，厂房和露天栈桥柱的纵向位移不宜大于 $H/4000$。

3）多层钢结构：在风荷载标准值作用下，有桥式起重机时，多层钢结构的弹性层间位移角不宜超过 $1/400$，在风荷载标准值作用下，无桥式起重机时，框架和框架 - 支撑体系的多层钢结构弹性层间位移角不宜超过 $1/250$，侧向框 - 排架体系的多层钢结构弹性层间位移角不宜超过 $1/250$，竖向框 - 排架体系的多层钢结构排架部分的弹性层间位移角不宜超过 $1/150$，框架部分的弹性层间位移角不宜超过 $1/250$。

4）高层钢结构在风荷载和多遇地震下弹性层间位移角不宜超过 $1/250$。

5）大跨度钢结构在永久荷载与可变的标准组合下，受弯为主的桁架、网架、斜拉结构、张弦结构等跨中挠度不宜超过 $L/250$（屋盖）、$L/300$（楼盖），悬挑结构挠度不宜超过 $L/125$（屋盖）、$L/150$（楼盖），受压为主的双层网壳结构跨中挠度不宜大于 $L/250$，受压为主的拱架、单层网壳结构跨中挠度不宜大于 $L/400$，受拉为主的单层单索屋盖跨中地区挠度不宜大于 $L/200$，受拉为主的单层索网、双层索系以及横向加劲索系的屋盖、索穹顶屋盖挠度不宜大于 $L/250$。

（5）裂纹局部变形锈蚀情况

钢结构裂纹局部变形锈蚀情况包括以下情况：

1）钢结构承重杆件及连接节点表面有无裂纹或损伤；

2）钢结构承重杆件有无局部变形及变形范围；

3）钢结构承重杆件及连接节点表面有无锈蚀情况，锈蚀面积及锈蚀严重程度。

（6）表面防火防腐涂装

钢结构表面防火防腐涂装检测包括以下内容：

1）外观质量：有无脱皮和防锈，涂层均匀性，有无皱皮气泡等；

2）涂层表面裂纹；

3）涂层厚度；

4）涂层老化情况。

（7）抗震能力

可根据需要是否进行抗震能力的评估，选择"是"表示考虑抗震能力评估时，抗震能力包括以下内容：

1）设计图纸执行的规范；

2）平面规则性情况；

3）竖向规则性情况；

4）钢结构截面板件宽厚比。

（8）抗风能力

可根据需要是否进行抗风能力的评估，选择"是"表示考虑抗风能力评估时，抗风能力包括以下内容：

1）结构体系；

2）高宽比和长宽比情况；

3）平面形状情况等。

（9）地基沉降

地基沉降主要包括以下内容：

1）当房屋处于自然状态时，地基沉降情况；

2）当房屋处于相邻地下工程施工影响时，地基沉降情况。

（10）房屋整体倾斜及滑移

房屋整体倾斜及滑移主要包括以下内容：

1）两层及两层以下房屋整体倾斜率不大于3%；

2）三层及三层以上的多层房屋整体倾斜率不大于2%；

3）房屋高度不大于60m的高层建筑整体倾斜率不大于0.7%；

4）房屋高度大于60m，不大于100m的高层建筑整体倾斜率不大于0.5%；

5）地基水平位移量不大于10mm。

（11）地基引起的结构反应

结构变形主要包括因地基变形引起梁、柱及连接节点因沉降出现变形或节点脱开、断裂的情况。

5.4.2　项目分值分配

（1）项目的权重比值

根据工程经验，房屋整体倾斜及滑移，地基沉降，地基引起的结构反应，裂纹局部变形锈蚀情况、整体和构件变形直接影响到结构的安全性，说明其对结构的安全性影响最大，而结构体系和布置，历史情况和环境情况对结构安全性没有直接关系，说明其对仅间接影响结构的安全性。

因此，8个项目对上部钢结构安全性的影响程度，从高至低的顺序为裂纹局部变形锈蚀情况，表面防火防腐涂装，整体和构件变形，结构体系和布置，抗震能力，抗风能力，环境情况和历史情况；3个项目对地基基础安全性的影响程度，从高至低的顺序为房屋整体倾斜及滑移，地基沉降和地基引起的结构反应。

由于上部钢结构和地基基础项目分值分配均难以根据工程经验确定，提出基于层次分析法给出各项目的分值分配。项目的权重比值见表5.4-1。

（2）项目的分值分配

各项目对应的分值如表5.4-2所示。

表 5.4-1 项目的权重比值

	结构体系和布置	环境情况	历史情况	整体和构件变形	裂纹局部变形锈蚀情况	表面防火防腐涂装	抗震能力	抗风能力	地基沉降	房屋整体倾斜及滑移	地基引起的结构反应
结构体系和布置	1	0.33	0.33	3	5	1	1	1	3	3	3
环境情况	3	1	1	5	5	3	3.03	3.03	7	7	7
历史情况	3	1	1	5	5	3	3.03	3.03	7	7	7
整体和构件变形	0.33	0.2	0.2	1	3	0.33	0.33	0.33	1	1	1
裂纹局部变形锈蚀情况	0.2	0.2	0.2	0.33	1	0.33	0.33	0.33	1	1	1
表面防火防腐涂装	1	0.33	0.33	3	3	1	0.5	0.5	5	5	5
抗震能力	1	0.33	0.33	3	3	2	1	1	9	9	9
抗风能力	1	0.33	0.33	3	3	2	1	1	9	9	9
地基沉降	0.33	0.14	0.14	1	1	0.2	0.11	0.11	1	1	1
房屋整体倾斜及滑移	0.33	0.14	0.14	1	1	0.2	0.11	0.11	1	1	1
地基引起的结构反应	0.33	0.14	0.14	1	1	0.2	0.11	0.11	1	1	1

表 5.4-2 各项目分值分配

序号	项目	分值分配	内容及扣分说明	得分
1	结构体系和布置	10	a.支撑系统设置：是／否（否减 2 分） b.是否设置柱间支撑：是／否（否减 2 分） c.是否设置屋面支撑：是／否（否减 2 分） d.支撑系统是否对称：是／否（否减 2 分） e.楼盖是否与钢梁有可靠连接：是／否（否减 2 分） f.楼盖形式：轻型，混凝土无檩，混凝土有檩（轻型减 2 分，混凝土无檩减 1 分） g.结构平面布置是否对称：是／否（否减 2 分） h.结构布置是否均匀：是／否（否减 2 分）	—
2	环境情况	5	a.周边基坑开挖：是／否（是减 1 分） b.周边基坑降水：是／否（是减 1 分） c.强振动环境：是／否（是减 1 分） d.环境类别：一般大气环境情况，冻融环境情况，近海环境情况，接触除冰盐环境情况，化学介质侵蚀环境（冻融环境情况，近海环境情况，接触除冰盐环境情况，化学介质侵蚀环境减 2 分）	—
3	历史情况	5	a.设计使用年限：大于 10 年，大于 20 年，大于 30 年（大于 10 年减 1 分，大于 20 年减 2 分，大于 30 年减 3 分）	

序号	项目	分值分配	内容及扣分说明	得分
3	历史情况	5	b.用途变更情况：是／否（是减1分） c.使用荷载变化情况：无变化，较小增加，较大增加（较小增加减1分，较大增加减2分） d.遭受地震、洪水、火灾、爆炸作用：是／否（是减1分）	—
4	整体和构件变形	25	a.单层建筑顶点位移小于$H/150$，多层建筑顶点位移小于$H/150$，高层框架顶点位移小于$H/250$，高层框架剪力墙顶点位移小于$H/300$，高层框架筒体顶点位移小于$H/400$：是／否（是减20分） b.结构构件出现不适于继续承载的横向位移或倾斜：是／否（是减20分）	—
5	裂纹局部变形锈蚀情况	40	1) 构件裂纹、表面缺陷、构件锈蚀程度与表面涂装质量等（严重减35分，一般减10分） 2) 连接部分裂缝锈蚀情况 a.检查焊缝外观质量、焊缝长度、焊脚尺寸、焊缝余高等满足要求：是／否（否减5分） b.对螺栓连接检查连接板尺寸、螺栓的布置和外观状态。外观状态包括螺栓断裂、松动、脱落、螺杆弯曲、螺纹外露丝扣数、连接零件是否齐全、连接板变形和锈蚀程度：是／否（否减5分） c.应检查连接板是否有变形：预埋件是否变形或锈蚀：是／否（是减5分） d.对于高强度螺栓的连接，尚应目视连接部位是否发生滑移：是／否（是减5分）	—
6	表面防火防腐涂装	15	具有防火要求的结构构件应检查防火措施的完整性及有效性，采用涂料防火的结构构件应检查涂层的完整性：完整／不完整（不完整减15分）	—
7	抗震能力	10	a.设计图纸执行的规范（20世纪90年代前建筑减5分，20世纪90年代建筑减3分，2000年后建筑减1分） b.平面规则性情况（平面不规则减3分） c.竖向规则性情况（竖向不规则减5分）	—
8	抗风能力	10	a.高宽比和长宽比情况（高宽比＞6.5减5分，高宽比＞6.0减4分，高宽比＞5.5减3分，高宽比＞5.0减2分，高宽比＞4.5减1分） b.平面形状情况等（L、Y、T、工形减2分）	—
9	地基沉降	35	a.当房屋处于自然状态时，地基沉降情况：无沉降／小范围沉降／大范围沉降（小范围沉降减15分，大范围沉降减30分） b.当房屋处于相邻地下工程施工影响时，地基沉降情况：无沉降／小范围沉降／大范围沉降（小范围沉降减15分，大范围沉降减30分）	—
10	房屋整体倾斜及滑移	35	a.两层及两层以下房屋整体倾斜率不大于3%：是／否（否减35分） b.三层及三层以上的多层房屋整体倾斜率不大于2%：是／否（否减35分） c.房屋高度不大于60m的高层建筑整体倾斜率不大于0.7%：是／否（否减35分）；房屋高度大于60m，不大于100m的高层建筑整体倾斜率不大于0.5%：是／否（否减35分） d.地基水平位移量不大于10mm：是／否（否减35分）	—
11	地基引起的结构反应	30	因地基变形引起房屋框架梁、柱及连接节点因沉降出现变形或开裂的情况：是／否（是减30分）	—
12	上部结构总得分		（根据上述1～8项得分结果计算）	
13	地基基础总得分		（根据上述9～11项得分结果计算）	

工程师根据 1~8 项的项目内容，项目分值和结合工程经验对上部承重结构每个项目进行打分，最后汇总得到"总得分"，"总得分"等于原始总得分 × 折减系数［折减系数＝100/（100 ＋"抗震能力"分值＋"抗风能力"分值）］。总得分是评估上部承重结构好坏的量化指标，为后续的评级提供依据。

工程师根据 9~11 项的项目内容，项目分值和结合工程经验对地基基础每个项目进行打分，最后汇总得到"总得分"。总得分是评估地基基础结构好坏的量化指标，为后续的评级提供依据。

（3）直接评估法评级

钢结构直接法评估系统评级分为上部承重结构评级，地基基础评级和综合评级。结合直接法评估系统评级的精度情况，在满足工程需要的前提下，提出评价的级别分为较差，一般和较好三个级别，其中总得分为 0~79 分时，对应的级别为较差，总得分为 80~89 分时，对应的级别为一般，总得分为 90~100 分时，对应的级别为较好，详见表 5.2-6。上部承重结构和地基基础的级别分别根据上部承重结构和地基基础的总得分直接得到，而综合级别取上部承重结构和地基基础级别的较不利级别。

根据综合级别结果，给出项目的处理建议。当级别为较差时，处理建议是进行安全鉴定；当级别为一般时，处理建议是定期进行巡查或监测；当级别为较好时，处理建议是定期进行巡查。

5.5　直接评估方法实例验证

由于鉴定法现场检测工作量大，为了提高既有建筑的评估效率，采用混凝土结构安全直接评估方法进行评估，根据评估结果再与鉴定结果对比，说明混凝土结构安全直接评估方法的合理性和高效性。本研究选取 8 个实际项目的安全评估进行验证。

（1）鉴定法评级结果

表 5.5-1 给出了 8 个工程的基本信息和鉴定评级。

表 5.5-1　工程的基本信息

项目	结构体系	竣工时间	高度	鉴定原因	鉴定评级
项目 1	框架－剪力墙结构	2010 年	56.25m	装修改造	A_{su}
项目 2	框架－剪力墙结构	1982 年	51.6m	功能改造	C_{su}
项目 3	框架结构	1992 年	44.5m	结构改造	C_u
项目 4	框架结构	1996 年	28.5m	功能改造	C_{su}
项目 5	框架结构	1964 年	32m	超过设计使用年限	B_s
项目 6	框架结构	2005 年	29.4m	装修改造	A_{su}

续表

项目	结构体系	竣工时间	高度	鉴定原因	鉴定评级
项目7	框架结构	1998年	20.9m	装修改造	A_{su}
项目8	框架－剪力墙结构	2011年	18.5m	功能改造	B_u

（2）直接评估法得分

工程师依据数据库内建筑物数据资料，结合工程经验，对上部承重结构各指标进行评分，形成上部承重结构评分表（表5.5-2）和地基基础评分表（表5.5-3）。

表5.5-2 上部承重结构评分表

序号	项目	项目1	项目2	项目3	项目4	项目5	项目6	项目7	项目8
1	结构体系和布置	10	10	10	8	10	10	10	10
2	连接关系	10	6	6	8	10	10	10	10
3	裂缝和损坏情况	31	24	24	25	31	31	31	28
4	整体和构件变形	20	20	20	20	20	15	15	20
5	耐久性	10	7	8	9	7	15	14	10
6	环境情况	5	5	5	5	5	5	5	4
7	历史情况	5	5	5	4	2	4	5	5
8	总得分	91	77	78	79	85	90	90	87

表5.5-3 地基基础评分表

序号	项目	项目1	项目2	项目3	项目4	项目5	项目6	项目7	项目8
1	地基沉降	30	30	30	30	30	30	30	30
2	房屋整体倾斜及滑移	40	40	40	40	40	40	40	40
3	地基引起的结构反应	30	30	30	30	30	30	30	30
4	总得分	100	100	100	100	100	100	100	100

综合评分表取上部承重结构评分表和地基基础评分表的较小值，综合评分表见表5.5-4。

表5.5-4 综合评分表

序号	项目	项目1	项目2	项目3	项目4	项目5	项目6	项目7	项目8
1	上部承重结构评分表	91	77	78	79	85	90	90	87

续表

序号	项目	项目 1	项目 2	项目 3	项目 4	项目 5	项目 6	项目 7	项目 8
2	地基基础评分表	100	100	100	100	100	100	100	100
3	综合评分表	91	77	78	79	85	90	90	87

（3）直接评估法评级

直接评估法评分与鉴定评级见表 5.5-5。从表中结果可知直接评估法分数 90 分及以上对应的鉴定结果级别为 A_{su}；直接评估法分数 80～89 分对应的鉴定结果级别为 B_{su}；直接评估法份数小于 80 分对应的鉴定结果级别为 C_{su}。

表 5.5-5　直接评估法评分与鉴定评级

序号	项目	项目 1	项目 2	项目 3	项目 4	项目 5	项目 6	项目 7	项目 8
1	上部承重结构级别	较好	较差	较差	较差	一般	较好	较好	一般
	地基基础级别	较好	较好	较好	较好	较好	较好	较好	较好
	综合级别	较好	较差	较差	较差	一般	较好	较好	一般
2	鉴定评级	A_{su}	C_{su}	C_{su}	C_{su}	B_{su}	A_{su}	A_{su}	B_{su}

不同评估方法所花费时间也不同，经统计采用直接评估法对既有建筑物进行安全性评估，评估效率一般可提高 50% 以上。

5.6　本章小结

（1）结构的安全性受到很多因素制约，根据工程实践归纳形成影响混凝土结构和砌体结构安全的 12 个主要项目（裂缝和损坏情况，耐久性，整体和构件变形，结构体系和布置，连接关系，抗震能力，抗风能力，环境情况，历史情况，房屋整体倾斜及滑移，地基沉降和地基引起的裂缝），以及影响钢结构安全的 11 个主要项目（结构体系和布置，环境情况，历史情况，整体和构件变形，裂纹局部变形锈蚀情况，表面防火防腐涂装，抗震能力，抗风能力，地基沉降，房屋整体倾斜及滑移和结构变形）。

（2）采用层次分析法给出混凝土结构和砌体结构 12 个主要项目的评估分值分配，以及钢结构 11 个主要项目的评估分值分配，为工程师采用直接评估法进行安全评估提供依据。

（3）根据直接评估方法的综合得分与鉴定法的评定等级结果的对比分析，将直接评估法评级划分为较差、一般和较好三级，方便利用评估系统对既有建筑进行快速分类和定级。

（4）对正常使用的既有建筑进行安全评价，采用安全鉴定方式存在现场作业人员数量多、检测工作量大等问题，采用结构安全直接评估方法可节省人力和时间成本50%以上。

（5）根据8个典型实际项目的评估结果，验证了结构安全直接评估方法的合理性，为同类项目的安全评估提供参考。

本章参考文献

[1] 马立平. 层次分析法 [J]. 北京统计，2000（7）：38-39.

第6章 结构安全层次评估方法

6.1 结构安全层次评估方法概述 ....

本章采用层次分析的方法，建立一种不需要进行承载力验算即可评估结构安全风险状况的评价机制。层次评估法主要应用在对单体建筑上部承重结构的安全风险评估，采集构件信息，适用于对单体建筑的详查，可明确风险点的具体位置和程度。

相对于常规的检测鉴定，结构安全层次评估法通过评价构件的表观质量对结构进行评估，而无需进行构件承载力验算，更便于现场调查人员的数据采集及分析，同时显著降低了大规模评估的成本，更符合快速评估的特点，更适合在城乡建筑群等存在大规模老旧建筑场景中推广应用。

结构安全层次评估方法通过构件－楼层－上部承重结构3个层次的评估，最终得出上部承重结构的安全风险等级，图6.1-1为结构安全层次评估系统示意图。

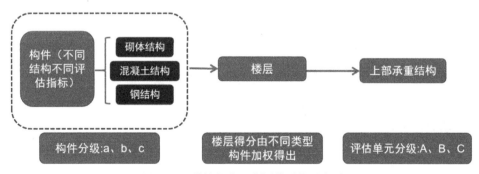

图 6.1-1 结构安全层次评估系统示意图

上部承重结构安全状态评定按三个层次进行：

（1）第一层次为构件安全风险等级判定，其等级定为a、b、c（分别对应的损伤程度因子为0、0.5、1.0）；

（2）第二层次为楼层安全风险评分；

（3）第三层次为上部承重结构安全风险评分，根据其评分数值划定其等级评定为A、B、C三个等级。

6.2 结构安全层次评估法基本原则

结构安全层次评估应在对调查、查勘、检测的数据资料全面分析的基础上进行综合评定。

房屋安全层次评估应以上部承重结构构件的危险性程度判定为基础，结合下列因素进行全面分析和综合判断：

（1）各构件的损伤程度；

（2）各构件在整栋房屋中的重要性或地位；

（3）各构件在整栋房屋中的数量和比例；

（4）各构件相互关联作用及对房屋整体稳定性的影响。

在上部承重结构构件安全性呈关联状态时，应依据结构的关联性判定其影响范围。例如当本层下任一楼层中竖向承重构件（含基础）评定为危险构件时，本层与该危险构件上下对应位置的竖向构件无论其是否评定为危险构件，均应计入危险构件数量。

构件安全风险等级判定时，取构件各判定指标中最不利的指标等级作为构件的安全风险等级。

在分层计算时，对于局部地下室或局部出屋面楼层，可合并归入相邻楼层计算安全风险评估等级，不单独作为一层计算。

6.3 构件安全等级评定

6.3.1 构件划分一般规定

分层评价法单个构件可按墙、柱、梁式构件、杆、板、桁架、拱架、网架、折板、壳、柔性构件进行分类，单个构件的划分应符合下列规定：

（1）墙应包括下列内容：

1）砌筑横墙一层高、一自然间的一轴线为一个构件；

2）不带壁柱的砌筑纵墙一层高、一自然间的一轴线为一个构件；

3）带壁柱的墙、剪力墙按计算单元的划分确定。

（2）柱应包括下列内容：

1）整截面柱一层、一根为一个构件；

2）组合柱一层、含所有柱肢和缀板的整根为一个构件。

（3）梁式构件，一跨、一根为一个构件；当为连续梁时，可取一整根为一个构件。

（4）杆（包括支撑），仅承受拉力或压力的一根杆为一个构件。

（5）板应包括下列内容：

1）现浇板按计算单元的划分确定；

2）预制板一块为一个构件；

3）组合楼板一个柱间为一个构件；

4）木楼板、木屋面板一开间为一个构件。

（6）桁架、拱架，一榀为一个构件。

（7）网架、折板和壳，一个计算单元为一个构件。

（8）柔性构件，两个节点间仅承受拉力的一根连续的索、杆、棒等为一个构件。

6.3.2　混凝土结构构件安全等级评定

混凝土结构构件的检查内容详第 4 章相应内容。

系统中录入的墙、柱、梁、板主要记录其裂缝、损伤、钢筋锈蚀和变形情况，每类评估程度均分为轻度、中度、严重共 3 种评价。对墙、柱、梁、板来说，取其裂缝、损伤、钢筋锈蚀和变形四项指标中最严重程度来定安全等级，即若裂缝、损伤、钢筋锈蚀和变形中存在一项"严重"，则此构件评定为"严重"。

6.3.3　砌体结构构件安全等级评定

砌体结构构件的检查内容详第 4 章相应内容。

系统中录入的墙、柱主要记录其裂缝和变形情况，梁、板构件主要记录其裂缝、变形和钢筋锈蚀情况，每类评估程度均分为轻度、中度、严重共 3 种评价。对墙、柱来说，取其裂缝和变形的最严重程度来定安全等级，若裂缝和变形中存在一项"严重"，则此构件评定为"严重"；对梁、板构件来说，若裂缝、变形和钢筋锈蚀三个指标中存在一项"严重"，则此构件评定为"严重"。

6.3.4　钢结构构件安全等级评定

钢结构构件的检查内容详第 4 章相应内容。

系统中录入的柱、梁、支撑、钢桁架主要记录其裂缝、局部变形、涂层完整性、钢材锈蚀和构件整体变形情况，钢节点主要记录其节点外观质量，对螺栓增加其松动滑移情况、连接板变形锈蚀情况，每类评估均分为轻度、中度、严重共 3 种评价。对柱、梁、支撑、钢桁架来说，取其裂缝、局部变形、涂层完整性、钢材锈蚀和构件整体变形的最严重程度来定安全等级，若其中存在一项"严重"，则此构件评定为"严重"；对钢节点来说，若外观质量、松动滑移情况、连接板变形锈蚀情况中存在一项"严重"，则此构件评定为"严重"。

6.4　结构安全层次评估算法

本章结构安全层次评估方法是建立在层次分析法（AHP）基础上，基于模糊理论的一种层次评估方法，该方法能充分考虑不同类型构件、不同损伤程度以及不同构件之间的相互关联、各构件数量比例对结构安全的影响，最终形成的评估体系。

6.4.1　层次分析法 AHP 原理

（1）原理与简介

层次分析法（AHP）是美国运筹学家萨蒂于 20 世纪 70 年代初，为美国国防部研究"根据各个工业部门对国家福利的贡献大小而进行电力分配"课题时，应用网络系统理论和多目标综合评价方法，提出的一种层次权重决策分析方法[1]。

层次分析法是一种解决多目标的复杂问题的定性与定量相结合的决策分析方法。该方法将定量分析与定性分析结合起来，用决策者的经验判断各衡量目标之间能否实现的标准之间的相对重要程度，并合理地给出每个决策方案的每个标准的权数，利用权数求出各方案的优劣次序，比较有效地应用于那些难以用定量方法解决的课题[2]。

层次分析法的基本思路是首先将所要分析的问题层次化；再根据问题的性质和所要达成的总目标，将问题分解为不同的组成因素，并按照这些因素的关联影响及其隶属关系，将因素按不同层次凝聚组合，形成一个多层次分析结构模型；最后，对问题进行优劣比较并排列。

（2）建立层次结构模型

将决策的目标、考虑的因素（决策准则）和决策对象按照它们之间的相互关系分为最高层、中间层和最低层，绘出层次结构图。

最高层确定决策的目的、要解决的问题，中间层确定考虑的因素、决策的准则，最低层确定处理措施和实施方案，而对于相邻的两层中称高层为目标层，低层为因素层。

（3）构建指标间成对比较矩阵

层次分析法中构造判断矩阵的方法是一致矩阵法，即：不把所有因素放在一起比较，而是两两相互比较；此时采用相对尺度，以尽可能减少性质不同因素相互比较的困难，以提高准确度。本章用 C_{ij} 表示构件 i 和构件 j 对结构的影响之比，按表 6.4-1 标度方法形成判断矩阵 $C=(C_{ij})$。

表 6.4-1　判断矩阵 C_{ij} 的标度

标度	含义
1	表示两个因素相比，具有同样重要性
3	表示两个因素相比，一个因素比另一个因素稍微重要

续表

标度	含义
5	表示两个因素相比，一个因素比另一个因素明显重要
7	表示两个因素相比，一个因素比另一个因素强烈重要
9	表示两个因素相比，一个因素比另一个因素极端重要
2，4，6，8	上述两相邻判断的中值
倒数	因素 i 与 j 比较的判断 C_{ij}，则因素 j 与 i 比较的判断 $C_{ji} = 1/C_{ij}$

（4）权重计算

判断矩阵 C 的最大特征值对应的特征向量即为权重向量，记为 W。

（5）层次单排序及一致性检验

对应于判断矩阵最大特征根 λ_{max} 的特征向量，经归一化（使向量中各元素之和为 1）后记为 W [$W = (w_1, w_2, \cdots, w_n)^T$]。W 的元素为同一层次元素对于上一层因素某因素相对重要性的排序权值，这一过程称为层次单排序。

（6）确定各层级因素指标的权重分布

6.4.2　结构安全层次评估算法

（1）采用层次分析法得到各类构件权重

砌体结构构件评级中各类构件的重要性系数可按表 6.4-2 采用。

表 6.4-2　砌体结构典型各类构件重要性系数

承重墙	屋架	中梁	边梁	次梁	楼（屋）面板
2.7	1.9	1.9	1.4	1.0	1.0

混凝土结构构件评级中各类构件的重要性系数可按表 6.4-3 采用。

表 6.4-3　混凝土结构典型各类构件重要性系数

中柱	边柱	角柱	承重墙	屋架	中梁	边梁	次梁	楼（屋）面板
3.5	2.7	1.8	2.7	1.9	1.9	1.4	1.0	1.0

钢结构评级中各类构件的重要性系数可按表 6.4-4 采用。

表 6.4-4　钢结构典型各类构件重要性系数

中柱	边柱	角柱	屋架	中梁	边梁	次梁	钢节点	钢桁架	支撑
3.5	2.7	1.8	1.9	1.9	1.4	1.0	2.0	1.0	1.0

（2）第 i 层存在安全风险构件的比例系数

$$LS_i = \frac{\displaystyle\sum_{f=1}^{m}\omega_f \sum_{j=1}^{N_f}D_{j,f}}{\displaystyle\sum_{f=1}^{m}\omega_f N_f} \qquad (6.4\text{-}1)$$

式中　m——第 i 层构件类型的种类总数；

$\quad\ N_f$——第 f 种构件类型的总数量；

$\quad\ \omega_f$——第 f 种构件类型的重要性系数；各类构件的重要性系数可按表 6.4-2～表 6.4-4 采用；

$\quad\ D_{j,f}$——第 f 种构件类型第 j 根构件的风险程度因子（构件的安全风险评估等级 a、b、c 分别对应的风险程度因子为 0、0.5、1.0）。

上部承重结构存在安全风险构件的比例系数按式（6.4-2）计算。

$$R = \frac{\displaystyle\sum_{i=1}^{n}\alpha_i\left(\sum_{f=1}^{m}\omega_f\sum_{j=1}^{N_{f,i}}D_{j,f}\right)}{\displaystyle\sum_{i=1}^{n}\alpha_i\left(\sum_{f=1}^{m}\omega_f N_{f,i}\right)} \qquad (6.4\text{-}2)$$

$$\alpha_i = \frac{n-i+1}{1+2+\cdots+n} \qquad (6.4\text{-}3)$$

式中　n——建筑地上楼层的层数；

$\quad\ m$——第 i 层构件类型的种类总数；

$\quad\ D_{j,f}$——第 f 种构件类型第 j 根构件的风险程度因子（构件的安全风险评估等级 a、b、c 分别对应的风险程度因子为 0、0.5、1.0）；

$\quad\ N_f$——第 f 种构件类型的总数量；

$\quad\ \omega_f$——第 f 种构件类型的重要性系数；

$\quad\ \alpha_i$——第 i 层的重要性系数；由式（6.4-3）确定。

上部承重结构的安全风险评估等级按下列规定判定：

当 $R \leqslant 5\%$ 时，上部承重结构安全风险评估等级可评估为 A 级；

当 $5\% < R < 30\%$ 时，上部承重结构安全风险评估等级可评估为 B 级；

当 $R \geqslant 30\%$ 时，上部承重结构安全风险评估等级应评估为 C 级；

当存在 i 楼层 $LS_i \geqslant 30\%$ 时，上部承重结构所评等级应降低一级。

6.5　结构安全层次评估法调查表格

由于结构安全层次评估法需要构件信息的录入，为方便调查中调查人员记录构件相关信息，本节提供了三种上部承重结构类型的调查表格（表 6.5-1～表 6.5-3），以便调查人员参考使用。

表 6.5-1　砌体结构构件安全风险评估表（层次分析法）

委托单位（委托人）		联系人	
		联系电话	
建筑名称			
建筑地点			

楼层	构件				单层 LS_i
	承重墙	柱	次梁	板	
第1层	a__ b__ c__	a__ b__ c__	a__ b__ c__	a__ b__ c__	
	共__个	共__个	共__个	共__个	
第2层	a__ b__ c__	a__ b__ c__	a__ b__ c__	a__ b__ c__	
	共__个	共__个	共__个	共__个	
第3层	a__ b__ c__	a__ b__ c__	a__ b__ c__	a__ b__ c__	
	共__个	共__个	共__个	共__个	
第4层	a__ b__ c__	a__ b__ c__	a__ b__ c__	a__ b__ c__	
	共__个	共__个	共__个	共__个	
第5层	a__ b__ c__	a__ b__ c__	a__ b__ c__	a__ b__ c__	
	共__个	共__个	共__个	共__个	
第6层	a__ b__ c__	a__ b__ c__	a__ b__ c__	a__ b__ c__	
	共__个	共__个	共__个	共__个	

$R = \sum_{i=1}^{n} \alpha_i LS_i$			
评价结果 *	□A级□B级□C级	评价单位（盖章）	
评价人员（签字）		评价日期	年　月　日

其他说明：

注：* 评价结果确认时将正方形框（□）涂黑（■）

表 6.5-2 混凝土结构构件安全风险评估表（层次分析法）

委托单位（委托人）					联系人	
					联系电话	
建筑名称						
建筑地点						

楼层	构件					单层 LS_i
	承重墙	柱	框架梁	次梁	板	
第1层	a__ b__ c__	a__ b__ c__	a__ b__ c__	a__ b__ c__	a__ b__ c__	
	共__个	共__个	共__个	共__个	共__个	
第2层	a__ b__ c__	a__ b__ c__	a__ b__ c__	a__ b__ c__	a__ b__ c__	
	共__个	共__个	共__个	共__个	共__个	
第3层	a__ b__ c__	a__ b__ c__	a__ b__ c__	a__ b__ c__	a__ b__ c__	
	共__个	共__个	共__个	共__个	共__个	
第4层	a__ b__ c__	a__ b__ c__	a__ b__ c__	a__ b__ c__	a__ b__ c__	
	共__个	共__个	共__个	共__个	共__个	
第5层	a__ b__ c__	a__ b__ c__	a__ b__ c__	a__ b__ c__	a__ b__ c__	
	共__个	共__个	共__个	共__个	共__个	
第6层	a__ b__ c__	a__ b__ c__	a__ b__ c__	a__ b__ c__	a__ b__ c__	
	共__个	共__个	共__个	共__个	共__个	

$$R = \sum_{i=1}^{n} \alpha_i LS_i$$

评价结果*	□A级 □B级 □C级	评价单位（盖章）	
评价人员（签字）		评价日期	年 月 日

其他说明：

注：* 评价结果确认时将正方形框（□）涂黑（■）

表 6.5-3　钢结构构件安全风险评估表（层次分析法）

委托单位（委托人）				联系人	
				联系电话	
建筑名称					
建筑地点					

楼层	构件					
	柱	支撑	框架梁	次梁	板	单层 LS_i
第1层	a__ b__ c__	a__ b__ c__	a__ b__ c__	a__ b__ c__	a__ b__ c__	
	共__个	共__个	共__个	共__个	共__个	
第2层	a__ b__ c__	a__ b__ c__	a__ b__ c__	a__ b__ c__	a__ b__ c__	
	共__个	共__个	共__个	共__个	共__个	
第3层	a__ b__ c__	a__ b__ c__	a__ b__ c__	a__ b__ c__	a__ b__ c__	
	共__个	共__个	共__个	共__个	共__个	
第4层	a__ b__ c__	a__ b__ c__	a__ b__ c__	a__ b__ c__	a__ b__ c__	
	共__个	共__个	共__个	共__个	共__个	
第5层	a__ b__ c__	a__ b__ c__	a__ b__ c__	a__ b__ c__	a__ b__ c__	
	共__个	共__个	共__个	共__个	共__个	
第6层	a__ b__ c__	a__ b__ c__	a__ b__ c__	a__ b__ c__	a__ b__ c__	
	共__个	共__个	共__个	共__个	共__个	

$$R = \sum_{i=1}^{n} \alpha_i LS_i$$

评价结果*	□A级 □B级 □C级	评价单位（盖章）	
评价人员（签字）		评价日期	年　月　日

其他说明：

注：* 评价结果确认时将正方形框（□）涂黑（■）

6.6　本章小结 ···

　　本章以层次分析法为主线，建立了从结构构件到楼层，再到上部承重结构的评价机制，最后综合得到总体安全性等级。

　　层次分析法评估机制主要根据构件状况进行安全风险等级判定，获取构件信息后，依据构件的各项状况内容，先对构件进行安全风险等级判定。对于单个构件，根据各项状况内容中评估程度最严重（最不利）的评估结果来定义构件的安全风险等级，并对构件赋予与安全风险等级相对应的分值。将同一楼层中各类型构件分值依构件重要性进行加权求和，从而得出楼层得分。各楼层再依据各楼层权重比进行加权求和，最终得出上部承重结构的安全风险得分，并依此确定上部承重结构的安全风险等级。

　　层次分析法确立了一种由构件层次到总体结构的全面安全风险评估机制，既适用于大规模的快速排查，也在一定程度上能对既有建筑进行细致的安全风险评估。本方法能通过构件外观质量输出构件、楼层及上部承重结构三个层次的安全风险等级，无需进行承载力验算。结果便于理解、使用，对于安全排查等常见事务是有力手段。

本章参考文献 ···

［1］魏海霞，赵明，祝杰. 基于模糊层次分析法的建筑结构安全评价体系研究［J］. 水利与建筑工程学报，2019（5），181-186.

［2］裴兴旺. 既有建筑结构安全性综合评定方法研究.［D］，西安：西安建筑科技大学，2015.

第7章 结构安全人工智能评估方法

7.1 人工智能评估方法概述

因房屋安全问题导致的事故会造成重大的经济损失并危害生命安全。由于使用年限已久、材料的正常老化、维护不到位、未按图纸施工等原因，房屋的安全风险也随时间慢慢累积。而常规的可靠性鉴定流程成本高且耗时耗力，较少业主会在房屋发生重大损伤前主动委托进行安全鉴定，因此有必要研究快速的安全评估算法，实现建筑群大批量的结构安全监测，及时排查房屋安全隐患。

结构安全评估方法在国内外已有不少研究。目前《民用建筑可靠性鉴定标准》GB 50292—2015（下文简称《鉴定标准》）采用实用鉴定法和概率鉴定法，对建筑物及环境应用各种检测手段进行周密的调查、检查和测试，并应用有限元分析建筑物的性能和状态，是一种基于数据统计推断建筑物可靠性的方法。此外，张协奎等[1]运用层次分析法对房屋完损等级进行评定；李静等[2]基于上海市房屋情况，探讨了上海市房屋安全管理体系的架构，并运用故障树方法来查找分析房屋安全隐患；袁春燕[3]建立了层次结构模型，利用模糊积分的综合评定方法对房屋安全状态进行评定；赵克俭[4]基于邓聚龙[5]的灰色系统理论提出房屋可靠性灰色综合评判的基本理论。

以《鉴定标准》为例，现场调查后还需进行有限元建模分析和实验室材料试验作为评估依据，鉴定流程成本高且耗时耗力。而采用深度学习代替传统的结构有限元分析已有一定研究。例如，基于循环神经网络（RNN）和贝叶斯训练的地震响应预测[6]；基于LSTM神经网络的实时震损评估[7]；利用神经网络预测RC框架结构的地震损伤等[8]。

因此本章采用相同的思想，提出基于深度学习的建筑结构安全评估方法，使构件承载力等指标通过神经网络，从更基础的数据推理、映射得出，把原本复杂的结构计算转换为简单的神经网络前馈计算，实现快速评估。本章以45~50个涵盖承载能力、耐久性、历史记录和环境情况等因素，基于《鉴定标准》的调查与检测要求和考虑易获取性得出的变量作为输入，同样基于《鉴定标准》的安全等级作为输出，采用深度置信网络学习输入与输出间的非线性映射关系。AI智能评估系统融入了迷失深林算法，对输入数据进行缺值插补；结合变分自编码器算法缓解小样本和样本不均衡的问题，提升模型的泛化性能；对神经网络的训练提出了加权交叉熵损失函数的优化方法，使神经网络训练引入对不安全类别的倾向性，提高对不安全类别的查全率。AI 智能评估系统架构如图 7.1-1 所示。

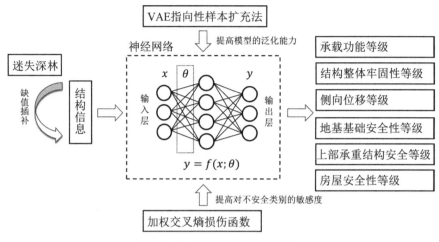

图 7.1-1　AI 智能评估系统架构

7.2　结构安全评估模型

房屋可靠性鉴定流程可看作收集的结构特性数据与房屋安全等级的映射，利用神经网络强大的非线性拟合能力，对已有鉴定项目的深度挖掘。本质上属于机器学习上的分类任务。

基于神经网络的识别方法受建模误差和测量误差的影响，识别结果有一定任意性。但是，随着该方法的应用，新增的样本能促进和完善模型的评估性能，理论上具有较高准确率，不受建筑类型限制的优势，从预警决策的角度考量，应用深度学习具有一定可行性。

7.2.1　神经网络

神经网络的目的是近似某个函数 f^*。对于分类器，$y = f^*(x)$ 将输入 x 映射到一个类别 y，即神经网络定义了一个映射，$y = f(x; \theta)$，并学习参数 θ 的值，使它能够得到最佳的函数近似[9]。神经网络通常表示为许多不同函数的复合 $f(x) = f^{(3)}(f^{(2)}(f^{(1)}(x)))$，从而实现不同深度的模型容量来匹配应用问题的复杂度，并且通过激活函数引入非线性变换，使得网络隐藏单元足够的前提下，神经网络可以以任意精度来近似任何从一个有限维空间到另一个有限维空间的 Borel 可测函数[10]。神经网络架构如图 7.2-1 所示。

影响基于神经网络的评估模型的准确性和鲁棒性的主要因素有：网络输入和输出参数的选择、训练样本的充足性和均衡性、超参数训练收敛解的局部性等。

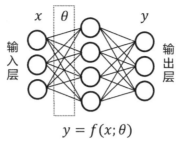

$$y = f(x; \theta)$$

图 7.2-1　神经网络架构

7.2.2　输入参数

网络输入和输出参数的选择，直接影响评估模型的合理性。《鉴定标准》的检测和调查要求涵盖对结构安全有重要影响的结构特征，因此参考该标准的内容（表 7.2-1）并兼顾数据采集的便利性和普适性，使非专业人士也能快速进行调查，拟定输入参数，以钢筋混凝土结构为例，参数见表 7.2-2。

表 7.2-1　调查和检测要求

类别	要求
结构上作用	永久作用与可变作用、灾害作用
建筑所处环境	气象环境与地质环境、结构工作环境、灾害环境
使用历史情况	建筑物设计与施工、用途和使用年限、维修与加固、用途变更与扩建、使用荷载、遭受灾害情况
地基基础现状	图纸资料、沉降和上部结构倾斜、地基种类和材料性能
上部结构现状	结构体系及整体牢固性、结构构件及其连接、结构缺陷、损伤和腐蚀、结构位移和变形

表 7.2-2　混凝土结构特征输入参数

参数类别	拟定输入参数
几何信息	结构体系、平面形状、长宽比、高宽比、X 与 Y 向跨度比
历史使用情况	使用年限、使用荷载变化情况、遭受灾害次数、是否扩建、是否加层、加固改造次数
地基基础	地基沉降情况、整体倾斜、水平位移量、继续滑动迹象
周边环境	周边基坑开挖、强振动环境、环境类别
整体牢固性	构件间断、竖向收进和外挑、楼板不连续、结构构件的平面布置、竖向构件与填充墙的拉结构造
荷载信息	楼板拉结情况、抗震设防类别、抗震设防烈度、场地类别、基本风压、地面粗糙度类别
梁构件	梁出现裂缝程度、混凝土损伤程度、钢筋锈蚀程度、变形程度
柱构件	柱出现裂缝程度、混凝土损伤程度、钢筋锈蚀程度、变形程度
墙构件	墙出现裂缝程度、混凝土损伤程度、钢筋锈蚀程度、变形程度
板构件	板出现裂缝程度、混凝土损伤程度、钢筋锈蚀程度、变形程度

输入参数的取值按类型分为数值型、布尔型和分桶型。大部分的输入特征属于程度描述的连续型变量，经分桶（bucketized）处理后变为几个有代表性的离散值，如无、少量、大量等程度描述，详见表 7.2-3。

表 7. 2-3　混凝土结构典型输入参数取值

输入参数	参数取值范围
结构体系	0.框架结构 1.剪力墙结构 2.框剪结构 3.框架核心筒结构
平面形状	0.规则 1.基本规则 2.不规则 3.严重不规则
长宽比	具体数值
高宽比	具体数值
X 与 Y 向跨度比	具体数值
使用年限	具体数值
使用荷载变化情况	0.无变化 1.较小变化 2.较大变化
遭受灾害次数	具体数值
是否扩建	0.是 1.否
是否加层	0.是 1.否
加固改造次数	具体数值
地基沉降情况	0.无沉降 1.小范围沉降 2.大范围沉降
整体倾斜	具体数值
水平位移量	具体数值
继续滑动迹象	0.是 1.否
周边基坑开挖	0.无开挖 1.轻度影响 2.严重影响
强振动环境	0.是 1.否
环境类别	0.一般环境 1.冻融环境 2.近海环境 3.接触除冰盐环境 4.化学侵蚀环境
构件间断	0.无 1.轻度 2.中度 3.严重
竖向收进和外挑	0.无 1.轻度 2.中度 3.严重
楼板不连续	0.无 1.轻度 2.中度 3.严重
结构构件的平面布置	0.对称 1.基本对称 2.不对称
竖向构件与填充墙的拉结构造措施	0.良好 1.一般 2.差
楼板拉结情况	0.良好 1.一般 2.差
抗震设防类别	0.甲类 1.乙类 2.丙类 3.丁类
抗震设防烈度	6 度（0.05g）、7 度（0.10g）、7 度（0.15g）、8 度（0.20g）、8 度（0.30g）、9 度（0.40g）
场地类别	I0、I1、II、III、IV
基本风压	具体数值
地面粗糙度类别	A、B、C、D
梁出现裂缝程度	0.无裂缝 1.少量构件有裂缝 2.大量构件有裂缝

续表

输入参数	参数取值范围
梁混凝土损伤程度	0. 无损伤 1. 少量构件有损伤 2. 大量构件有损伤
梁钢筋锈蚀程度	0. 无锈蚀 1. 少量构件有锈蚀 2. 大量构件有锈蚀
梁出现变形程度	0. 无变形 1. 少量构件出现变形 2. 大量构件出现变形
柱出现裂缝程度	0. 无裂缝 1. 少量构件有裂缝 2. 大量构件有裂缝
柱混凝土损伤程度	0. 无损伤 1. 少量构件有损伤 2. 大量构件有损伤
柱钢筋锈蚀程度	0. 无锈蚀 1. 少量构件有锈蚀 2. 大量构件有锈蚀
柱出现变形程度	0. 无变形 1. 少量构件出现变形 2. 大量构件出现变形
墙出现裂缝程度	0. 无裂缝 1. 少量构件有裂缝 2. 大量构件有裂缝
墙混凝土损伤程度	0. 无损伤 1. 少量构件有损伤 2. 大量构件有损伤
墙钢筋锈蚀程度	0. 无锈蚀 1. 少量构件有锈蚀 2. 大量构件有锈蚀
墙出现变形程度	0. 无变形 1. 少量构件出现变形 2. 大量构件出现变形
板出现裂缝程度	0. 无裂缝 1. 少量构件有裂缝 2. 大量构件有裂缝
板混凝土损伤程度	0. 无损伤 1. 少量构件有损伤 2. 大量构件有损伤
板钢筋锈蚀程度	0. 无锈蚀 1. 少量构件有锈蚀 2. 大量构件有锈蚀
板出现变形程度	0. 无变形 1. 少量构件出现变形 2. 大量构件出现变形

7.2.3 输出参数

与输入参数对应，输出参数亦取《鉴定标准》的评定结果。《鉴定标准》第 10.0.3 条规定，系统各层次的可靠性等级，按安全性和使用性等级中较低的一个等级确定，由于本系统旨在评估结构安全隐患，因此采用安全性等级作为输出参数。其中，附属结构的安全性等级依赖于与其连接的承重构件，而且附属结构的状况对结构安全影响较小，因此输出参数中不包括附属结构的安全等级。此外，上部承重结构的安全性等级可由承载功能、整体性、侧向位移等级推断，而房屋安全性等级则依赖于地基基础、上部结构和围护系统安全等级，因此取承载功能、整体牢固性、侧向位移、地基基础安全性等级作为输出参数。《鉴定标准》中安全等级可分为 4 级，从程度上区分，A_u 级为完好，B_u 级为轻微损伤，C_u 级和 D_u 级均为有隐患，因此从预警的角度看，C_u 和 D_u 级可归并为 C 级，如表 7.2-4 所示。

表 7.2-4 输出参数取值

输出参数	取值范围
承载功能等级	A、B、C
结构整体牢固性等级	A、B、C
侧向位移等级	A、B、C
地基基础安全性等级	A、B、C

7.2.4　最优网络架构

关于最优的隐藏层个数、每层神经元个数等超参数的选择已有深入的研究，例如网格搜索、随机搜索等[11]。本节关注作为映射关系的主体，输入和输出参数本身，探讨输入参数的选择对判别准确率的影响。现实学习任务中常根据经验或专家知识选取输入和输出参数，但输入参数对输出分类评定的贡献度有所差异，不排除有部分输入参数与输出分类没有明显相关性。因此本节通过人为和随机的方式选择部分输入参数，探究其对分类准确性的影响。

本学习任务共有 4 个输出参数，每个参数均有 3 个等级，因此面临同时学习 4 个参数和分开 4 个模型分别学习的选择。由于同时学习 4 个参数所需的模型容量显然比只学习 1 个参数更大，训练难度可以理解为从用一条曲线划分二维空间，到用高维的超平面划分高维空间。从理论上说，当训练样本数量不满足模型容量需求时，拆分为独立任务学习准确性更高，而有充足的样本时，同时学习多个输出参数能使神经网络综合考虑各输出参数的相关性，对由于输入参数的误差有更强的适应性。因现阶段可用样本不足，本研究结果均采用拆分为独立任务的学习方式。

实验组分为采用全部拟定输入参数（45 个）、根据经验选择重要参数（15 个）、随机选择输入参数（15 个）三大类。为最大限度保证不同输入的情况下神经网络性能的可比性，各学习任务保持相同的初始超参数，如隐藏层数、每层神经元个数等，通过跟踪学习过程中训练组和验证组的损失（Loss），以验证组的损失值达到平稳或有增加趋势的过拟合点，作为模型的训练完成点。有完整鉴定报告的样本和根据工程师经验创造的共 352 个样本按 7∶3 的比例划分训练集和评估集。由于神经网络每次训练的性能均有一定浮动，因此评估准确率采用 10 次训练的平均准确率。

图 7.2-2 为 4 个不同输入参数组合下模型对于承载功能等级、结构整体牢固性等级和地基基础安全性等级的评估准确率，输入参数组合分别为采用全部输入特征、采用重要输入特征、采用随机输入特征第一组、采用随机输入特征第二组。

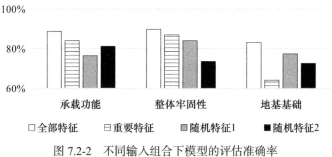

图 7.2-2　不同输入组合下模型的评估准确率

由图 7.2-2 可知，采用全部输入特征时模型的评估性能最好，主要原因是采用全部输入参数时可避免因个人经验的差异而遗漏重要参数，而且与输出相关性不大的输入特征一定程度上近似于噪声的作用，增强了模型的鲁棒性。

7.2.5　深度置信网络

神经网络训练的一大难题是容易陷入局部最优解，导致模型仅对训练样本有较好的评估能力，即过拟合。深度置信网络（DBN）[12]综合了判别式模型和生成式模型的优点，先把网络结构看作层叠的受限玻尔兹曼机（RBM）[13]，通过贪心法训练逐层搜索最优参数，利用无监督训练的思想提炼输入参数的内在特征，然后以此参数作为判别式模型的初始权重值，如图 7.2-3 所示。深度置信网络结合生成式模型改进分类模型，对复杂任务有较强的学习能力。

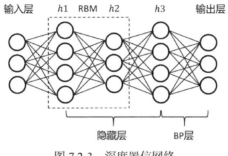

图 7.2-3　深度置信网络

采用相同网络结构的前馈神经网络和深度置信网络对 4 个指标的评估准确率如图 7.2-4 所示，结果表明在当前学习任务难度下，深度置信网络的评估性能与前馈神经网络相近，但深度置信网络能更快找到最优解，在大规模训练下能显著提升训练效率。

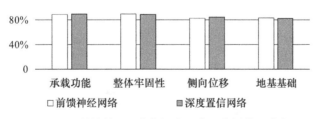

图 7.2-4　前馈神经网络与深度置信网络评估准确率

7.3　缺值问题

由于种种原因，已有房屋安全数据库的某些输入特征缺值和待评估的房屋数据收集不全等情况难以避免。大部分机器学习算法都要求训练集无缺失值。研究指出，当数据缺失率超过 60% 时，无论如何补救，研究数据都将失去使用意义[14]。而缺值处理的方法不当，亦会导致分析结果的偏差。

早期简单的插补方法有均值插补、回归插补等方法，后期较为成熟且应用广泛的插补算法有 k 最邻近（KNN）插补法[15]、EM（Expectation Maximization）算法[16]以及多重插补法（MICE）[17]。

大部分缺值插补算法只能处理单一数据类型，如 EM 算法只适用于连续性数据。由于本应用的输入特征涉及连续性和分类型（categorical），基于随机深林（Random Forest）的迷失深林（MissForest）算法更加适合。Stekhoven 等[18]在连续型变量、分类型变量和混合变量插补任务中分别对比了迷失深林和 k 最邻近插补法、基于 EM 算法的 MissPALasso 算法和基于多变量多重插补（MICE）算法结果表明，在单数据类型插补任务中迷失深林与最优秀的算法性能相当，在混合数据类型的插补任务中表现领先。

迷失深林的算法流程：

步骤 1：对所有缺值以均值进行初始插值。

步骤 2：根据各输入特征缺失值的数量进行排序，选出缺失值最少的输入特征作为标签，以该输入特征没有缺失的样本作为训练样本，有缺值的作为预测样本，采用随机深林进行学习和预测，填补缺失值。

步骤 3：重复步骤 2 对所有输入特征进行迭代插补，直至满足收敛条件。

以房屋安全数据库为例，验证迷失深林的缺值填补性能，采用均方根误差（RMSE）作为插补性能的度量，均方根误差越小，插补值与真实值越相近。同时应用均值插补、多变量多重插补（MICE）和 k 最邻近插补进行对比。由于用于对比的三种算法仅支持单一数据类型，因此先将数据集看作连续型变量进行插补，然后对分类型变量进行取整处理。

另 80% 的样本丢失数据，采用均值插补、多重插补（MICE）、k 最邻近插补、迷失森林分别验证数据丢失率为 5%、10%、20%、30% 时的算法插补准确率，结果如图 7.3-1 所示，图中 Y 轴为插补值与真实值的均方根误差。

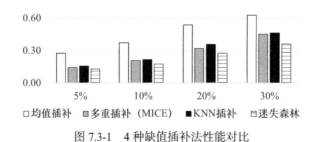

图 7.3-1　4 种缺值插补法性能对比

由图 7.3-1 可知，采用机器学习的插补算法比均值插补的均方根误差小约一半，性能提升明显。其中，迷失森林插补法在所有数据丢失率中插补性能领先，其次为多重插补（MICE）和 KNN 插补法，且当数据缺值率逐渐增大时，多重插补（MICE）和 KNN 插补法的性能逐渐降低，趋近于均值插补，仅有迷失深林插补法保持稳定的插补性能。

7.4　小样本问题 ···

由于本章提出的结构安全评估模型采用实际鉴定项目作为训练数据，数据资源较为稀缺，对于有 45 个输入特征的学习复杂度而言，样本过少会面临过拟合、泛化性能差等问题。

7.4.1　样本生成法概述

深度学习在实际应用中的训练样本获取代价不低，如何在少量训练数据下，提高学习器的泛化能力已有大量的研究。其中，虚拟样本法作为扩充样本的直接手段，在小样本领域获得广泛应用。虚拟样本法主要分为基于专家经验知识构造虚拟样本、基于扰动的思想生成虚拟样本以及基于研究领域的分布函数生成虚拟样本[19]。

对于深度学习在结构安全评估的应用中，基于专家经验构造样本的方法和基于研究领域的分布函数生成虚拟样本均可行。因为结构安全鉴定的本质是基于收集到的数据，结合规范要求和专家经验对结构安全进行鉴定，所以反向地由专家经验和依据规范创造出的样本满足合理性，但是人工创造样本效率较低。

基于研究领域的分布函数生成虚拟样本是采用算法对训练样本的各特征的潜在关系进行挖掘，适用于研究领域经验知识难以掌握的情况，其代表为变分自编码器（VAE）和对抗神经网络（GAN）及其衍生算法。基于 VAE 的虚拟样本法，有不对样本集分布采取强制假定，准确拟合样本集分布的特点。因此，能生成满足总体分布且原样本集未出现过的样本。而对抗神经网络利用生成器和判别器的相互博弈、促进彼此性能的特性，其生成的样本较为真实。

本章提出一种 VAE 潜变量语义提炼算法，该算法基于输入特征与潜变量的依赖关系的统计，准确测出对各潜变量敏感（依赖关系高）的输入区域，然后通过输入区域内特征的共性，确定潜变量的语义，实现可控地生成特定属性的样本，灵活地扩充原有样本集。

7.4.2　基于 VAE 潜变量语义提炼的样本生成法

（1）权重作为依赖关系度量的合理性证明

输入特征经过"黑箱子"神经网络与潜变量连接，通过利用神经网络的权重作为输入特征与潜变量相关性的度量，通过统计各输入特征对各潜变量的贡献度，即可获取输入特征与 VAE 潜变量的依赖关系。神经网络的神经元激活计算公式 $y = wx + b$ 可看作线性映射。偏置 b 代表的是对原始输入特征值偏离的矫正；权重 w 代表的是该神经元的激活对上游神经元连接传递值的敏感程度，如图 7.4-1 所示。因此，权重可用以反映各层神经元的连接强度。权重的正负号反映互相连接的两神经元的正 / 负相关关系；权重的绝对值大小反映该相关关系的强弱。因此，以权重的绝对值作为两神经元连接强弱的度量。

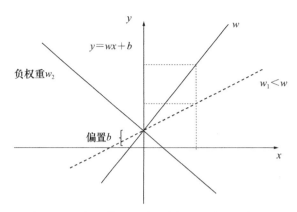

图 7.4-1　权重作为 x 到 y 映射的敏感度示意图

由于与 VAE 隐藏层连接的是潜变量的分布 $Z \sim N(\mu, \sigma)$（两个并行的潜变量层 μ 与 σ），通过重参数化技巧 $Z = \mu + \sigma \odot \varepsilon$ 得出潜变量 Z 的值。因为潜变量 Z 层是计算层，不与隐藏层直接相连，能代表潜变量 Z 的是其分布均值 μ。因此，各隐藏层单元 H_i 对潜变量 Z 的贡献度等价于各隐藏层单元 H_i 对潜变量分布均值 μ 的贡献度，变分自编码器架构如图 7.4-2 所示。

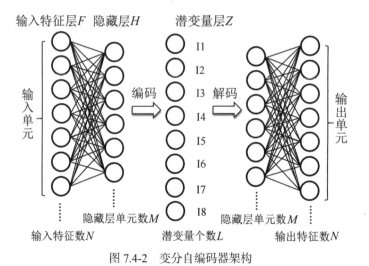

图 7.4-2　变分自编码器架构

（2）输入特征与潜变量依赖关系的量化统计

单个输入特征对潜变量的贡献度可表示为其所有从该输入特征到该潜变量的路径上的权重绝对值的乘积之和。表达式为：

$$C_{i,j} = \sum_{1}^{m} \prod_{1}^{n} |W_n| \qquad (7.4\text{-}1)$$

其中 i 为输入特征，j 为潜变量，m 为输入特征 i 到潜变量 j 的路径数，n 为该段路径包含的权重个数。

为消除输入特征本身的取值范围的影响（偏置一定程度会消除该影响），贡献度的测量采用相对贡献度的度量方式，即单个输入特征对所有潜变量的贡献度之和为1。编码/解码神经网络可以拥有任意数量、大小的隐藏层，本研究以一层隐藏层的编码/解码神经网络为例，列出贡献度计算公式。另输入特征个数为N，隐藏层单元个数为M，潜变量个数为L。输入层各单元与隐藏层各单元的连接权重记为$W_{Fi, Hj}$，隐藏层各单元与潜变量层的连接权重记为$W_{Hj, zk}$，如图7.4-3所示，第i个输入特征F对第j个隐藏层单元H的贡献度为：

$$C_{Fi, Hj} = \frac{|W_{Fi, Hj}|}{\sum\limits_{j=1}^{M} |W_{Fi, Hj}|} \qquad (7.4-2)$$

以此类推，第j个隐藏层单元H对第k个潜变量分布均值μ的贡献度为：

$$C_{Hj, \mu k} = \frac{|W_{Hj, \mu k}|}{\sum\limits_{k=1}^{L} |W_{Hj, \mu k}|} \qquad (7.4-3)$$

因此，第i个输入特征F对第k个潜变量分布均值μ的贡献度可写为：

$$C_{Fi, \mu k} = \frac{\sum\limits_{j=1}^{M} |C_{Fi, Hj}| |C_{Hj, \mu k}|}{\sum\limits_{k=1}^{L} \sum\limits_{j=1}^{M} |C_{Fi, Hj}| |C_{Hj, \mu k}|} \qquad (7.4-4)$$

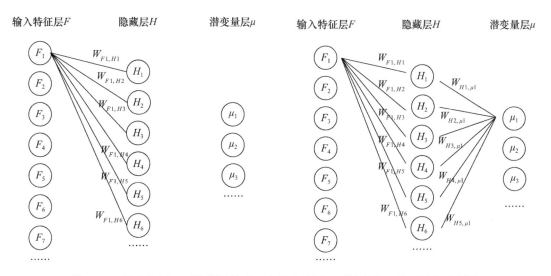

图 7.4-3　输入特征F对隐藏层单元H和输入特征F对潜变量μ的贡献度示意图

（3）潜变量语义提炼的原理

通过贡献度计算，得出输入特征与潜变量的依赖关系后，以相关关系的强弱决定与各潜变量有强依赖关系的输入特征集。当输入特征数量不多时，通过观察潜变量对应的输入特征集，以专家知识归纳出输入特征集的共性作为语义是较为准确的。当输入特征数量多，难以通过观察归纳出共性时，本章给出一种语义与潜变量统计匹配算法，能完成给定语义下的最优匹配，并给出匹配明晰度作为预先给定语义与潜变量实际语义偏差的度量。

由于潜变量的实际语义是未知的，已知的是潜变量与各输入特征的依赖关系。因此，通过建立预定义的语义与输入特征的相关关系，即把属于该语义范畴的输入特征定义为与该语义相关。根据先验知识，有依赖关系的填1，无依赖关系的填0，得出语义与输入特征的依赖关系矩阵 $R_{j,k}$。

$$\boldsymbol{R}_{j,k} = \begin{array}{c} & \begin{array}{ccccccc} F_1 & F_2 & F_3 & F_4 & F_5 & \cdots \end{array} \\ \begin{array}{c} I_1 \\ I_2 \\ I_3 \\ I_4 \\ \cdots \end{array} & \left[\begin{array}{cccccc} 0 & 0 & 1 & 1 & 1 & \cdots \\ 1 & 0 & 0 & 1 & 0 & \cdots \\ 1 & 0 & 1 & 0 & 0 & \cdots \\ 0 & 1 & 0 & 1 & 1 & \cdots \\ \cdots & \cdots & \cdots & \cdots & \cdots & \cdots \end{array} \right] \end{array} \tag{7.4-5}$$

代表潜变量与各输入特征的依赖关系的贡献度矩阵 $C_{i,k}$ 由式（7.4-4）计算得出：

$$\boldsymbol{C}_{i,k} = \begin{array}{c} & \begin{array}{ccccccc} F_1 & F_2 & F_3 & F_4 & F_5 & \cdots \end{array} \\ \begin{array}{c} \mu_1 \\ \mu_2 \\ \mu_3 \\ \mu_4 \\ \cdots \end{array} & \left[\begin{array}{cccccc} C_{\mu1,F1} & C_{\mu1,F2} & C_{\mu1,F3} & C_{\mu1,F4} & C_{\mu1,F5} & \cdots \\ C_{\mu2,F1} & C_{\mu2,F2} & C_{\mu2,F3} & C_{\mu2,F4} & C_{\mu2,F5} & \cdots \\ C_{\mu3,F1} & C_{\mu3,F2} & C_{\mu3,F3} & C_{\mu3,F4} & C_{\mu3,F5} & \cdots \\ C_{\mu4,F1} & C_{\mu4,F2} & C_{\mu4,F3} & C_{\mu4,F4} & C_{\mu4,F5} & \cdots \\ \cdots & \cdots & \cdots & \cdots & \cdots & \cdots \end{array} \right] \end{array} \tag{7.4-6}$$

（4）语义与潜变量的匹配算法

由于贡献度矩阵和依赖关系矩阵中的潜变量和语义均表达为对输入特征的相关关系，因此可以通过寻找和语义与输入特征相关关系最相近的潜变量，进行语义与潜变量的匹配。语义和潜变量的相近度采用"距离"衡量，即潜变量 μ_i 与各输入特征 F_k 的贡献度减去语义 I_j 与各输入特征 F_k 的依赖度。潜变量 μ_i 与语义 I_j 的相对距离 $D_{i,j}$ 数学表达式为：

$$\boldsymbol{D}_{i,j} = \frac{\sum_{k=1}^{N} |[C]_{ik} - [R]_{jk}|}{\sum_{j=1}^{L} \sum_{k=1}^{N} |[C]_{ik} - [R]_{jk}|} \tag{7.4-7}$$

距离矩阵 $D_{i,j}$ 示意图如下：

$$\boldsymbol{D}_{i,j} = \begin{array}{ccccc} & I_1 & I_2 & I_3 & I_4 & \cdots \\ \mu_1 & 0.11 & 0.23 & 0.15 & 0.17 & \cdots \\ \mu_2 & 0.34 & 0.12 & 0.24 & 0.32 & \cdots \\ \mu_3 & 0.23 & 0.42 & 0.36 & 0.16 & \cdots \\ \mu_4 & 0.14 & 0.25 & 0.16 & 0.28 & \cdots \\ \cdots & \cdots & \cdots & \cdots & \cdots & \cdots \end{array} \qquad (7.4\text{-}8)$$

由相对距离的特性可知，相对距离的均值为 $1/N$，N 为潜变量个数。所有潜变量匹配的平均值与 $1/N$ 对比即可反映匹配的准确度。因此，本书给出明晰度 MI 作为匹配准确性的度量，计算公式为：

$$MI = \frac{\dfrac{1}{N} - \dfrac{1}{N}\sum D_{i,j}}{\dfrac{1}{N}} \times 100\% = \left(1 - \sum D_{i,j}\right) \times 100\% \qquad (7.4\text{-}9)$$

明晰度 MI 取值为 0～100%，明晰度为 0 表示 VAE 训练得出的潜变量与输入特征的依赖关系与由先验知识确定的语义与输入特征的依赖关系完全不一致。反之，明晰度为 100% 代表 VAE 训练匹配得出和由先验知识确定的语义（潜变量）与输入特征的依赖关系完全吻合。由此可判断语义提炼和匹配的准确度。潜变量—语义匹配算法流程如下。

潜变量—语义匹配算法：

Require：潜变量 μ_i 与语义 I_j 的相对距离矩阵 $D_{i,j}$

While 还有潜变量未匹配 do

从相对距离矩阵 $D_{i,j}$ 搜索最小值

抹去该最小值对应的行 μ_i 与列 I_j，并完成第 i 个潜变量与第 j 个语义的匹配

End While

明晰度 MI 计算：$\left(1 - \sum D_{i,j}\right) \times 100\%$

基于 VAE 潜变量语义提炼的虚拟样本生成法提供一种可控、定向地生成特定属性的样本的策略。结合先验知识，可灵活解决小样本、样本不均衡的问题。

为评估应用基于 VAE 潜变量语义提炼的指向性样本生成法，扩充原有样本集进行训练对评估准确率的提升，分别采用无样本扩充、扩充 300 样本、扩充 600 样本、扩充 2000 以及扩充 5000 样本的训练集进行模型训练，评估性能对比如图 7.4-4 所示。

由图 7.4-4 可知，采用 VAE 扩充样本对模型性能的提升显著，随着扩充数量的增加，提升效果趋于稳定。模型性能的提升主要得益于 VAE 可以产生满足总体联合分布且不包含于原有样本的样本。小样本训练较为显著的问题是训练样本和预测样本的输入特征空间交集小，对模型的泛化能力提出很高的要求。而采用 VAE 扩充样本则是通过扩充训练样本的输入特征空间，使其涵盖预测样本的输入特征空间，如图 7.4-5 所示，间接提高了泛化性能。

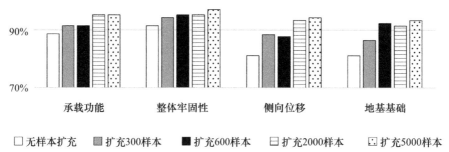

图 7.4-4 VAE 扩充样本对评估性能的影响

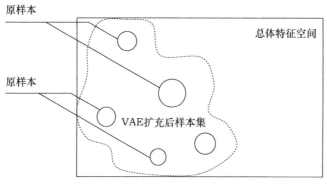

图 7.4-5 扩充输入特征空间示意图

7.5 评估方法的可靠性

神经网络的评估有一定任意性，与训练样本分布的不均、输入参数的误差、神经网络的黑盒子特性有关。本研究提出的结构安全评估模型主要起风险警示作用，快速、大批量地评估出有安全隐患、需进一步深入鉴定的结构。因此，有安全隐患的结构识别准确率比无安全隐患的结构识别准确率更重要。通过调节查准率和查全率（precision and recall rate）的平衡，提高模型对不安全类别的敏感性。本研究提出的评估模型每个独立任务均有 A、B、C 三个等级，为得到多分类任务的混淆矩阵，把 C 级归为正例，A、B 级归为反例，混淆矩阵如表 7.5-1 所示。

表 7.5-1 分类结果混淆矩阵

真实情况	预测结果	
	正例（C 级）	反例（A、B 级）
正例（C 级）	TP（真正例）	FN（假反例）
反例（A、B 级）	FP（假正例）	TN（真反例）

查准率 P 和查全率 R 的定义分别为：

$$P = \frac{TP}{TP + FP} \tag{7.5-1}$$

$$R = \frac{TP}{TP + FN} \tag{7.5-2}$$

为尽量多地把真实情况为正例（C 级）的样本识别出来，即尽量降低假反例的占比，模型会倾向于把样本判别为正例，这样真实情况为反例而模型判断为正例的情况会增多，即准确率降低。所以提高对不安全类别的查全率会牺牲对安全类别识别的查准率。但从风险警示的角度看，把安全类别判断为不安全比把不安全类别判断为安全代价更低。因此，有必要引入倾向性训练，增加对正例的查全率以减少错分类的代价。

本章提出一种加权交叉熵损失函数，使神经网络训练引入对不安全类别的倾向性，可提高某类别查全率。加权交叉熵损失函数公式如下：

$$Loss = \sum_{i=1}^{output\ size} w_i \cdot y_i \cdot \log \hat{y}_i \tag{7.5-3}$$

式中，y_i 为实际标签中类别 i 的值，$\hat{y}_i$ 为预测标签中类别 i 的值，w_i 为赋予类别的权重。由于真实标签类别取值为 0 或 1，所以真实标签类别值为 1 才对损失函数有贡献，提高正例的权重能提高正例错判为反例时产生的"损失"，而反例错判为正例就不受该权重的影响，达到增加特定类别查全率的目的。

以承载功能等级学习任务为例，逐步增加正例权重占比，考察查准率和查全率的变化，如图 7.5-1 所示。

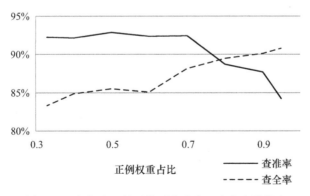

图 7.5-1　加权交叉熵函数对查准率、查全率的影响

理论上随着正例权重的提升，把正例错判为反例（FN）导致的损失占总损失比越来越大，驱使模型往尽量减少假反例的方向优化，计算结果亦符合此规律。值得注意的是，查准率在正例权重占比逐渐增加的过程中没有明显下降趋势，说明一定范围内增加正例的权重能保持准确率不变的情况下，提升查全率。

为验证 AI 智能评估系统的性能，把有完整鉴定报告的样本和根据工程师经验创造的共352个样本按7:3的比例划分训练集和评估集,然后对训练集应用VAE扩充5000样本,并融入各等级权重值为[0.15,0.15,0.7]的加权交叉熵函数进行训练后,评估模型总体达到94.3%的准确率,以及对C级样本有97.4%的查全率,对不安全类别的样本有非常高的识别度。

选取10个涵盖混凝土结构、砌体结构、钢结构的实际鉴定加固工程案例进行AI智能评估结果与房屋安全鉴定意见进行对比。10个工程均经过房屋安全鉴定,有完整鉴定报告的安全评级。项目列表如表7.5-2所示。

表7.5-2 项目列表

项目编号	项目名称	项目地址	建筑年份	房屋安全性等级
C01	广州市人民政府应急指挥中心	广州市吉祥路95号办公大楼	1976	A
C04	广州医科大学附属口腔医院31号楼南楼	广州市荔湾区黄沙大道31号	1971	C
C08	广东省商业局办公大楼	广州市越秀区庙前西街48号	1975	C
C09	广州市公安消防培训基地篮球馆	广州市白云区西洲中路68号	2009	B
C10	广东省卫生防疫站科研实验楼-北座	广州市海珠区新港西路176号	1982	C
M01	"916工程"砌体结构房屋	广州市越秀区沿江大道	1950	C
M02	广州市越秀区新河浦三横路房屋	广州市越秀区新河浦三横路41号	—	C
M05	广州市越秀区惠吉路2坊10号房屋	广州市越秀区惠吉西路2坊10号房屋	1930	C
S01	中国人民解放军第七四三一工厂	白云区广花一级公路夏茅兵房路	1988	C
S02	广东省人民体育场灯塔	广州市越秀区较场西路18号	1979	C

采用雷达图对结果进行可视化展示,如图7.5-2~图7.5-11所示,能更直观地评估AI智能评估系统的性能。雷达图中外圈为A级,中圈为B级,内圈为C级。AI智能评估结果以红色表示,规范鉴定评估结果以蓝色表示,当AI智能评估与规范鉴定评估结果重合时,颜色为蓝色和红色的混合。

图7.5-2 AI智能评估与规范鉴定评估C01　　　图7.5-3 AI智能评估与规范鉴定评估C04

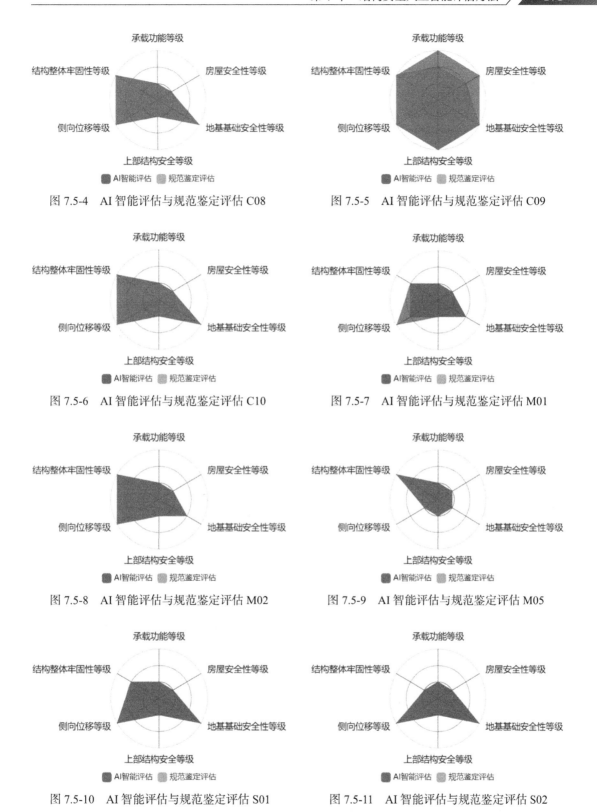

图 7.5-4　AI 智能评估与规范鉴定评估 C08

图 7.5-5　AI 智能评估与规范鉴定评估 C09

图 7.5-6　AI 智能评估与规范鉴定评估 C10

图 7.5-7　AI 智能评估与规范鉴定评估 M01

图 7.5-8　AI 智能评估与规范鉴定评估 M02

图 7.5-9　AI 智能评估与规范鉴定评估 M05

图 7.5-10　AI 智能评估与规范鉴定评估 S01

图 7.5-11　AI 智能评估与规范鉴定评估 S02

表 7.5-3～表 7.5-12 列出了 10 个工程的详细评估信息，表格中的数字代表的是某项指

标处于某一等级的概率。根据最大隶属度原则，表中 AI 智能评估系统评估结果中发生概率最大对应的安全等级与规范鉴定评估结果基本吻合，并且可通过概率数值大小体现结构各安全等级区间的细微变化，有利于辨识和判断潜在安全风险。

表 7.5-3　C01 项目详细评估信息

安全等级	规范鉴定评估结果	AI 智能评估系统评估结果		
		A 级	B 级	C 级
承载功能等级	A	21%	18%	61%
结构整体牢固性等级	A	100%	0%	0%
侧向位移等级	A	100%	0%	0%
上部结构承载功能的安全等级	A	21%	18%	61%
地基基础安全性等级	A	98%	0%	2%
房屋安全性等级	A	21%	18%	61%

表 7.5-4　C04 项目详细评估信息

安全等级	规范鉴定评估结果	AI 智能评估系统评估结果		
		A 级	B 级	C 级
承载功能等级	C	2%	0%	98%
结构整体牢固性等级	C	44%	1%	55%
侧向位移等级	A	100%	0%	0%
上部结构承载功能的安全等级	C	23%	0%	77%
地基基础安全性等级	C	40%	0%	60%
房屋安全性等级	C	32%	0%	68%

表 7.5-5　C08 项目详细评估信息

安全等级	规范鉴定评估结果	AI 智能评估系统评估结果		
		A 级	B 级	C 级
承载功能等级	C	3%	2%	95%
结构整体牢固性等级	A	100%	0%	0%
侧向位移等级	A	100%	0%	0%
上部结构承载功能的安全等级	C	3%	2%	95%
地基基础安全性等级	A	98%	0%	2%
房屋安全性等级	C	3%	2%	95%

表 7.5-6　C09 项目详细评估信息

安全等级	规范鉴定评估结果	AI 智能评估系统评估结果		
		A 级	B 级	C 级
承载功能等级	B	97%	1%	2%
结构整体牢固性等级	A	100%	0%	0%
侧向位移等级	A	100%	0%	0%
上部结构承载功能的安全等级	A	99%	0%	1%
地基基础安全性等级	A	99%	0%	1%
房屋安全性等级	B	99%	0%	1%

表 7.5-7　C10 项目详细评估信息

安全等级	规范鉴定评估结果	AI 智能评估系统评估结果		
		A 级	B 级	C 级
承载功能等级	C	1%	0%	99%
结构整体牢固性等级	A	100%	0%	0%
侧向位移等级	A	100%	0%	0%
上部结构承载功能的安全等级	C	0%	0%	100%
地基基础安全性等级	A	99%	0%	1%
房屋安全性等级	C	0%	0%	100%

表 7.5-8　M01 项目详细评估信息

安全等级	鉴定评估结果规范	AI 智能评估系统评估结果		
		A 级	B 级	C 级
承载功能等级	C	21%	18%	61%
结构整体牢固性等级	B	0%	0%	100%
侧向位移等级	B	0%	100%	0%
上部结构承载功能的安全等级	C	100%	0%	0%
地基基础安全性等级	B	0%	0%	100%
房屋安全性等级	C	0%	100%	0%

表 7.5-9　M02 项目详细评估信息

安全等级	规范鉴定评估结果	AI 智能评估系统评估结果		
		A 级	B 级	C 级
承载功能等级	C	0%	0%	100%

续表

安全等级	规范鉴定评估结果	AI 智能评估系统评估结果		
		A 级	B 级	C 级
结构整体牢固性等级	A	100%	0%	0%
侧向位移等级	A	100%	0%	0%
上部结构承载功能的安全等级	C	0%	0%	100%
地基基础安全性等级	B	0%	100%	0%
房屋安全性等级	C	0%	0%	100%

表 7.5-10　M05 项目详细评估信息

安全等级	规范鉴定评估结果	AI 智能评估系统评估结果		
		A 级	B 级	C 级
承载功能等级	C	0%	0%	100%
结构整体牢固性等级	A	96%	0%	4%
侧向位移等级	C	0%	0%	100%
上部结构承载功能的安全等级	C	0%	0%	100%
地基基础安全性等级	C	0%	0%	100%
房屋安全性等级	C	0%	0%	100%

表 7.5-11　S01 项目详细评估信息

安全等级	规范鉴定评估结果	AI 智能评估系统评估结果		
		A 级	B 级	C 级
承载功能等级	C	3%	2%	95%
结构整体牢固性等级	B	0%	98%	2%
侧向位移等级	A	100%	0%	0%
上部结构承载功能的安全等级	C	3%	2%	95%
地基基础安全性等级	A	100%	0%	0%
房屋安全性等级	C	3%	2%	95%

表 7.5-12　S02 项目详细评估信息

安全等级	规范鉴定评估结果	AI 智能评估系统评估结果		
		A 级	B 级	C 级
承载功能等级	C	2%	1%	97%
结构整体牢固性等级	C	2%	26%	72%

续表

安全等级	规范鉴定评估结果	AI 智能评估系统评估结果		
		A 级	B 级	C 级
侧向位移等级	A	100%	0%	0%
上部结构承载功能的安全等级	C	2%	13%	85%
地基基础安全性等级	A	100%	0%	0%
房屋安全性等级	C	2%	13%	85%

7.6　人工智能评估系统应用

AI 智能评估系统是一套基于深度学习模型，对已有项目进行深度挖掘，将有限元分析、专家经验判断等内容学习到神经网络参数中，从而实现评估时仅需进行线性运算的快速评估系统。由于其具有理论上高准确率、毫秒级评估速度的特点，可广泛用于建筑物体检、建筑群抽查、普查等使用层面，如图 7.6-1 所示。

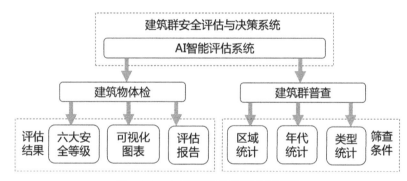

图 7.6-1　AI 智能评估系统应用层面

7.6.1　建筑物体检

作为业主等个人用户可通过在建筑群安全评估与决策系统中录入房屋信息并采用 AI 智能评估算法进行结构安全鉴定，导出评估报告。操作步骤如下：

（1）登录建筑群安全评估与决策系统后，进入"项目管理系统"模块，如图 7.6-2 所示，点击"新增"按钮录入房屋信息。

（2）根据提示填入房屋信息后，进入到安全评估系统界面（图 7.6-3），点击对应项目弹出详细操作对话框，选择相应的调查记录进入评估（图 7.6-4）。

（3）进入评估页面后，点击智能评估模块，并选择"AI 评估法"，点击"提交评估"进行确认（图 7.6-5），即可返回评估结果界面（图 7.6-6）。

考虑到部分房屋信息对于不同现场情况获取难度有差异，系统允许 30% 的房屋信息空缺并采用智能插补算法推断空缺值。当关键数据录入不足时，评估结果展示最上方会有红色文字提示数据缺失类别，根据提示补全信息即可。

AI 智能评估系统的评估结果除给出对应《鉴定标准》的安全性等级外，还给出各安全等级处于评级 A、B、C 的概率，评估结果所处的评级概率越高，评估结论的可靠性越高。用户可通过六大安全等级的评估结果，较为全面地掌握房屋各方面的安全状态，并可根据房屋安全性等级判断是否需要雇佣专业团队对房屋进行更详细的鉴定。

其中，房屋安全性评级 A 表示房屋整体健康状况很好，不需要采取措施；评级 B 表示房屋某些方面存在轻微损伤，具体可查看"评估结果雷达图"，暂不需采取措施，但应持续关注并间隔一定时间后再次评估；评级 C 表示房屋安全有隐患，建议联系专业团队进行详细的房屋安全鉴定。

项目列表

	项目编号	项目名称	项目地址	结构体系	建筑性质	创建时间 ▽
1	C-test...	层次法测试用案例	天成路79号		其他公共...	2021-09-23
2	M01	"916工程"砌体结构房屋安全性鉴定	广州市越秀区沿江大道	多层砖砌...	办公建筑	2021-09-18
3	AHPT01	层次法测试01	神奇项目		住宅	2021-09-18
4	T04	住宅楼F栋	潮州大道	框架结构	住宅	2021-09-17
5	T03	教学楼（自编2号楼）	广州市荔湾区东漖北路怡德街8号	框架结构	教育	2021-09-17

❮ 返回   项目信息   💾 保存

总体信息

项目编号　　[   ]　　项目名称　　[   ]

省市县/区　　[▼]　[▼]　[▼]　➕ 选择地点

项目地址　　[   ]

建筑年代　　[   ]　　建筑性质　　[▼]

占地面积　　[   ] ㎡　总面积　　[   ] ㎡

地上高度　　[   ] m　地下高度　　[   ] m

地上层数　　[   ] 层　地下层数　　[   ] 层

备注信息　　[请输入备注   ]

⬆ 上传

	文件名	操作

附件信息

图 7.6-2　"项目管理系统"模块

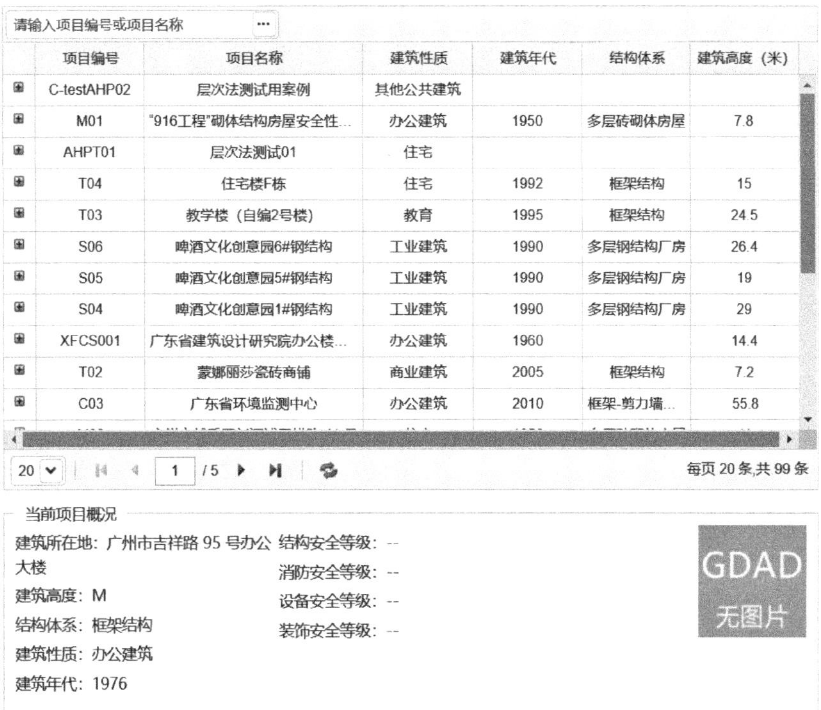
项目列表
请输入项目编号或项目名称
项目编号 项目名称 建筑性质 建筑年代 结构体系 建筑高度（米）
C-testAHP02 层次法测试用案例 其他公共建筑
M01 "916工程"砌体结构房屋安全性… 办公建筑 1950 多层砖砌体房屋 7.8
AHPT01 层次法测试01 住宅
T04 住宅楼F栋 住宅 1992 框架结构 15
T03 教学楼（自编2号楼） 教育 1995 框架结构 24.5
S06 啤酒文化创意园6#钢结构 工业建筑 1990 多层钢结构厂房 26.4
S05 啤酒文化创意园5#钢结构 工业建筑 1990 多层钢结构厂房 19
S04 啤酒文化创意园1#钢结构 工业建筑 1990 多层钢结构厂房 29
XFCS001 广东省建筑设计研究院办公楼… 办公建筑 1960 14.4
T02 蒙娜丽莎瓷砖商铺 商业建筑 2005 框架结构 7.2
C03 广东省环境监测中心 办公建筑 2010 框架-剪力墙… 55.8
20 1 /5
每页 20 条,共 99 条
当前项目概况
建筑所在地：广州市吉祥路 95 号办公大楼
结构安全等级：--
消防安全等级：--
设备安全等级：--
装饰安全等级：--
建筑高度：M
结构体系：框架结构
建筑性质：办公建筑
建筑年代：1976
GDAD
无图片

图 7.6-3　安全评估系统界面

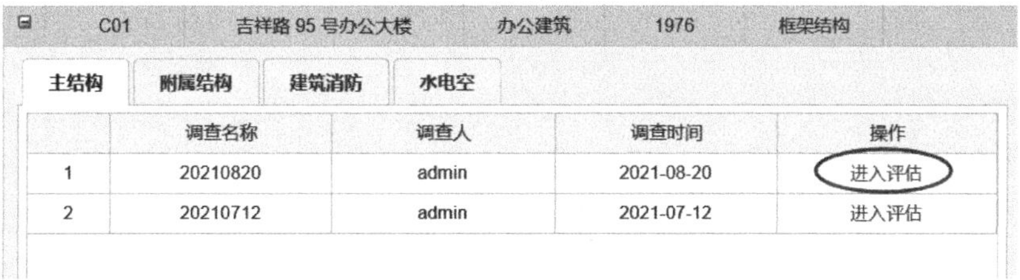
C01 吉祥路 95 号办公大楼 办公建筑 1976 框架结构
主结构 附属结构 建筑消防 水电空
调查名称 调查人 调查时间 操作
1 20210820 admin 2021-08-20 进入评估
2 20210712 admin 2021-07-12 进入评估

图 7.6-4　详细操作对话框界面

返回
吉祥路 95 号办公大楼【C01】
项目信息
实时情况
直接评估
智能评估
评估结果
【概况】
建筑所在地：广州市吉祥路 95 号办公大楼
建筑高度：
结构体系：框架结构
建筑性质：办公建筑
建筑年代：1976
选用评估方法：
专家评估法
层次评估法
模态评估法
AI评估法
提交评估

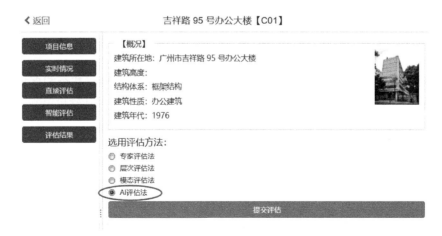

图 7.6-5　智能评估页面界面

图 7.6-6　评估结果展示界面

　　AI 智能评估系统支持评估报告生成，评估报告详细地列出房屋状态和评估结果等信息，包含历史评估结果、本次调查的房屋状况、评估方法概述、评估结果可视化图表、评估结论和处理要求等内容，对用户和专业人员起到辅助决策的作用。

7.6.2　建筑群普查

　　传统鉴定方法由于其价格昂贵以及鉴定时间长等特点，用于大范围的建筑群安全普查缺乏经济性和效率。AI 智能评估系统有对单栋建筑毫秒级的评估速度、极低的评估成本、对建筑信息缺失的高容忍度，适用于针对建筑群的大范围安全抽查和普查。

AI 智能评估系统定期对数据库项目进行全面评估，并根据不同管理需求生成辅助决策图表，不仅能对登记在建筑群安全评估与决策系统数据库的房屋进行结构安全监控，还可通过地理和时间相似度识别出有可能存在相同安全隐患且没有登记详细信息的房屋，最大限度地监控区域内的房屋安全状态，给管理者提供辅助决策数据。

AI 智能评估系统结构安全普查结果在建筑群安全评估与决策系统中查看，可根据区域、建筑年代、建筑类型等条件进行统计，在地图中通过颜色区分不同安全等级，直观地展示出有安全隐患房屋的分布，如图 7.6-7 所示。

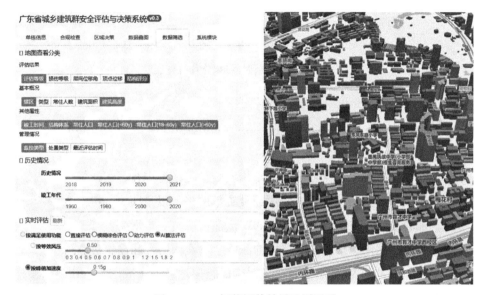

图 7.6-7 AI 智能评估结果地图展示

此外，还可以通过量化统计图表，更精确地掌握各区域的房屋安全状况，如图 7.6-8、图 7.6-9 所示。

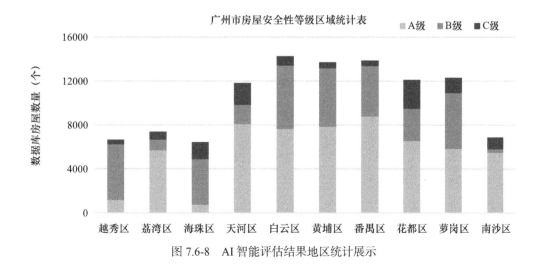

图 7.6-8 AI 智能评估结果地区统计展示

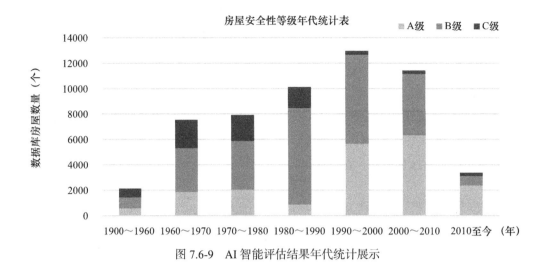

图 7.6-9　AI 智能评估结果年代统计展示

7.7　本章小结

　　本章对基于大数据和深度学习算法的结构安全评估模型进行了可行性、算法架构、应用难点和系统开发等研究。核心算法采用深度置信网络，以《鉴定标准》为参考确定输入和输出参数，能较准确且快速地实现初步的安全性评估。主要创新点有：

　　（1）提出了一套适用于结构安全评估的深度学习模型输入和输出参数；

　　（2）提出了一种基于 VAE 潜变量语义提炼的指向性样本生成法解决初期应用样本少、样本不均衡的问题；

　　（3）针对神经网络评估的任意性和评估算法作为大范围普查安全隐患建筑的使用目的，提出了加权交叉熵损失函数，使神经网络训练引入对不安全类别的倾向性，提高对不安全类别的查全率。

　　深度学习有模型评估性能随训练样本增加而增强的特性，因此具有研究和应用价值。与传统结构安全鉴定流程相比，该方法需要的人力、物力、时间等资源大大减少，是实现大范围建筑群结构安全监测的一种手段。

本章参考文献

［1］张协奎，成文山，李树丞. 层次分析法在房屋完损等级评定中的应用［J］. 基建优化，1997（2）：32-35.

［2］李静，陈龙珠，龙小梅. 旧有建筑安全隐患及故障树分析方法［J］. 工业建筑，2005（S1）：46-49.

［3］袁春燕. 城镇房屋安全管理与应急体系研究［D］. 西安：西安建筑科技大学，2008.

［4］　赵克俭. 基于灰色理论的结构可靠性鉴定的研究［D］. 天津：天津大学，2005.

［5］　邓聚龙. 灰色理论教程［M］. 武汉：华中理工大学出版社，1990.

［6］　Carlos A Perez-Ramirez, Juan P Amezquita-Sanchez, Martin Valtierra-Rodriguez, et al. Recurrent neural network model with Bayesian training and mutual information for response prediction of large buildings[J]. Engineering Structures,2019,178.

［7］　Xu Y, Lu X, Cetiner B, Taciroglu E. Real - time regional seismic damage assessment framework based on long short - term memory neural network[J]. Computer - Aided Civil and Infrastructure Engineering, 2021,36(4):504-21.

［8］　韩小雷，吴梓楠，杨明灿，等. 基于深度学习的区域 RC 框架结构震损评估方法研究［J］. 建筑结构学报，2020，41（S2）：27-35.

［9］　Goodfellow I, Bengio Y, Courville A. Deep learning[M]. Cambridge: MIT Press, 2016.

［10］　Hornik K, Stinchcombe M, White H. Multilayer feedforward networks are universal approximators [J]. Neural Networks, 1989,2(5):359-66.

［11］　Bergstra J, Bengio Y. Random search for hyper-parameter optimization[J]. Journal of Machine Learning Research, 2012,13(2).

［12］　Hinton G E, Osindero S, Teh Y W. A fast learning algorithm for deep belief nets[J]. Neural Computation, 2006, 18(7): 1527-54.

［13］　Salakhutdinov R, Mnih A, Hinton G. Restricted Boltzmann machines for collaborative filtering[C]. Proceedings of the 24th International Conference on Machine Learning, 2007: 791-798.

［14］　Barzi F, Woodward M. Imputations of missing values in practice: results from imputations of serum cholesterol in 28 cohort studies[J]. American Journal of Epidemiology, 2004, 160(1):34-45.

［15］　Troyanskaya O, Cantor M, Sherlock G,et al. Missing value estimation methods for DNA microarrays[J]. Bioinformatics, 2001, 17(6):520-525.

［16］　Dempster A P, Laird N M, Rubin D B. Maximum likelihood from incomplete data via the EM algorithm[J]. Journal of the Royal Statistical Society: Series B (Methodological). 1977,39(1):1-22.

［17］　Rubin D B. Multiple imputation for nonresponse in surveys[M]. New York: John Wiley & Sons, 2004.

［18］　Stekhoven D J, Bühlmann P. MissForest—non-parametric missing value imputation for mixed-type data[J]. Bioinformatics, 2012,28(1):112-118.

［19］　于旭，杨静，谢志强. 虚拟样本生成技术研究［J］. 计算机科学，2011，38（3）：16-19.

第8章 结构安全模态损伤识别评估方法

8.1 基于模态数据的结构安全评估方法概述 ·······················

建筑结构老化、环境侵蚀、不当改造或使用等会引起结构损伤，降低结构安全性和可靠性，因此，为了确保建筑物的安全性，需要对其进行长期监测或定期检查以便及时发现损伤。结构安全评估与损伤识别，可以为建筑结构维护和修理提供指导，从而最大限度地降低维护成本并保证结构安全[1-2]。一般说来，结构安全评估包含四个层次：

（1）判断是否发生损伤。主要利用实验模态分析（modal analysis）、工作模态分析（operational modal analysis）、主成分分析（principal component analysis）、时间序列分析得到诸如特征频率等特征信息，根据特征信息的变化规律和程度，快速判断是否发生损伤，甚至判断损伤的类别。一般需要测量的数据量较小。

（2）如果发生损伤，快速实现损伤定位。一般针对小尺寸构件，需要大量的数据，比如通过数字图像技术、红外热成像仪、3D 激光测振仪等，获取大量密集分布的数据。然后对数据进行小波变换[3]、Hilbert-Huang 变换等，实现损伤定位。对于建筑结构，可以采用层间损伤因子、模态应变能等指标快速定位。

（3）详细识别损伤的位置和程度。需要建立结构模型，根据模型方程，可推导响应与损伤参数的关系。按照反问题（拟合）的思路，损伤识别应使得测量数据与推导数据之差尽可能的小。损伤识别变成一个（非线性最小二乘）优化问题，求解方法有灵敏度法等。

（4）根据识别的结果，预测结构安全可靠性、指导结构维修。根据识别的损伤参数和系统模型方程，可预测结构的动力行为，从而分析结构的安全可靠性、指导结构维修。

通常，对于损伤识别，第一步需要建立结构的有限元离散模型。对于多层建筑，可将其计算模型简化为一个集中质量剪切层模型（图 8.1-1）。已有文献［4］证明采用这种简化的剪切层模型进行框架结构、高层建筑等损伤识别是切实可行的。但此类简化在实际应用中会带来两类问题：

1）将实际结构简化为剪切层模型的过程中会不可避免地带来模型误差，从而可能导致结构损伤识别出现不可预料的偏差。

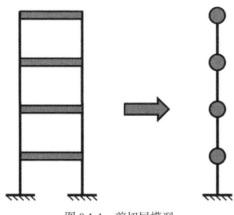

图 8.1-1　剪切层模型

2）部分结构没有设计图纸，即使有了设计图纸，也难以获取结构的层间刚度和质量信息。虽然可以采用设计图纸进行详尽的有限元分析，以获得结构的质量刚度信息，但此做法代价（耗时、费用）太高，且设计图纸与实际结构会存在不同，导致得到的模型并不准确。因此，基于设计图纸和有限元软件分析的方法，除非是针对重大工程结构，一般是不实用的。如何根据尽可能少的模型信息来识别结构的损伤是损伤识别方法应用至实际建筑结构的关键。

为了解决此难点问题，本章提出了一种新的模态改变修正策略。该策略利用损伤前后实际结构的模态信息（包括特征频率与振型）的改变量，对简化模型的模态信息进行修正，在不需要得知实际结构的刚度与质量等信息的情况下即可进行损伤识别。实际上，在结构健康监测的领域，基于测量改变量的损伤识别方法已有一些初步研究[5-8]，利用模态数据改变的也有不少。Morita 等[5] 以及 Zhou 等[6] 通过频率数据的改变分别对五层框架结构和钢构悬臂梁成功识别损伤。Hao 等[7] 不仅单独使用频率、模态的改变率，还结合二者对门式刚架进行识别，成功验证了利用模态数据的改变进行损伤识别的可行性。当然，我们的工作[9-10] 系统性地形成了测量改变修正策略的理论，严格证明测量改变修正策略确实可以克服模型误差以及任意比例参数误差的影响。

结构损伤识别的第二步则是通过测得的数据识别结构的损伤参数。模态数据与阻尼、外荷载无关[11]，且容易获取，因此常被用于损伤识别。但由于工程成本的限制，模态数据量往往不足；而且损伤识别作为反问题，存在不适定性。这些都导致识别结果对测量误差十分敏感，而正则化是应对这个问题的重要方法[12-13]。本书结合结构损伤位置的稀疏性，引入稀疏正则化[13]，以降低识别结果对于误差的敏感性，得到更准确的解。Zhou 等[6] 提出了仅利用少数前几阶频率的稀疏损伤识别方法。Wang 等[14]、Zhou 等[15] 也利用稀疏正则化分别建立了基于时域与频域的损伤识别新方案，证明了稀疏正则化在损伤识别应用的有效性。利用模态数据，损伤识别这一反问题可在数学上看成一个优化问题。本书结合剪切层结构的特点以及模态改变修正策略构造了一个新的目标函数，该函数与稀疏正则化结合几乎不会产生额外的计算成本。正则化参数的选取也采用计算成本较低的阈值法，而目标函数求解则基于交替最小化方法。

以上主要概述了损伤识别与安全评估在学术上的一些研究现状和遇到的问题。对于实际工程应用，模态安全评估包括以下三个核心内容：

（1）数据采集或获取；

（2）模态分析；

（3）损伤识别。

接下来，将重点对这三个方面的内容展开研究，以期能用到实际建筑结构安全评估。

8.2　数据获取与传感器布设

为了对结构进行安全评估，首先需要获取相关的位移、加速度、倾斜等数据。一般地，数据获取涉及三个方面：

（1）数据采集。主要通过传感器获取位移或加速度信息，已知的传感器有摄像机、加速度传感器、位移传感器、地基沉降测量仪等；

（2）数据传输。包括无线网络，有线网络，数据存储和传输；

（3）数据分析。从检测对象获取的数据需要分析，分类，可视化。

不同的结构具有不同的动力特性、不同的建筑年龄，面向不同的业主群体，因此会有不同的健康监测成本承受范围。根据这些条件，通常将房屋建筑分为几类：

1）老旧、低层（不超过 3 层）的砌体结构，主要面向城中村、城市周边农村的建筑；特点：该类建筑刚度大，导致频率很低，动力测试不太合适，而且砌体结构容易出现裂纹，因此，适合使用摄像机抓取裂纹信息，以及沉降仪测量地基沉降信息。

2）老旧、非低层（超过 4 层）的砌体结构，主要面向早期城市建筑；特点：该类建筑的频率相对容易测量，且发生损伤时，裂纹容易显现。因此，可使用动力测试仪器（如少量加速度计），摄像头抓取裂纹信息，地基沉降仪等进行测试监测。

3）低层的框架结构，主要面向新式农村建筑；特点：该类建筑比低层砌体结构更柔，因此可以使用（少量）加速度计测量频率，还可以利用摄像机抓取重要位置，如承重墙、承重梁的裂纹信息等。

4）中高层的框架结构，主要面向城市建筑；特点：结构颇柔，频率、振型信息明显，裂纹反而不明显。因此，主要使用动力测试设备，如加速度传感器，位移传感器，配合少量关键位置的摄像机抓取裂纹信息，同时测量地基沉降和层间偏移。

模态损伤识别方法主要适合中高层建筑结构的安全评估，目前主要使用加速度计获取动力响应数据。那么就涉及一个问题，给定传感器数量，如何布置加速度传感器，使得测量的数据包含尽可能多的信息。

传感器的优化布置是一个重要的科学问题，在模态参数识别以及结构健康监测中有着广泛的应用基础。理论研究和实测表明，将传感器布置在结构的不同位置，确实会导致不同的损伤识别精度。甚至在某些较差的布置方案下，不能成功识别出结构的损伤。如何定义最优的传感器布置方案，即建立传感器布置的目标函数，是传感器优化布置的首要问题。一般而言，给定测量误差后，最优传感器布置方案应使得损伤识别的精度最高。根据模态展开表达

$$\{u\}_p = A_p\{u\} = A_p\{\boldsymbol{\Phi}_p\}\{q\}_p + \varepsilon, \{\boldsymbol{\Phi}_p\} = [\phi_1, \cdots, \phi_p] \tag{8.2-1}$$

式中，$\phi_i, i = 1, 2, \cdots, p$ 表示结构的前 p 阶振型模态，ε 表示测量误差，A_p 是 $p \times n$ 的布尔矩阵，表示我们选择哪些质量点进行测量，也可以称为传感器布置矩阵，如 $p=1$，$A_p = [1, 0, 0, \cdots, 0]$ 表示我们将传感器布置于第一个自由度上。注意到，求取振型模态，并不需要准确的质量刚度信息，只需知晓质量刚度的大致分布（如设为均匀分布）和层数（或者框架结构的跨高、层高、跨数、层数等）即可。因此，求取实际结构振型模态几乎不会增加计算量。

根据非线性参数估计的贝叶斯理论，最终识别结果的协方差会表现为相应的 Fisher 信息矩阵

$$Cov = (\{\boldsymbol{\Phi}_p\}^T A_p^T A_p \{\boldsymbol{\Phi}_p\})^{-1} \tag{8.2-2}$$

因此，可将传感器优化布置的目标函数定义为损伤识别的协方差矩阵的迹或者范数，即

$$f(A_p) = \mathrm{tr}((\{\boldsymbol{\Phi}_p\}^T A_p^T A_p \{\boldsymbol{\Phi}_p\})^{-1}) \tag{8.2-3}$$

其中 $\mathrm{tr}(\ )$ 表示矩阵的迹（即矩阵所有对角元素的和），A_p 表示着传感器的布置方案。这是一个典型的 0-1 整数规划问题。传统的求解是基于枚举法，需要计算全部的 $C_n^m = n! / [m!(n-m)!]$ 个可行方案，然后通过比较找到最优布置方案。值得注意的是当 n 比较大时，C_n^m 与 n 呈现指数关系，需付出昂贵的计算代价。因此，对建筑结构来说，当自由度不多时，可用枚举法快速求解上式的最优解，但是，对于超高层或超多自由度结构，需要使用整数规划中的相关工具或者稀疏正则化方法进行分析。

根据上述理论，可获取 10 层建筑结构（质量和刚度假设为均匀分布），在不同传感器数量下的最优传感器布置方案，具体见表 8.2-1。

表 8.2-1　某 10 层剪切层结构的最优传感器布设方案

传感器数量 p	传感器布设位置（层编号）
1	10
2	4，10
3	3，6，10
4	2，5，7，10
5	2，4，6，8，10

8.3 模态分析 ··

8.3.1 基于传统加速度计数据的工作模态分析

在实际运营状态下，建筑物一直受到环境激励、外界荷载等作用，并对此产生大量的响应数据。由于环境激励的复杂性，激励输入无法被准确表达。此外，建筑物的系统参数较为复杂，尤其是阻尼求解方面，一直是工程界的难点问题。为了克服这些困难，工作模态分析技术应运而生。

工作模态分析技术主要根据建筑物在环境荷载（随机激励）下的响应，在频域、时域上实现模态参数的识别。目前较为流行的方法有：基于谱密度的频域方法。这里着重介绍频域分解法（Frequency Domain Decomposition，FDD）。基于相关函数的时域方法。这里着重介绍协方差驱动随机子空间法（Stochastic Subspace Identification，SSI-Cov）。

在环境激励下，系统的协方差等相关性函数与自由振动的时域数据类似，可以表示为一些自由衰减的函数（free decay functions）的叠加，为此可以扩展已有的时域方法至相关函数进行求解。我们还提出了一种相关函数拟合法（Covariance Regression，CovR）即标量协方差回归以及矩阵协方差回归方法。

1. 频域分解法

频域分解法主要是对获得的响应数据进行谱密度矩阵求解。以各通道的功率谱密度矩阵为研究对象，对其进行奇异值分解（Singular Value Decomposition，SVD），将系统转化为对应的单自由度体系，通过绘制各阶奇异值曲线获取系统的固有频率。一般来说，谱密度矩阵会在第 k 个频率 w_k 处取极值。在峰值 w_k 处，谱密度矩阵的秩约为 1，对谱密度矩阵进行奇异值分解，第一阶（最大）奇异值向量即为振型。针对所有峰值频率 ω，对谱密度矩阵进行奇异值分解得到奇异值，不同频率 ω 对应不同的奇异值。由于此类方法注重于谱密度矩阵的求解，因此对近频的频率和振型识别存在一定的误差。经过推导，可以得到测量数据的功率谱矩阵：

$$S_{yy}(w) = 2L\Phi_k Re \frac{d_k}{iw - \lambda_k}\overline{\Phi}_k^T L^T = L\Phi_k \frac{2d_k \xi_k w_k}{(w - w_{dk})^2 + (\xi_k w_k)^2}\overline{\Phi}_k^T L^T \qquad (8.3\text{-}1)$$

从表达式可以看出，在固有频率 w_k 处，功率谱密度矩阵具有峰值，那么可以从峰值处识别出系统的频率。与此同时，功率谱的秩约为 1，对功率谱密度矩阵进行奇异值分解，可以发现第一阶奇异值左向量即为与固有频率对应的振型。

2. 协方差驱动随机子空间法

此方法直接根据测量的数据计算自相关函数并构造 Hankel 矩阵。对 Hankel 矩阵进行奇异值分解（SVD）。对分解向量进行重新构造和特征值分解，并绘制稳定图，从中选取有效模态。基于 SSI 的稳定图进行分析，需要根据可靠性进行有效频率和虚假频率的识别，在高阶频率部分，容易出现较多的虚假模态。由于测量数据普遍受到不同程度的噪声影响，一种自然激励技术（Natural Excitation Technique，NExT）被提出。协方差驱动随机子空间法正是这一范畴的应用代表。

3. 相关函数拟合法

相关函数拟合法由我们原创提出[16]，因此给出较为详细的理论推导。该方法直接基于微分方程分析，通过求解响应的自相关函数，对相关函数形成的恒等式进行拟合求解，从而实现频率和模态的分析与识别。从随机激励下的结构振动方程出发，推导出标量协方差恒等式和矩阵协方差恒等式。新的方程可以通过矩阵系数或者标量系数衡量系统的模态参数。对于建筑物的振动方程，可以写成如下形式

$$M\ddot{x}(t) + C\dot{x}(t) + Kx(t) = P(t)$$

定义响应的自相关矩阵（Correlation/Covariance Matrix）为：

$$\boldsymbol{R}_x(\tau) = E[x(t)x(t-\tau)^T] = \sum_{i=1}^{n}\sum_{k=1}^{n}\phi_i E[\eta_i(t)\eta_k(t-\tau)]\phi_k^T$$

通过变换，可以得到：

$$M\boldsymbol{R}_x''(\tau) + C\boldsymbol{R}_x'(\tau) + K\boldsymbol{R}_x(\tau) = 0, \ \tau > 0$$

这意味着 $\boldsymbol{R}_x(\tau)$ 是自由振动问题的解。将上述方程改写成状态空间的形式，那么有：

$$\begin{pmatrix} C & M \\ M & 0 \end{pmatrix}\frac{\mathrm{d}}{\mathrm{d}\tau}\begin{pmatrix} \boldsymbol{R}_x(\tau) \\ \boldsymbol{R}_x'(\tau) \end{pmatrix} = \begin{pmatrix} -K & 0 \\ 0 & M \end{pmatrix}\begin{pmatrix} \boldsymbol{R}_x(\tau) \\ \boldsymbol{R}_x'(\tau) \end{pmatrix}$$

为此，对上述状态空间方程进行特征值问题分析，得到特征值问题：

$$\lambda_k\begin{pmatrix} C & M \\ M & 0 \end{pmatrix}\phi_k + \begin{pmatrix} K & 0 \\ 0 & -M \end{pmatrix}\phi_k = 0 \tag{8.3-2}$$

将求解得到的特征向量和特征值回代到原来的自相关矩阵方程，那么自相关矩阵可以有如下的表达式：

$$\boldsymbol{R}_x(\tau) = [\ \boldsymbol{\Phi}, \ \overline{\boldsymbol{\Phi}}\ ]e^{\Lambda\tau}\boldsymbol{\Psi}^{-1}\begin{pmatrix} \boldsymbol{R}_x(\boldsymbol{0}) \\ \boldsymbol{R}_x'(\boldsymbol{0}) \end{pmatrix}$$

对于测量的数据，包括但不限于位移，速度，加速度等，也可以转变成相关矩阵的表达式。设该表达式在 $(k+l)\tau$ 时刻的相关矩阵为 $\boldsymbol{R}_{k+l}$，那么测试数据和理论计算数据之间的关系为：

$$\boldsymbol{R}_{k+l} = L\boldsymbol{\Psi}e^{k\Lambda\tau}\boldsymbol{\Psi}^{-1}R_x(l\tau)L^T$$

利用相关矩阵的线性相关特性，可以构造出 $Ax = b$ 这一形式的目标方程。利用最小二乘法的思想和奇异值分解的方法，最终实现频率和模态的分析和识别。

（1）标量协方差回归

对于实际测量中获得的数据，设该数据的表达式为：

$$y(t) = L_u u + L_v \dot{u} + L_a \ddot{u} + w(t) = Lx + Df(t) + w(t)$$
$$L = [L_u - L_a M^{-1} K, \ L_v - L_a M^{-1} C]; \ D = L_a M^{-1} \quad (8.3\text{-}3)$$

即该数据可能包括位移、速度和加速度，$w(t)$ 是由噪声引起的响应。对响应数据进行协方差矩阵求解。可以证明协方差矩阵之间存在恒等式：

$$R_{l+2n} + a_{2n-1} R_{l+2n-1} + a_{2n-2} R_{l+2n-2} + \cdots + a_1 R_{l+1} + a_0 R_l = 0 \quad (8.3\text{-}4)$$

可以发现 $a_0, a_1, \cdots, a_{2n-1}$ 是 $2n$ 次多项式的系数，即存在标量（实数）使得等式成立。基于该等式，可以建立一个 p 阶的修正模型，通过求解该模型，可以得到标量系数，

$$D_s a = r_s;$$
$$a = (a_0; \ a_1; \ ...; \ a_{p-1})^T;$$
$$r_s = -(R_{1+p}; \ R_{2+p}; \ ...; \ R_{n,+p})^T;$$
$$D_s = \begin{pmatrix} R_1 & R_2 & \cdots & R_p \\ R_2 & R_3 & \cdots & R_{1+p} \\ \cdots & \cdots & \cdots & \cdots \\ R_{n_r} & R_{n,+1} & \cdots & R_{n,+p-1} \end{pmatrix} \quad (8.3\text{-}5)$$

求解由标量系数构成的多项式 $z^p + a_{p-1} z^{p-1} + \cdots + a_1 z + a_0$ 的根，即可得到模态频率和阻尼比，

$$\lambda_k = \frac{\ln z_k}{\Delta t};$$
$$\omega_{nk} = \text{abs}(\lambda_k); \quad (8.3\text{-}6)$$
$$\xi_k = -\frac{real(\lambda_k)}{\omega_{nk}}$$

（2）矩阵协方差回归

该方法主要是通过矩阵系数构造相关矩阵（协方差矩阵）的回归恒等式。可以证明存在一系列实矩阵 $A_0, A_1, \cdots, A_{q-1}$ 满足恒等式：

$$R_{l+q} + A_{q-1} R_{l+q-1} + A_{q-2} R_{l+q-2} + \cdots + A_1 R_{l+1} + A_0 R_l = 0 \quad (8.3\text{-}7)$$

建立回归模型求解 $A_0, A_1, \cdots, A_{q-1}$，回归模型如下。

$$AD_m = r_m;$$
$$r_m = -[R_{1+q}, \ R_{2+q}, \ \cdots, \ R_{n,+q}];$$
$$D_m = \begin{pmatrix} R_1 & R_2 & \cdots & R_{n_r} \\ R_2 & R_3 & \cdots & R_{1+n_r} \\ \cdots & \cdots & \cdots & \cdots \\ R_q & R_{1+q} & \cdots & R_{n,+q-1} \end{pmatrix} \quad (8.3\text{-}8)$$

与标量协方差方法类似，可以求解由 $A_0, A_1, \cdots, A_{q-1}$ 组成的多项式的根，然后使用同样方法求解模态和阻尼。

4. 数值算例和工程应用

（1）8 层建筑模型

许多建筑都是刚架结构，为此可以简化为葫芦串模型。在这里研究一个 8 层剪切层模型（图 8.3-1）。识别结果整理见表 8.3-1 和表 8.3-2。结果表明，我们所提出的方法，在一定程度上，具有精度和计算速度上的优越性，并且较好地将系统阻尼识别出来，具有实际应用价值。

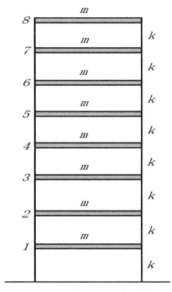

图 8.3-1　8 自由度剪切层模型

表 8.3-1　8 自由度剪切层频率识别结果

模态	固有频率（rad/s）				
	理论值	CovR-Scalar	CovR-Matrix	FDD	SSI-Cov
1	0.1845	0.1842	0.1866	0.1917	0.1878
2	0.5473	0.5475	0.5493	0.5273	0.5452
3	0.8915	0.8919	0.8929	0.9108	0.8834
4	1.2053	1.2080	1.2108	1.1984	1.2018

表 8.3-2　8 自由度剪切层阻尼识别结果

模态	阻尼比（%）			
	理论值	CovR-Scalar	CovR-Matrix	SSI-Cov
1	1	1.041	1.054	1.06
2	1	1.061	1.068	1.13
3	1.373	1.534	1.402	1.521
4	1.761	1.777	1.855	1.879

（2）小洲便桥模态识别

以小洲便桥进行实际工程应用研究，使用 SSI-Cov、标量协方差回归，矩阵协方差回归三种方法进行求解。小洲便桥的实体模型和测量数据点模型如图 8.3-2 所示。本次实验使用 5 个加速度测量点进行分析，所得加速度数据见图 8.3-3。基于加速度数据，该桥的频率、阻尼比、模态识别见图 8.3-4。

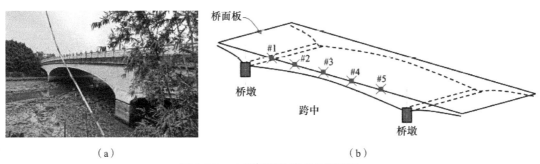

（a）   （b）

图 8.3-2   小洲便桥及测点布置情况

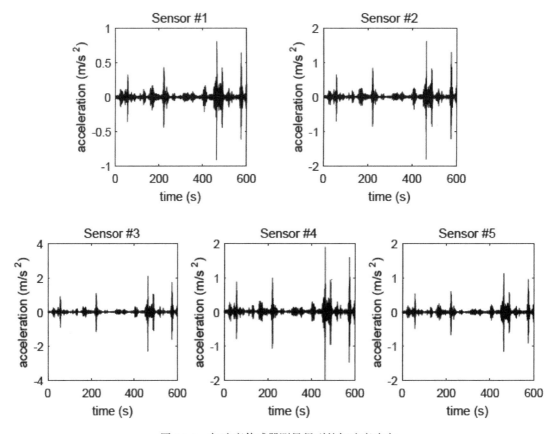

图 8.3-3   加速度传感器测量得到的加速度响应

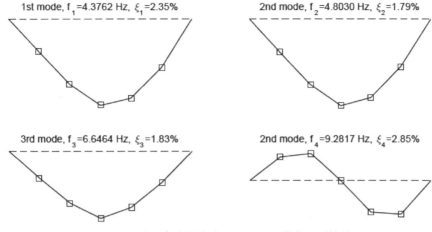

图 8.3-4　小洲便桥的频率、阻尼比、模态识别结果

8.3.2　视觉模态分析

1. 理论

传统的结构健康监测需要大量的传感器以获得足够多的数据。但考虑到经济成本，以及传感器本身的质量，传感器附着在结构进行数据采集的时候，一定程度上改变了结构的动力特性，从而带来了模型误差。对此，基于非接触式的数据特征提取方向成为新兴的研究方向。

目前比较成熟的有基于多普勒效应的激光测量方法，该方法利用光学效应包括相位差信息等实现位移、速度、加速度的测量。另外一种方法则是基于视频数据的方法。在控制领域，基于视觉的状态估计是信息获取的重要方法。受这一思想的启发，可以利用视频上的光流特性，包括但不限于亮度变换、相位变化，从中提取位移、速度、加速度等信息。当获得物理数据时，即可以通过特征提取的方法，实现模态参数识别。

我们提出的基于视频求解结构模态的方法 [17]，主要通过以下步骤实现。（1）利用光学传感器获得结构的响应视频数据。（2）直接从视觉数据中识别视觉模态参数，即视觉模态分析。（3）从视觉模态参数中恢复物理模态参数。例如，可以基于光流的方法构建物理参数和图片参数的映射关系。

可以推导出物理响应 U（structural motions）和视觉响应 u（image motions）之间存在一个变换矩阵 R，使得：

$$u(x,t) = R \cdot U(X,t) \tag{8.3-9}$$

基于光流理论，可以求解出在小运动下的光流方程，即：

$$\frac{\partial I}{\partial t}(x,t) = -\nabla I_0(x) \cdot \dot{u}(x,t) \tag{8.3-10}$$

其中 I 是图像点的灰度。那么视觉模态分解可以表示为：

$$I(\boldsymbol{x}, t) = I_0(\boldsymbol{x}) + \sum_{k=1}^{n} \varphi I_k(\boldsymbol{x}) q_k(t),$$

$$\varphi I_k(\boldsymbol{x}): = -\nabla I_0(\boldsymbol{x}) \boldsymbol{R}\phi_k(\boldsymbol{X}) \tag{8.3-11}$$

回顾 FDD 的分解方法，对灰度函数进行功率谱密度求解，那么可以得到 I 的另外一个表达式。在低阻尼状态下有：

$$S_{dd}(\omega) \doteq S_0 \delta(\omega) + \sum_{k \in S_{ab}(\omega)} \varphi_{dk} \varphi_{dk}^H \left(\frac{d_k}{i\omega - \lambda_k} + \frac{\overline{d}_k}{-i\omega - \overline{\lambda}_k} \right) \tag{8.3-12}$$

从功率谱密度函数表达式可以发现，在感兴趣的频率附近，S_{dd} 具有峰值。通过功率谱密度函数求解出来的频率和阻尼是真实物理坐标下的。但由于图像中的模态和真实模态存在一定的映射关系，需要构造以下关于灰度函数 I 和模态 ϕ 之间的目标函数。所需要的物理模态应该使得目标函数的值最小。

$$\begin{aligned}\boldsymbol{R}\phi_k(X) &= \arg\min_z \sum_{x \in V(x_0) \subset \Omega_{zot}} (\varphi I_k(\boldsymbol{x}) + \nabla I_0(\boldsymbol{x}) z)^2 \\ &= -\left[\sum_{x \in V(x_0)} (\nabla I_0(\boldsymbol{x}))^T \nabla I_0(\boldsymbol{x}) \right]^{-1} \left[\sum_{x \in V(x_0)} (\nabla I_0(\boldsymbol{x}))^T \varphi I_k(\boldsymbol{x}) \right]\end{aligned} \tag{8.3-13}$$

2. 四层框架结构模态识别

如图 8.3-5 所示，这是所研究的一个四层框架，其每一层框架在使用加速度传感器采集数据的同时，也利用摄像机获取视频数据。利用加速度传感识别得到的结果如图 8.3-6、图 8.3-7 所示。从结果图中可以发现，现有的基于传感器的 FDD 方法可以较好地识别结构的实验模态，并且同时具有较高的准确性和实际应用价值。

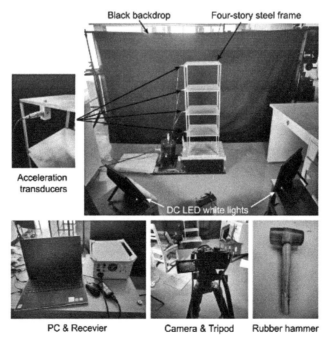

图 8.3-5   四层框架实测图

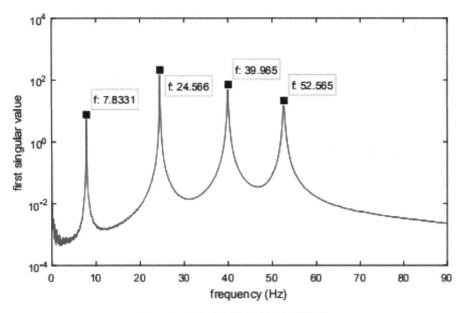

图 8.3-6　基于加速度数据的频率识别

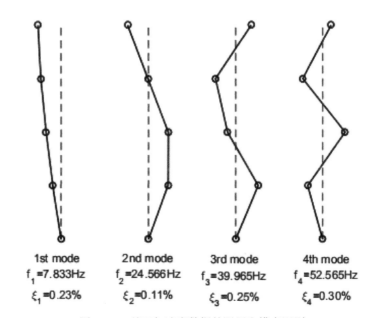

1st mode	2nd mode	3rd mode	4th mode
f_1=7.833Hz	f_2=24.566Hz	f_3=39.965Hz	f_4=52.565Hz
ξ_1=0.23%	ξ_2=0.11%	ξ_3=0.25%	ξ_4=0.30%

图 8.3-7　基于加速度数据的阻尼和模态识别

使用基于视觉的识别技术，可以得到如图 8.3-8 和图 8.3-9 的模态识别结果。模态识别结果对比如表 8.3-3 所示。从表 8.3-3 可以看出：

（1）相对频率误差均小于 0.3%，因此通过视觉模态分析可以完美识别自然频率。

（2）除第三阻尼比外，阻尼比绝对误差小于 0.09%，表明这些阻尼比已被很好地确定。即使对于第三阻尼比，绝对误差也变为 0.67%，仍然可以接受。

（3）对比 MAC 值，它们都大于 0.995，这意味着可以从视觉数据中很好地识别模态。

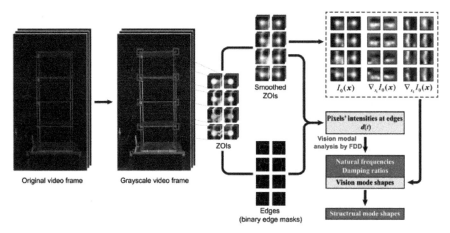

图 8.3-8　基于视觉的模态参数识别框架

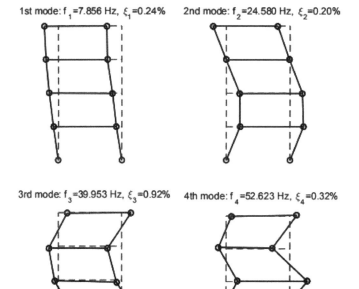

图 8.3-9　基于视觉的模态识别

表 8.3-3　识别结果对比表

模态阶级	参考值		识别结果				
	f（Hz）	ξ	f^{id}（Hz）	ξ^{id}	MAC	RE（f^{id}）	AE（ξ^{id}）
1	7.833	0.23%	7.856	0.24%	0.9987	0.29%	0.01%
2	24.566	0.11%	24.580	0.20%	0.9988	0.06%	0.09%
3	39.965	0.25%	39.953	0.92%	0.9986	0.03%	0.67%
4	52.565	0.30%	52.623	0.32%	0.9955	0.11%	0.02%

8.4　损伤识别方法 ···

通过以上的工作，可以获得结构的模态数据，接下来，将基于模态数据进行损伤识别。大部分建筑结构可以用图 8.1-1 中的 n 层剪切层模型来描述，其中各层质量由 m_1，m_2，$\cdots$，$m_n > 0$ 表示，各层刚度为 k_1，k_2，$\cdots$，$k_n > 0$。因此，其质量矩阵 $\boldsymbol{M}$ 和刚度矩阵 $\boldsymbol{K}$ 可以被表示为：

$$\boldsymbol{M} = \begin{bmatrix} m_1 & 0 & \cdots & 0 & 0 \\ 0 & m_2 & \cdots & 0 & 0 \\ \vdots & \vdots & \ddots & \vdots & \vdots \\ 0 & 0 & \cdots & m_{n-1} & 0 \\ 0 & 0 & \cdots & 0 & m_n \end{bmatrix},$$

$$\boldsymbol{K} = \begin{bmatrix} k_1 + k_2 & -k_2 & \cdots & 0 & 0 \\ -k_2 & k_2 + k_3 & \cdots & 0 & 0 \\ \vdots & \vdots & \ddots & \vdots & \vdots \\ 0 & 0 & \cdots & k_{n-1} + k_n & -k_n \\ 0 & 0 & \cdots & -k_n & k_n \end{bmatrix}$$

（8.4-1）

对应于测量的模态数据，则对其进行损伤识别的系统方程为特征方程：

$$\boldsymbol{K}\boldsymbol{\phi}_i = \lambda_i \boldsymbol{M}\boldsymbol{\phi}_i$$

（8.4-2）

其中，$\lambda_i = \omega_i^2$ 是第 i 个特征值，ω_i 为第 i 个特征频率；$\boldsymbol{\phi}_i$ 是对应的模态振型。

利用实际结构的测量模态数据，将测量的 n_{eig} 个特征值表示为 $\hat{\lambda}_{a1}$，$\hat{\lambda}_{a2}$，$\cdots$，$\hat{\lambda}_{an_{eig}}$，相应的 n_{eig} 个模态振型为 $\hat{\boldsymbol{\phi}}_{a1}^S$，$\hat{\boldsymbol{\phi}}_{a2}^S$，$\cdots$，$\hat{\boldsymbol{\phi}}_{an_{eig}}^S$，（其中 $\boldsymbol{S}$ 为测量的自由度的集合，例如，测量的是第一和第三个自由度，则 $\boldsymbol{S} = [1, 3]$）。除了测得的自由度 $\boldsymbol{S}$ 之外，剩余的未测量的自由度的集合由 $\boldsymbol{U}$ 表示，则实际结构的整个模态振型 $\boldsymbol{\phi}_a$ 由 $\boldsymbol{S}$ 和 $\boldsymbol{U}$ 两个部分组成，被表示为 $\boldsymbol{\phi}_a = [\boldsymbol{\phi}_a^S; \boldsymbol{\phi}_a^U]$。那么，可以将损伤识别问题陈述为从测量得的实际结构的模态数据 $\hat{\boldsymbol{E}}_a = [\{\hat{\lambda}_{ai}, \hat{\boldsymbol{\phi}}_{ai}^S\}, i = 1, 2, \cdots, n_{eig}]$ 中通过特征方程反向识别刚度，或称为损伤参数 $\boldsymbol{p} = [k_1, k_2, \cdots, k_n]$ 的过程。

8.4.1　模态改变修正策略

该策略主要是对测量得到的模态数据进行处理[9]。对于需要识别损伤的层数为 n 的实际结构，首先假设一个各层质量与刚度均为 1（即 m_1，$\cdots$，$m_n = 1$，k_1，$\cdots$，$k_n = 1$）的 n 层剪切层模型，对应地来模拟未损伤的实际结构。通过特征方程（8.4-2）可求得该假设模型的特征值 $\hat{\lambda}_{0i}$ 与模态振型 $\hat{\boldsymbol{\phi}}_{0i}$。接下来引入模态改变修正公式：

$$\hat{\lambda}_i = \hat{\lambda}_{0i} + \frac{\hat{\lambda}_{0i}}{\hat{\lambda}_{a0i}}(\hat{\lambda}_{ai} - \hat{\lambda}_{a0i})$$

$$\hat{\boldsymbol{\phi}}_i^S = \hat{\boldsymbol{\phi}}_{0i}^S + (\hat{\boldsymbol{\phi}}_{ai}^S - \hat{\boldsymbol{\phi}}_{a0i}^S)$$

（8.4-3）

其中，$\hat{\lambda}_{a0i}$、$\hat{\boldsymbol{\phi}}_{a0i}^S$ 为实际结构未发生损伤前测量的模态数据，$\hat{\lambda}_{ai}$、$\hat{\boldsymbol{\phi}}_{ai}^S$ 为实际结构损伤后的测量模态数据（$i = 1, 2, \cdots, n_{eig}$，$\boldsymbol{S}$ 为测量自由度的集合）。通过式（8.4-3）得到的 $\hat{\lambda}_j$、$\hat{\boldsymbol{\phi}}_j^S$，即为对应于发生损伤后的假设模型的模态数据，于是假设模型便与实际结构形成了联系。

本章对实际结构的损伤识别转换为对该假设的剪切层模型的损伤识别，陈述为：从模态数据 $\hat{\boldsymbol{E}} = [\{\hat{\lambda}_i, \hat{\boldsymbol{\phi}}_i^S\}, i = 1, 2, \cdots, n_{eig}]$ 中通过特征方程反向识别损伤参数 $\boldsymbol{p} = [k_1, k_2, \cdots, k_n]$。从以上对该策略的具体介绍中，可以明显看出其最大亮点是：除了测量的模态数据以外，仅需要得知实际结构的层数，不需要其他的结构信息（包括其各层质量与刚度等），即可通过假设模型的损伤识别来得出实际的损伤情况。

8.4.2 稀疏正则化

由方程（8.4-2）可以看出，对应于假设模型损伤后的模态数据 $\hat{\boldsymbol{E}}$ 的预测数据 $\boldsymbol{E} = [\{\lambda_i, \boldsymbol{\phi}_i^S, i = 1, 2, \cdots, n_{eig}\}]$ 显然是损伤参数 $\boldsymbol{p}$ 的隐函数。那么，根据解决反问题的一般思路，可以获得如下非线性最小二乘目标函数：

$$g_{LS}(\boldsymbol{p}) = \| \hat{\boldsymbol{E}} - \boldsymbol{E}(\boldsymbol{p}) \|^2 \tag{8.4-4}$$

其中 $\| \cdot \|^2$ 表示向量的 l^2- 范数。

但是为了使目标函数可以更方便地与稀疏正则化相结合且不产生额外的计算成本，在这里将定义一个新的目标函数 $g(\boldsymbol{p})$，它与前式中更为常用的 $g_{LS}(\boldsymbol{p})$ 有所区别，具体如下：

首先，将刚度矩阵 $\boldsymbol{K}$ 进行如下分解：

$$\boldsymbol{K} = \boldsymbol{LDR} \tag{8.4-5}$$

其中，$\boldsymbol{D}$ 是通过损伤参数 $\boldsymbol{p}$ 的对角化获得的对角正定矩阵，即：

$$\boldsymbol{D} = diag(\boldsymbol{p}) = \begin{bmatrix} k_1 & 0 & \cdots & 0 & 0 \\ 0 & k_2 & \cdots & 0 & 0 \\ \vdots & \vdots & \ddots & \vdots & \vdots \\ 0 & 0 & \cdots & k_{n-1} & 0 \\ 0 & 0 & \cdots & 0 & k_n \end{bmatrix}$$

对于剪切层结构模型，$\boldsymbol{L}$，$\boldsymbol{R}$ 是两个如下的可逆的常数矩阵：

$$\boldsymbol{R} = \boldsymbol{L}^T = \begin{bmatrix} 1 & 0 & \cdots & 0 & 0 \\ -1 & 1 & \cdots & 0 & 0 \\ \vdots & \vdots & \ddots & \vdots & \vdots \\ 0 & 0 & \cdots & 1 & 0 \\ 0 & 0 & \cdots & -1 & 1 \end{bmatrix}$$

然后，可以由等式（8.4-2）与式（8.4-5）得到关于损伤参数 $\boldsymbol{p}$ 解耦的方程：

$$\boldsymbol{LDR}\boldsymbol{\phi}_i = \lambda_i \boldsymbol{M}\boldsymbol{\phi}_i \Rightarrow \boldsymbol{DR}\boldsymbol{\phi}_i = \lambda_i \boldsymbol{L}^{-1}\boldsymbol{M}\boldsymbol{\phi}_i \tag{8.4-6}$$

最后结合假设模型的模态数据 $\hat{\boldsymbol{E}}$，将式（8.4-6）的差值最小化，可以获得最终的目标函数：

$$(\{\boldsymbol{\phi}_i\}_{i=1}^{n_{eig}},\ \boldsymbol{p}) = \sum_{i=1}^{n_{eig}}(\boldsymbol{D}(\boldsymbol{p})\boldsymbol{R}\boldsymbol{\phi}_i - \hat{\lambda}_i\boldsymbol{L}^{-1}\boldsymbol{M}\boldsymbol{\phi}_i)^T\boldsymbol{D}(\boldsymbol{p})^{-1}(\boldsymbol{D}(\boldsymbol{p})\boldsymbol{R}\boldsymbol{\phi}_i - \hat{\lambda}_i\boldsymbol{L}^{-1}\boldsymbol{M}\boldsymbol{\phi}_i)$$

（8.4-7）

满足 $\boldsymbol{\phi}_i^S = \hat{\boldsymbol{\phi}}_i^S,\ i = 1,\ 2,\ \cdots,\ n_{eig}$。

在损伤识别中使用不完整的模态数据，会因模态数据量不足（甚至少于损伤发生的数量）而使识别结果对测量噪声非常敏感。为了克服这个缺点，我们引入了稀疏正则化。

令 $\boldsymbol{p}_0 = [k_{0_1},\ \cdots,\ k_{0_n}]$ 代表一个完整结构的刚度参数。为了更好地利用损伤自身的稀疏性来弥补数据量的不足，这里加入稀疏限制，即使损伤位置的数量（或者说损伤出现后 $\boldsymbol{p}$ 中发生改变的参数）越少越好。从数学的角度看，稀疏限制可以通过最小化下面的 l^q-范数项来实现，

$$\|\boldsymbol{p}-\boldsymbol{p}_0\|_q^q := \sum_{j=1}^{n}\|k_j - k_0\|^q,\ 0 < q \leqslant 1$$

（8.4-8）

虽然当 q 的值在 0 到 1 之间都能保证解的稀疏性，但只有当 $q = 1$ 时，这是一个凸问题，能通过线性规划的方法进行快速求解，所以稀疏正则化也被称为 l_1- 正则化。在本书中，为了施加损伤识别问题的稀疏限制，将稀疏正则化项（即 $q=1$ 的 l^q-范数项）式（8.4-8）合并到目标函数 $g(\{\boldsymbol{\phi}_i\}_{i=1}^{n_{eig}},\ \boldsymbol{p})$ 中，这就得到了结合了稀疏正则化的目标函数。

$$g_\mu(\{\boldsymbol{\phi}_i\}_{i=1}^{n_{eig}},\ \boldsymbol{p}) = \sum_{i=1}^{n_{eig}}(\boldsymbol{D}(\boldsymbol{p})\boldsymbol{R}\boldsymbol{\phi}_i - \hat{\lambda}_i\boldsymbol{L}^{-1}\boldsymbol{M}\boldsymbol{\phi}_i)^T\boldsymbol{D}(\boldsymbol{p})^{-1}(\boldsymbol{D}(\boldsymbol{p})\boldsymbol{R}\boldsymbol{\phi}_i - \hat{\lambda}_i\boldsymbol{L}^{-1}\boldsymbol{M}\boldsymbol{\phi}_i) + \mu\|\boldsymbol{p}-\boldsymbol{p}_0\|_1^1$$

（8.4-9）

满足 $\boldsymbol{\phi}_i^S = \hat{\boldsymbol{\phi}}_i^S,\ i = 1,\ 2,\ \cdots,\ n_{eig}$。其中 $\mu \geqslant 0$ 是正则化参数，后面将对其合理选择以便对损伤进行良好识别。

8.4.3　交替最小化方法求解目标函数

交替最小化法是一个用来解决凸极小化问题的迭代方法。利用交替最小化方法求解损伤识别目标函数（8.4-9）的步骤过程如下：

首先，参数初始化。将初始损伤参数设置为未发生损失的完整结构的参数，即，令 $\boldsymbol{p}^{(0)} = \boldsymbol{p}_0$。然后，依次求解 $\boldsymbol{p}^{(k)}$，$k = 1,\ 2,\ \cdots$。这里将分为两步：

第一步，模态恢复。从不完整的模态振型中恢复完整的振型。

$$\{\boldsymbol{\phi}_i^{(k)}\}_{i=1}^{n_{eig}} = \arg_{\boldsymbol{\phi}_i^S = \hat{\boldsymbol{\phi}}_i^S,\ i=1,\ 2,\ \cdots,\ n_{eig}}\min g_\mu(\{\boldsymbol{\phi}_i\}_{i=1}^{n_{eig}},\ \boldsymbol{p}^{(k-1)})$$

（8.4-10）

第二步，参数识别。最终的损伤参数可以从完整的模态数据中识别出来。

$$\boldsymbol{p}^{(k)} = \arg\min_{\boldsymbol{p}} g_\mu(\{\boldsymbol{\phi}_i^{(k)}\}_{i=1}^{n_{eig}},\ \boldsymbol{p})$$

（8.4-11）

其次将详细地讲述如何完成这两步。

对于第一步（8.4-10）来说，给定损伤参数 $p^{(k-1)}$，恢复模态，可以结合目标函数（8.4-7），简化为最小化 $\sum_{i=1}^{n_{eig}} \boldsymbol{\phi}_i^T \boldsymbol{A}_i \boldsymbol{\phi}_i$（即（式8.4-9）中的第一项）。其中，

$$\sum_{i=1}^{n_{eig}} \boldsymbol{\phi}_i^T \boldsymbol{A}_i \boldsymbol{\phi}_i := \sum_{i=1}^{n_{eig}} \begin{pmatrix} \boldsymbol{\phi}_i^S \\ \boldsymbol{\phi}_i^U \end{pmatrix}^T \begin{pmatrix} A_{iSS} & A_{iUS}^T \\ A_{iUS} & A_{iUU} \end{pmatrix} \begin{pmatrix} \boldsymbol{\phi}_i^S \\ \boldsymbol{\phi}_i^U \end{pmatrix} \quad (8.4-12)$$

满足 $\boldsymbol{\phi}_i^S = \hat{\boldsymbol{\phi}}_i^S$，$i = 1, 2, \cdots, n_{eig}$，

且 $\boldsymbol{A}_i = (\boldsymbol{D}(p^{(k-1)})\boldsymbol{R} - \hat{\lambda}_i \boldsymbol{L}^{-1}\boldsymbol{M})^T \boldsymbol{D}(p^{(k-1)})^{-1} (\boldsymbol{D}(p^{(k-1)})\boldsymbol{R} - \hat{\lambda}_i \boldsymbol{L}^{-1}\boldsymbol{M})$

那么，就可以得到第一步的解：

$$\boldsymbol{\phi}_i^{(k)} = \begin{bmatrix} \hat{\boldsymbol{\phi}}_i^S \\ -A_{iUU}^{-1} A_{iUS} \hat{\boldsymbol{\phi}}_i^S \end{bmatrix}, \quad i = 1, 2, \cdots, n_{eig} \quad (8.4-13)$$

对于第二步来说，在根据得到的完整的模态数据求解损伤参数前，先对目标函数（8.4-11）中的 $g_\mu(\{\boldsymbol{\phi}_i^{(k)}\}_{i=1}^{n_{eig}}, \boldsymbol{p})$ 进行如下处理：

$g_\mu(\{\boldsymbol{\phi}_i^{(k)}\}_{i=1}^{n_{eig}}, \boldsymbol{p})$

$$= \sum_{i=1}^{n_{eig}} \{ (\boldsymbol{R}\boldsymbol{\phi}_i^{(k)})^T \boldsymbol{D}(\boldsymbol{p})\boldsymbol{R}\boldsymbol{\phi}_i^{(k)} + (\hat{\lambda}_i \boldsymbol{L}^{-1}\boldsymbol{M}\boldsymbol{\phi}_i^{(k)})^T \boldsymbol{D}(\boldsymbol{p})^{-1}(\hat{\lambda}_i \boldsymbol{L}^{-1}\boldsymbol{M}\boldsymbol{\phi}_i^{(k)})$$
$$- 2(\boldsymbol{R}\boldsymbol{\phi}_i^{(k)})^T (\hat{\lambda}_i \boldsymbol{L}^{-1}\boldsymbol{M}\boldsymbol{\phi}_i^{(k)}) \} + \mu\|\boldsymbol{p} - \boldsymbol{p}_0\|_1^1 \quad (8.4-14)$$
$$= \sum_{j=1}^{n} \left\{ a_j k_j + \frac{b_j}{k_j} + \mu|k_j - k_{0_j}| \right\} + c$$

其中，$a_j = \sum_{i=1}^{n_{eig}} (\boldsymbol{R}\boldsymbol{\phi}_i^{(k)})_j^2$，$b_j = \sum_{i=1}^{n_{eig}} (\hat{\lambda}_i \boldsymbol{L}^{-1}\boldsymbol{M}\boldsymbol{\phi}_i^{(k)})_j^2$，

$c = -2\sum_{i=1}^{n_{eig}} (\boldsymbol{R}\boldsymbol{\phi}_i^{(k)})^T (\hat{\lambda}_i \boldsymbol{L}^{-1}\boldsymbol{M}\boldsymbol{\phi}_i^{(k)})$（$(\boldsymbol{v})_j$ 代表向量 $\boldsymbol{v}$ 的第 j 个元素）

那么，第二步中求 $\boldsymbol{p}^{(k)} = [k_1^{(k)}, \cdots, k_n^{(k)}]$，化简为如下等式：

$$k_j^{(k)} = \arg\min_{k_j > 0} \left\{ a_j k_j + \frac{b_j}{k_j} + \mu|k_j - k_{0_j}| \right\}$$

$$= \begin{cases} \sqrt{\dfrac{b_j}{k_j + \mu}} & \text{if } \mu < \dfrac{b_j}{k_{0_j}^2} - a_j, \\ \sqrt{\dfrac{b_j}{a_j - \mu}} & \text{if } \mu < a_j - \dfrac{b_j}{k_{0_j}^2}, \\ k_{0_j} & \text{if } \mu \geq \left| \dfrac{b_j}{k_{0_j}^2} - a_j \right| \end{cases} \quad (8.4-15)$$

以上便是交替最小化方法求解目标函数（8.4-9）的全部过程。而且从式（8.4-10）到式（8.4-15）的推导过程中可发现，不需要开展模态数据对损伤参数的灵敏度分析。此外，稀疏正则化项在第二步才出现，相对于不考虑稀疏正则化（$\mu = 0$）的情况，考虑稀疏正则化（$\mu > 0$）几乎不会导致额外的计算和分析成本。

在进行第二步前，需要合理地确定稀疏正则化参数 μ 的值，接下来将讨论如何确

定 μ。

8.4.4 确定正则化参数 μ

由式（8.4-15）可看出，稀疏正则化参数 μ 越大，损伤（向量 $\boldsymbol{p}^{(k)} - \boldsymbol{p}_0$）就会越稀疏。接下来将会采用阈值法确定参数 μ。

首先，参照式（8.4-15），定义一个对应于 n 个损伤参数的临界正则化参数序列（参数阈值集）：$\{\mu_{jcr}, j = 1, 2, \cdots, n\}$，满足：

$$\mu_{jcr} = \left| \frac{b_j}{k_{0_j}^2} - a_j \right| \tag{8.4-16}$$

则当 $\mu > \mu_{jcr}$，$k_j^{(k)} = k_0$，第 j 个损伤参数不会发生变化，即第 j 个刚度没有损伤；而当 $\mu < \mu_{jcr}$，第 j 个刚度发生损伤。此外，当 $\mu_{icr} > \mu_{jcr}$，$i, j \in \{1, 2, \cdots, n\}$ 时，这意味着在第 i 个刚度发生损伤的可能性大于第 j 个刚度，且当 $\mu_{icr} = \max \{\mu_{jcr}, j = 1, 2, \cdots, n\}$，可推断出损伤发生在第 i 个刚度的可能性最大。

由此，进一步将阈值集 $\{\mu_{jcr}, j = 1, 2, \cdots, n\}$ 按大小降序排列成一个新的序列 $\{\hat{\mu}_{1cr} \geqslant \hat{\mu}_{2cr} \geqslant \cdots \geqslant \hat{\mu}_{ncr}\}$，那么如果 $\hat{\mu}_{lcr} > \mu \geqslant \hat{\mu}_{(l+1)cr}$，$l < n$，损伤发生的参数数量就为 l。在实际运用的时候，充分考虑以下条件：一方面，l 必须小于所有可能发生损伤的位置数量；另一方面，选择的 l 应使 $\hat{\mu}_{(l+1)cr}$ 远小于 $\hat{\mu}_{lcr}$，这里可定义一个鉴别比 α 使得 $\hat{\mu}_{(l+1)cr} < \alpha \hat{\mu}_{jcr}$。经过以上考虑，就可以合理定义一个数 l，并设 $\mu = \hat{\mu}_{(l+1)cr}$。这样的话，由稀疏正则化引起的识别结果的误差就能变得尽可能小。

结合模态改变修正策略与稀疏正则化的损伤识别方法的可行性将由以下算例进行验证。

8.4.5 美国土木工程协会（IASC-ASCE）的标准实验案例分析

在不同的结构健康监测／损伤识别研究中，总是使用不同的方法对不同的建筑结构进行分析，这就导致不同方法之间难以进行比较，而这个 Benchmark 模型的提出可以提供一个标准的平台来对不同的结构健康监测方法进行评估与比较。

该结构是一个 4 层 2m×2m 跨的钢框架结构，其余参数如图 8.4-1 所示，可以分为 6 个损伤案例（Case1~6），Benchmark 问题从识别损伤的难度，由易到难定义了 6 种损伤工况：

（1）除去第一层所有斜撑；

（2）除去第一和第三层所有斜撑；

（3）除去第一层一根斜撑；

（4）除去第一和第三层各一根斜撑；

（5）与第（4）种工况相同，且第一层一个梁柱连接处松动；

（6）第一层一根斜撑损失 1/3 的刚度。

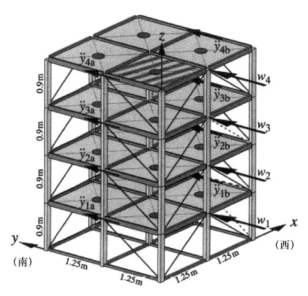

图 8.4-1　IASC-ASCE 损伤识别标准模型

为对该模型进行损伤识别，可将其简化为一个 $n = 4$ 层高的剪切层模型（无论是 x 方向还是 y 方向）。根据模态改变修正策略，其质量矩阵将设为主对角线全为 1 的单位矩阵（即 $m_1 = m_2 = \cdots = m_n = 1$），且未发生损失的结构初始刚度也设为 $k_{01} = k_{02} = \cdots = k_{0n} = 1$。

为了更好地讨论结构简化带来的误差对识别结果的影响，这里将对 Benchmark 模型的第 2 个和第 6 个模拟案例（Case2、Case6）（表 8.4-1）进行损伤识别，因为这两个案例的数据由更为复杂的 120 个自由度有限元模型生成。对应的不同工况的频率数据将由表 8.4-2 展示。用本书方法识别 Case2 与 Case6 的损伤结果分别展示在图 8.4-2 和图 8.4-3 中，参考文献中的识别结果也一起展示，以便进行对比［识别结果图中的"损伤程度"为初始（未损伤）损伤参数与最终识别的损伤参数之差］。

表 8.4-1　第 2 个和第 6 个模拟仿真案例

类别	Case2	Case6
数据生成模型	120 自由度	120 自由度
楼板质量分布	对称	不对称
施加激励方式	环境激励	激振器激励

表 8.4-2　第 2 个和第 6 个案例不同工况的频率数据

Case	损伤工况	频率数据（Hz）			
		ω_1	ω_2	ω_3	ω_4
2（y 轴）	无损伤	8.21	22.6	35.5	46.1
	工况 1	4.91	18.3	34.0	45.8
	工况 2	4.36	10.3	33.8	37.4

续表

Case	损伤工况	频率数据（Hz）			
		ω_1	ω_2	ω_3	ω_4
6（x 轴）	无损伤	8.41	23.9	39.4	54.9
	工况 1	6.55	20.8	37.7	54.5
	工况 2	5.72	15.1	37.4	47.7
	工况 3	8.41	23.9	39.4	54.9
	工况 4	8.12	23.0	39.1	53.1
	工况 5	8.12	23.0	39.1	53.1
	工况 6	8.41	23.9	39.4	54.9

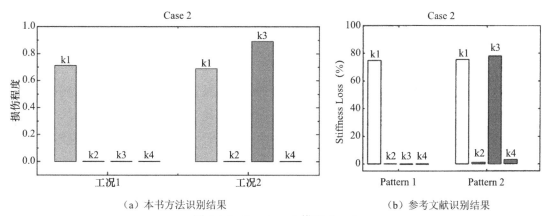

（a）本书方法识别结果　　　　　　　　　（b）参考文献识别结果

图 8.4-2　Benchmark 模型 Case 2

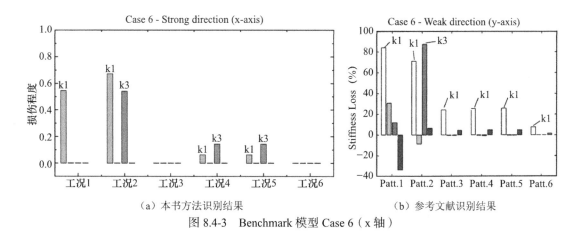

（a）本书方法识别结果　　　　　　　　　（b）参考文献识别结果

图 8.4-3　Benchmark 模型 Case 6（x 轴）

结合不同损伤工况的信息，从图 8.4-2、图 8.4-3 的识别结果中可以得到以下结论：

（1）结合工况 1、工况 2（分别是第一层与第一、三层有损伤），从 Case 2 的识别结果（图 8.4-2）中可以看出，参考文献的结果在未损伤的楼层也识别出了小损伤，而本书方法识别得非常好，仅在有损伤的楼层识别出了损伤。

（2）图8.4-3 Case 6中，本文方法识别工况1（仅第一层有损伤）时并没有识别给出参考文献图中第三层的错误损伤识别结果，更是体现出本书方法在这个算例上的优越性；其余工况的识别结果通过与参考文献结果的对比也可以看出识别效果很好。

以上结果表明，本书方法能够有效、准确地识别剪切层损伤；不仅如此，从这个算例可以明显看出模态改变修正策略的亮点的实用性，仅需要得知剪切层模型的层数，不需要质量、刚度等信息，就可以通过损伤前后的模态测量数据对模型进行有效的损伤识别。这个亮点的优越性将会在下一节的真实结构算例中再次体现。

8.5　模态损伤识别评估方法的应用

模态数据属于动力测试数据，因此，模态损伤识别评估方法属于动力方法。其有如下特点与应用限制：

（1）模态数据能反映结构的整体信息。用于损伤识别时，给出的是结构的整体刚度折减情况，能识别出常规人工检测方法无法处理的内部裂纹、空洞、腐蚀等损伤情况。对于超高层建筑，常规裂纹检测耗费高、效率低，而模态损伤识别则十分方便。但是，当结构只是存在某些小的局部裂纹时，刚度折减并不明显，此时的损伤识别效果并不是特别好。

（2）模态损伤识别适合灾后损伤评估。一般地震灾后的结构会发生较大的刚度折减，用模态损伤识别能较好地识别出刚度折减。

（3）模态损伤识别给出了结果的频率、阻尼比、振型，建立了建筑物的结构模型，可用于台风、地震下的行为预测。

（4）一般而言，动力测试适合比较柔性的结构，因此模态损伤识别适合于中高层（大于6层）混凝土建筑、钢结构建筑等。

基于模态损伤识别方法，在城乡建筑群大数据安全评估与决策系统中成功开发了结构安全模态损伤识别评估模块。该系统模块主要包含以下两个子模块：结构模态识别模块与基于结构模态数据的损伤识别模块。

（1）模态识别模块。根据输入框分别输入结构的动力响应数据、采样频率、计算阶次、分段样本数，选择分析方法（频域分解法或者随机子空间法）以及对应的分析参数，如图8.5-1所示。

（2）损伤识别模块。输入楼层数、模态测试的测点楼层列表以及测量的模态阶次，并设置识别方法的参数如预估损伤上限（即可能发生损伤的最大楼层总数）、alpha值、收敛误差以及最大迭代步数等，如图8.5-2所示。

结构安全模态损伤评估结果分为：

（1）当某一楼层刚度损伤程度＜4%时，视为轻度损伤；

（2）当某一楼层刚度损伤程度介于4%～15%时，视为中度损伤；

（3）当某一楼层刚度损伤程度超过 15% 时，则视为严重损伤。

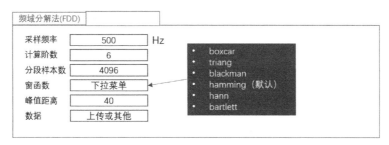

图 8.5-1　模态识别模块界面

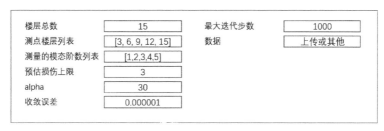

图 8.5-2　模态损伤识别模块界面

8.6　工程实例分析

本节主要应用所提理论和方法分析一个实际七层混凝土建筑（图 8.6-1～图 8.6-3）的损伤识别与安全评估问题，以此阐释所提方法的实用性。这间酒店建于 1966 年，是一个占地 6.3 万平方英尺的钢筋混凝土结构。该建筑结构在经历了 6.4 级大地震及一些余震后，我们对其进行了测试，获取测试数据，然后评估其损伤情况和安全性能。图 8.6-1（b）是该建筑的剪切层模型。

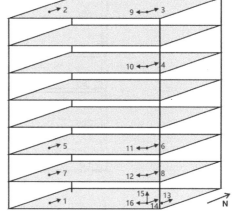

（a）实拍图　　　　　　　　　　　　　（b）剪切层模型

图 8.6-1　某七层酒店建筑

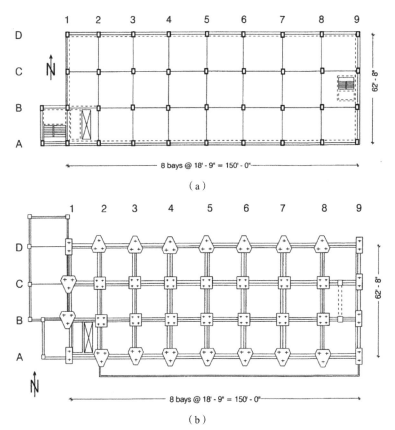

（a）

（b）

图 8.6-2　第一层与地基层平面布置图

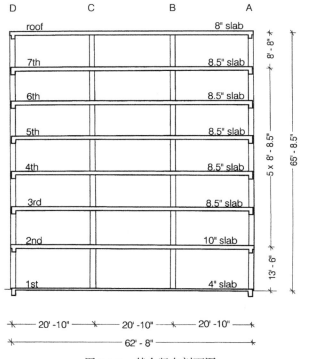

图 8.6-3　某个竖向剖面图

8.6.1　传感器布置与测量数据

根据优化布置方案，将相应加速度计布置于建筑上。图 8.6-4 给出了南面和北面的传感器布置情况，而图 8.6-5 给出了第一、三、五、七层的传感器布置情况。图 8.6-6 给出了某些测点的加速度数据。

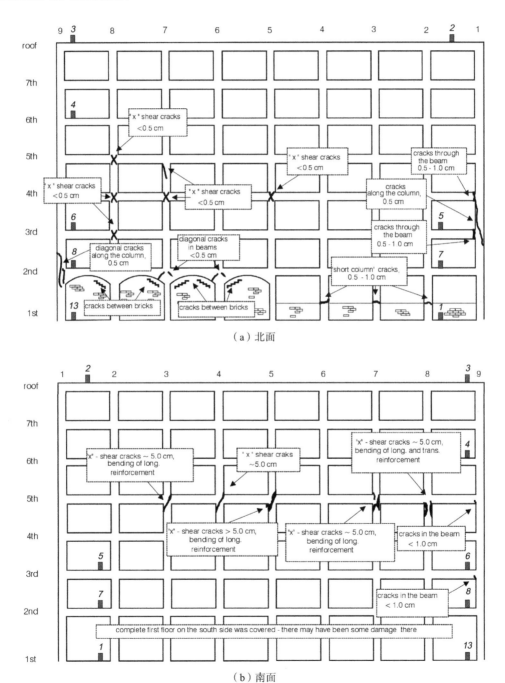

（a）北面

（b）南面

图 8.6-4　传感器布置，以及裂纹分布示意图

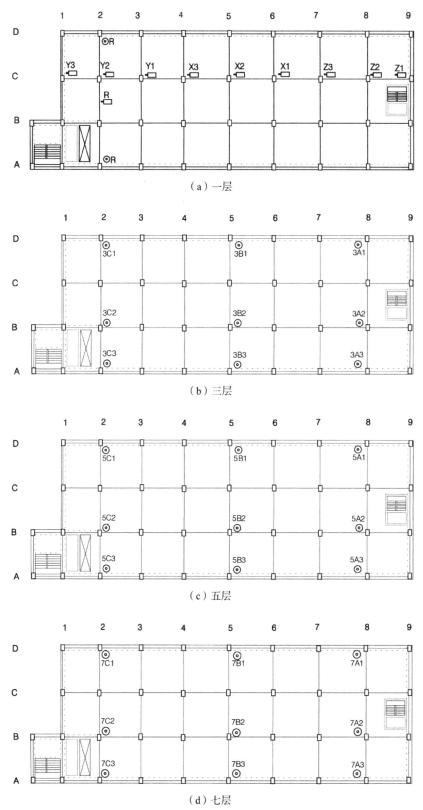

（a）一层

（b）三层

（c）五层

（d）七层

图 8.6-5　各层的传感器布置情况

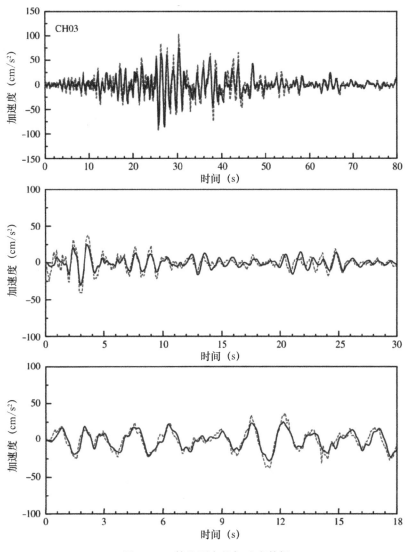

图 8.6-6　某些测点的加速度数据

8.6.2　模态分析结果

　　根据所提模态分析方法，可直接对振动测试数据进行分析，得到建筑结构的模态数据，包括频率和阵型。其中，一阶频率与阵型数据见表 8.6-1。而模态阵型识别结果可见于图 8.6-7 和图 8.6-8，这些包含了弯曲和扭转阵型。

表 8.6-1　地震前后的模态数据

地震事件		地震前	地震后
频率数据（Hz）		0.880	0.512
第一阶模态数据	2 层	0.165	0.163

地震事件		地震前	地震后
第一阶模态数据	3层	0.354	0.384
	6层	0.884	0.947
	屋面层	1.000	1.000

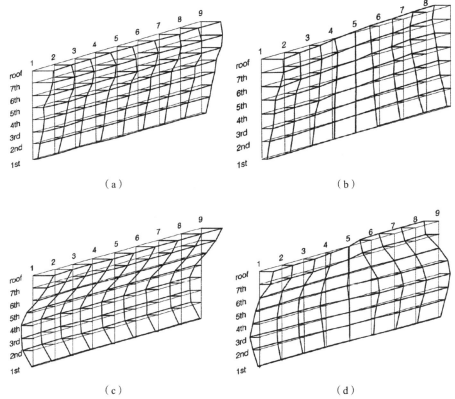

（a） （b）

（c） （d）

图 8.6-7　地震前的结构前四阶模态识别结果

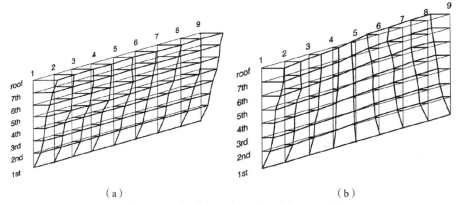

（a） （b）

图 8.6-8　地震后的结构前四阶模态识别结果

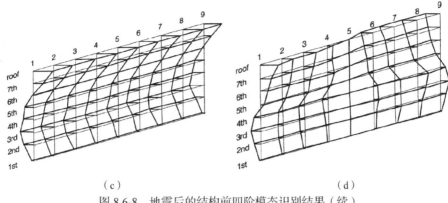

（c）　　　　　　　　　　　　　（d）

图 8.6-8　地震后的结构前四阶模态识别结果（续）

8.6.3　损伤识别与安全评估结果

利用损伤前后的模态数据（表 8.6-1），可结合测量改变修正策略快速识别结果的损伤，然后对其进行安全评估。真实建筑的实际损伤情况无法用已知的发生刚度减少的具体楼层来表述。对于这个建筑，结构的可视损伤大量出现在北面与南面的外部框架上，非结构性的砖墙也发生了严重的损伤，但南北面内部框架没有重要的损伤，楼板也没有看得见的损伤。那么可以从地震后由照相机拍摄记录的裂纹情况得出的南北外部框架的损伤示意图（图 8.6-4）中大致看出纵向不同楼层的损伤情况，用本书方法识别的损伤结果也将会与该示意图进行对比。

通过本书方法，结合纵向的第一阶频率与振型数据对该建筑进行损伤识别，识别结果见图 8.6-9。在图 8.6-9 的南北框架损伤示意图中可以看出，在北面的外部框架上，第一层至第四层均存在不少可视损伤（裂纹），而在南面，第三层与第四层存在可视损伤。对比识别结果（图 8.6-9），在出现了可视损伤的楼层（第一层至第四层）均识别出了较大损伤；而且由于 6 层至 7 层间没有可视损伤，因此尽管在第六层识别出损伤，其程度也比出现可视损伤的楼层明显较小。最后，由于部分位置损伤程度达到 60%，因此认为是发生了严重损伤。

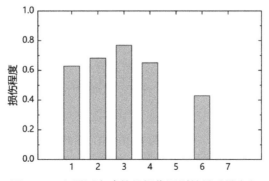

图 8.6-9　七层酒店建筑的损伤识别结果（纵向）

通过对比分析南北外部框架的损伤示意图与本文方法的识别结果，不难证明本书方法的可行性与准确性。不仅如此，本书介绍的模态改变修正策略的亮点在该算例上显现得更加突出。因为不同于实验室的框架结构，对于真实建筑结构，想要获取每一层的刚度信息是非常困难的，而本书方法不需要得知建筑的刚度信息就能较为准确地识别出它的损伤，这对于真实建筑结构的损伤识别研究有非常重要的意义。

8.7　本章小结

综合以上研究内容，可建立实际建筑结构安全模态损伤识别评估的一般流程（图8.7-1）：

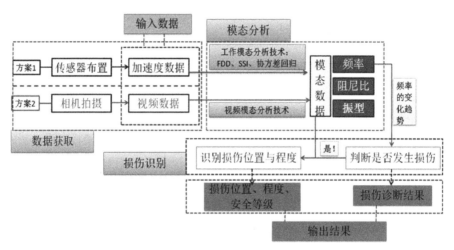

图 8.7-1　模态损伤识别评估的基本流程

（1）获取数据，输入评估系统。这里，为了获取模态数据，主要介绍了两类数据获取方式：常规加速度传感器测量获取加速度响应数据，以及摄像机拍摄获取结构振动视频数据。其中，在大型结构分析中，传感器的最优布置方案参考 8.2 节的最大模态信息准则。一般而言，加速度响应数据便是安全评估系统的输入数据。

（2）模态分析。加速度或者振动视频的数据量庞大，包含很多与结构信息无关的数据，直接存储这些数据会极大地增加所需内存；而模态数据包含结构的本质信息，可用于结构损伤诊断，且数据规模小，易于存储。因此，需要利用 8.3 节的模态分析技术，从加速度数据或振动视频中提取模态数据。注意，在长期健康监测中，可对测量数据进行实时模态分析（比如基于短时 Fourier 变换），实时从加速度或者视频数据中提取模态信息。

（3）损伤诊断。基于频率或者加速度峰值、位移峰值等典型指标随时间的变化趋势，诊断结构是否存在安全隐患。一般而言，当所测频率均随时间衰减，且衰减幅度达到 2%～5% 时，可认为结构存在损伤；否则，认为结构未发生损伤。

（4）损伤识别与等级评估。当诊断出确实存在损伤时，可根据 8.4 节中损伤识别方法，结合模态数据，识别结构的损伤位置和程度。根据损伤的程度，确定损伤等级：当损伤程度＜4% 时，为轻度损伤；当损伤程度介于 4%～15% 时，为中度损伤；当损伤程度超过 15% 时，则为严重损伤。

最终，安全评估系统输出的是损伤诊断结果（是否发生损伤）、损伤定位与程度、安全等级等结果。

本章参考文献 ···

［1］ Fan W, Qiao P. Vibration-based damage identification methods: a review and comparative study[J]. Structural Health Monitoring, 2011, 10(1): 83-111.

［2］ 朱宏平，余璟，张俊兵. 结构损伤动力检测与健康监测研究现状与展望［J］. 工程力学，2011，28（2）：1-11.

［3］ 姜增国，瞿伟廉，闵志华. 基于小波包分析的结构损伤定位方法［J］. 武汉理工大学学报，2006，28（11）：94-97.

［4］ 李洪泉，欧进萍. 剪切型钢筋混凝土结构的地震损伤识别方法［J］. 哈尔滨建筑大学学报，1996，29（2）：8-12.

［5］ Morita K, Teshigawara M, Hamamoto T. Detection and estimation of damage to steel frames through shaking table tests[J]. Structural Control and Health Monitoring: The Official Journal of the International Association for Structural Control and Monitoring and of the European Association for the Control of Structures, 2005, 12(3-4): 357-380.

［6］ Zhou X Q, Xia Y, Weng S. L1 regularization approach to structural damage detection using frequency data[J]. Structural Health Monitoring, 2015, 14(6): 571-582.

［7］ Hao H, Xia Y. Vibration-based damage detection of structures by genetic algorithm[J]. Journal of Computing in Civil Engineering, 2002, 16(3): 222-229.

［8］ Wang X, Hu N, Fukunaga H, et al. Structural damage identification using static test data and changes in frequencies[J]. Engineering Structures, 2001, 23(6): 610-621.

［9］ Lu Z R, Yin Z, Zhou J, et al. A simple and effective Measurement-Changes-Correction strategy for damage identification with aleatoric and epistemic model errors [J]. Structural Health Monitoring 2021, 20(3): 1196-1220.

［10］ Guo J, Wang L, Takewaki I. Experimental investigation on use of regularization techniques and pre-post measurement changes for structural damage identification [J]. International Journal of Solids and Structures 2020, 185-186, 212-221.

［11］ Wang L, Lu Z R. Sensitivity-free damage identification based on incomplete modal data, sparse regularization and alternating minimization approach[J]. Mechanical Systems and Signal Processing, 2019, 120: 43-68.

[12] Weber B, Paultre P, Proulx J. Structural damage detection using nonlinear parameter identification with Tikhonov regularization[J]. Structural Control and Health Monitoring: The Official Journal of the International Association for Structural Control and Monitoring of the European Association for the Control of Structures, 2007, 14(3): 406-427.

[13] Zhang C D, Xu Y L. Comparative studies on damage identification with Tikhonov regularization and sparse regularization[J]. Structural Control and Health Monitoring, 2016, 23(3): 560-579.

[14] Wang Y, Hao H. Damage identification scheme based on compressive sensing[J]. Journal of Computing in Civil Engineering, 2015, 29(2): 04014037.

[15] Zhou S, Bao Y, Li H, et al. Structural damage identification based on substructure sensitivity and l1 sparse regularization[C]// Proc. SPIE 8692, Sensors and Smart Structures Technologies for Civil, Mechanical, and Aerospace Systems 2013, 86923N (19 April 2013).

[16] Lu Z R, Yang D H, Huang L C, et al. Covariance regression for operational modal analysis[J]. Journal of Vibration and Control, 2022, 28(11-12): 1295-1310.

[17] Lu Z R, Lin G F, Wang L. Output-only modal parameter identification of structures by vision modal analysis[J]. Journal of Sound and Vibration, 2021, 497: 115949.

第9章 基于物联网的建筑物健康监测系统

9.1 健康监测方法概述 ···

9.1.1 健康监测方法

在我国经济持续增长和城市化进程不断加速的大背景下，大规模的基础建设和房屋建筑工程得到了迅猛发展，从而催生众多建筑物。然而，部分建筑物存在着建筑材料品质参差不齐、施工工艺粗糙以及设计标准执行不到位等问题。这些隐患在建筑物的长期使用过程中可能逐渐暴露，进而威胁到人民群众的生命财产安全。鉴于此，提升建筑质量、严格执行设计规范以及运用先进的监测技术成为当前亟待解决的问题。利用监测技术对房屋倒塌、倾斜等事故进行预防和控制具有十分重要的意义。通过实时监测建筑物的结构状态和安全性能，能够及时发现并处理潜在的安全隐患，防止事故的发生[1]。因此，研究和实现远程监测系统具有非常重要的意义。

本章的建筑物健康监测方法主要对建筑的"健康状况"进行远程、连续的监测和评估，进而提高建筑物的安全监管水平。整套建筑物健康监测系统包括了数据采集、传输通信、监管云平台三个模块，这三大模块可以实现对建筑物进行实时监测，并对周边环境的物理量信息进行采集和处理，这些物理信息包括应力应变、裂缝、沉降、风速风向等。一旦监测数据触发预警、报警值，系统将对预警、报警信息进行及时通知发布。

（1）数据采集模块是通过应力应变计、静力水准仪、倾角仪、裂缝计等监测设备对建筑物裂缝、温湿度、沉降等物理量进行实时监测，并同时对自然环境数据进行采集。传感器将数据传输给采集仪，自动一体化综合采集仪再对各传感器测量到的数据进行异常数据处理，数据再通过传输通信模块实时传输至监管云平台。

（2）传输通信模块可通过 LoRa、NB、5G、蓝牙等多种无线通信方式，将数据采集模块 24 小时实时监测采集到的数据传输至监测监管云平台系统。

（3）监测监管云平台接收所有的监测数据，根据不同数据的监测类型按照对应的逻辑算法和计算公式进行梳理，得到建筑物主体的应力、变形等信息，并用更清晰直观的方式展示。系统可以将监测结果与设定的阈值等进行比较，根据设定好的监测预警值，系统通过平台、短信、APP、上传端、小程序等多种方式进行预警和报警。监测预警系统根据不同监测项设定的阈值分为四个等级：正常、预警、报警、超控（超控是数据超出设定控制值达到的一种警报状态，警报级别高于报警）。

9.1.2 国内外健康监测应用情况

物联网基于互联网智能终端和管理平台实现用户端对建筑物的信息管理和处理。

物联网充分利用其特点实现监测仪器对建筑物的安全参数进行数据采集，通过无线物联网与物联网接轨，实现物联网和互联网的双网协作，再通过平台软件进行数据的梳理归类和展示，用户通过指令控制监测设备，从而实现对建筑物安全、实时的监控。

1984 年美国联合科技公司首次采用建筑设备信息化、整合化概念使用在 City Place Building 建成首栋"智能型建筑"。目前，许多业内专家学者针对不同的建筑监测对象开展了广泛的研究。2009 年，顾营迎针对钢构建筑的特点，采用分布式布局采集方式，开发了钢构建筑安全监测预警系统[2]，实现对多种物理量进行自动数据采集、分析、显示、预警、存储和查询。中国国内建筑物联网的序幕是在 2012 年被中易云物联网科技有限公司掀起的，当时他们推出了国内第一个建筑物联网平台。2014 年，姜帅等人运用先进的物联技术，设计了楼宇健康监测系统，准确地完成了楼宇的健康监测[3]，为楼宇的维护提供了依据。随着智慧监测的理念不断地与实践结合、不断深入、不断实践，使得工程监测体系不断地加以完善，也为本章研究提供了可借鉴经验。

9.2 健康监测项目及仪器选择

9.2.1 监测项目

相应具体监测仪器的结构自动化监测内容，汇总如表 9.2-1 所示。

表 9.2-1 监测仪器简介

监测项目	监测内容	监测仪器
建筑物	结构位移	静力水准仪、拉线位移计、GNSS
	挠度	挠度仪
	裂缝	裂缝计
	倾斜量	倾角仪
	结构加速度	加速度计
	应力	应力应变计
	应变	
气象环境	温度	温湿度计
	湿度	

监测项目	监测内容	监测仪器
风环境	风向	风速风向计
	风速	

9.2.2　监测仪器和监测方式的选择

监测传感器子系统是整个房屋结构监控系统的核心部分之一。通过不同的监测仪器形成传感器网络来收集结构数据，测量项目不同所对应的监测仪器也不同[4]。房屋监测选用的主要监测仪器有：裂缝计、倾角仪、温湿度计、加速度计、静力水准仪、风速风向仪、GNSS 定位系统等。测量指标包括：应力应变、结构动力响应、裂缝、温湿度等。现代监测仪器的结构和原理有了很大改善，针对测量对象监测更加方便和精确。设置传感测量网络，首先根据测量对象的结构，测量的目的和周围环境，选择恰当的监测仪器。监测仪器选择的合理性，很大程度上影响测量结果的准确性。所以监测仪器的选择应综合考虑多个方面，一般有以下几点需要考虑：

（1）根据测量对象与测量环境考虑监测仪器的原理，即使物理结构相同，测量监测仪器也有很多不同，这就需要根据被测结构和监测仪器的特性来选择，条件包括：测量点的监测仪器尺寸要求，接触或非接触的测量方法，监测仪器范围要求，通过有线还是无线传输。

（2）灵敏度。灵敏度是监测仪器的重要性能指标之一，它描述了监测仪器对微小变化的敏感程度。对于监测目标，如果希望传感器对微小的变化有较大的输出响应，那么确实需要选择具备高灵敏度的监测仪器。然而，高灵敏度也伴随着一些挑战，其中之一就是可能产生更大的干扰噪声。干扰噪声可能来源于多种因素，如电磁干扰、环境噪声等。当监测仪器的灵敏度过高时，这些噪声可能会被放大，从而影响监测数据的准确性和可靠性。因此，在选择监测仪器时，需要权衡灵敏度和噪声干扰之间的关系。信噪比（SNR）是一个关键参数，用于衡量监测仪器输出信号中有效信号与噪声的比例。信噪比越大，意味着输出信号中的有效信号成分越高，噪声干扰越小。因此，在这种情况下，选择具备较高信噪比的监测仪器是比较好的选择。

（3）稳定性。建筑物本身处于外界环境暴露作业，有些监测仪器同样应该适应各种复杂的环境变化。为了避免监测仪器在使用过程中受到环境变化影响而产生测量精度下降、监测特性变差等问题，必须选择具备较强的环境适应能力的智能传感器设备。

（4）经济性。达到测量目的的前提下，经济问题是需要考虑的问题，监测仪器费用昂贵将会提高整个系统的成本。应该选择性能稳定、耐用、监测技术水平较高、对环境变化适应性强的监测仪器元件，有利于延长整个监测系统的使用寿命。

传统人工监测和智能监测仪器监测的对比如表 9.2-2 所示。

表 9.2-2　人工监测和智能监测区别

类别	人工监测	智能监测仪器监测
范围	比较小	大
数量	有限	支持大量监测
人力成本	高	长远计算成本较低
监测频率	周期性固定监测	实时高频监测
受外界干扰	大	小
技术和设备	电子倾斜仪、水准仪、全站仪	高精度监测仪器（GNSS、倾角仪、静力水准仪、裂缝计等）结合互联网、物联网、云计算平台等综合性高效的解决方案

基于物联网的智能监测仪器监测与传统的人工监测相比具有以下优点：

（1）房屋监测是一个复杂且多因素影响的任务，需要综合考虑环境、成本、地形、人力等因素。使用低功耗物联网智能检测仪器能够实现多种传感器组网采集系统，一次性自动采集并上传数据信息，从而大大提高房屋监测的效率和便捷性。这种监测方式有助于确保每次监测都能达到高标准、全面性和完整性的要求。

（2）在一些特定的情况下，房屋的人工监测受到外界的影响很难进行，这样就无法做到提前预警，容易发生危险的情况，比如：极端情况下的暴雨、台风、地震、水文地质等；在晚上或其他影响观察和测量的状况下；在突发公共卫生事件下这些特殊时期都难以进行人工监测。智能化监测仪器具有体积小、质量轻、耐腐蚀、耐久性强等特点，安装好后能一直处于低功耗模式下工作很长时间，并且能够把监测数据信息上传到云端平台，实现对老旧房屋健康状况实时、自动化监测，起到很好的预警效果。

（3）传统的人工测量存在的问题：人工测量时仪器本身的光学机械部件会带来误差；不同监测人员使用设备的方法和测量方法不一样会导致采集到的数据出现误差，甚至人为的粗心导致记录有误或者缺失也会造成数据的不真实性；人工监测需要消耗较多时间测量，测量步骤繁琐，一旦测量房屋数量较多时就要花费非常大的时间和精力测量；内业人员对采集回来的海量数据要做整理、计算，分析工作量大、整体耗时多。高精度智能监测设备准确性高、稳定性好，内置滤波算法和自动温度补偿机制能减少其他因素带来的误差，数据通过传输模块传到云端，通过强大的云计算能力对数据进行处理，极大提高了效率，实现了房屋健康监测的高速、准确、无纸化的数据采集和处理。

（4）传统的房屋测量需要专业的监测人员，大范围的监测会增加用人成本和误差的可能性；人工监测无法达到一天多采或相同采集频率采集数据。基于物联网的智能仪器监测在初期布点花费稍高，从长期来看监测成本远低于人工监测，而且智能监测仪器很好地解决了监测成本和效果难以同时满足的尴尬境地。

（5）传统的监测对房屋监测只能选择测点进行监测，受成本的限制无法形成点 - 面的结合方式来测量，具有局限性和片面性，人工测量无法做周边建筑物及地表变形的监测，而且测量时间间隔大，观察监测不够灵敏，相对信息收集反馈较慢，无法及时掌握房屋的安全动态数据，及时选出危险区域。智能监测仪器能够多点多维度布点，采用多样式的监测设备形成完整的立体区域化的监测，同时能够高频率、连续长期监测，对老旧房屋监测起到实时监测、提前预警的作用。

9.3　基于物联网的健康监测系统

9.3.1　物联网监测系统架构

基于物联网的健康监测系统主要包括硬件和软件部分，硬件部分针对不同的项目需要监测的内容，比如裂缝、倾斜量、应力等对应布设相应的传感器和监测仪器，根据设定不同配置和指令，设备采集相关数据和信息打包发送到平台。软件部分主要包括物联平台和监测云平台，物联平台帮助系统接入硬件设备，配置各种硬件设备信息，将硬件设备与建筑物、监测内容很好地联系起来。物联平台对上传数据进行检验和预处理，对异常数据进行过滤和预警后存储起来，最后通过协议把封装和拉升后的数据包传输至监管云平台。图 9.3-1 展示了物联网监测中软硬件关系。

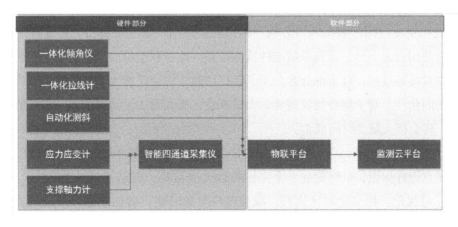

图 9.3-1　物联网监测软硬件图

在建筑监测过程中，布设在建筑物的智能传感器通过设定的采集频率定时对建筑物监测指标进行数据的采集、处理和上传，每天定时采集多次数据，数据上报完成后智能传感器会进入休眠状态，这样能大大降低设备的功耗，实现设备的低功耗，设备在满电状态低功耗模式下一般都能使用 2 年以上。在智能化建筑物监测前端硬件中将一些精度适中、反应灵敏、功耗较低，比如倾角、加速度传感器，作为唤醒系统的"钥匙"。当监听到倾角、振动加速度测项发生变化时，从而带动其他设备工作，设备从休眠状态被"唤醒"，进行厘米级高频动态位移数据采集，其他时间设备处于深度休眠状态，每天定时报送1~2组毫米级静态结算位移监测数据。整个系统通过边缘计算网关能实时反馈最新的预警信息，将险情情报第一时间发送到相关的管理人员手中。

平台系统既可以采用自动化模式采集数据，也可以采用人工采集数据模式采集数据，自动化设备按采集频率将数据采集上传到智能监测云平台，人工采集到的数据也可以通过上传端手动上传的方式传输到云平台，通过巡检记录、三维建模、视频监控、曲线图、自动生成日报、周报、总结报告等多种规范监测报告，实现数据结果的归一化和纸质化的展示。监测数据的信息化和动态化既对数据源的真实性和准确性有了准确的把控，也在很大程度解放了一批需要手动填写报告的工作，提高了效率和管理水平[5]。

9.3.2 健康监测物联平台技术

智能、通用的健康监测物联网平台是对系统各部分硬件设备功能的整合，它是建筑物健康监测系统设计的核心组成部分。该平台旨在迅速集成来自不同制造商、采用不同通信协议的设备，精确地解析、处理和筛选监测数据。它具有操作灵活、流程可视化的特点，使得用户使用起来更加方便，项目监管更加准确，确保监测数据的真实性和可靠性。健康监测物联网平台主要采用了以下三种技术手段来实现快速对接、数据过滤的准确性以及流程的可视化。

（1）DPC技术

DPC技术主要运用于数据入口方面。客户购买不同厂家的设备后，需要将该设备对接进入目前使用的云平台，以获取精准的监测数据。此过程包括协议解析、平台识别协议字段、双方对接等过程，对于部分客户不了解产品时，将会花费大量时间解析协议；其次由于平台的固化性，对于部分协议需要做大量开发，极大增加了沟通成本。若能够有一个兼容协议，将会极大减少时间成本。

因此，物联网管理平台将收集大量设备协议，将其中的共同点抽离并定义好其字段，将其余不同点做好标识，最终建立一个完整的DPC协议库，能够兼容绝大部分设备协议，达到快速、可视化、标准化对接流程，减少客户对接时间，增加效率。最终解决"对接慢"的痛点问题。

规则引擎使用语义模块（节点）编写业务逻辑，实现业务的独立分离，利用规则引擎可以实现不同的业务逻辑做出不同的变化，还可以解释业务规则接受数据输入，如图9.3-2所示。规则引擎可作为物联网平台应对变化的核心。

（2）规则链技术

目前，市场上人工和自动化监测设备的制造商众多，产品质量参差不齐，这导致了采集到的数据精准度存在显著差异。常见的问题包括数据丢失、数据波动和不稳定以及数据出现异常跳变等现象，这些问题迫使客户频繁前往现场核查数据情况，从而增加了维护成本。另外，不稳定的数据会导致后续报告中数据出现各种偏差，最终可能使数据失去有效性。因此，规则链技术在数据的精准解析、计算、处理和过滤方面扮演着至关重要的角色。

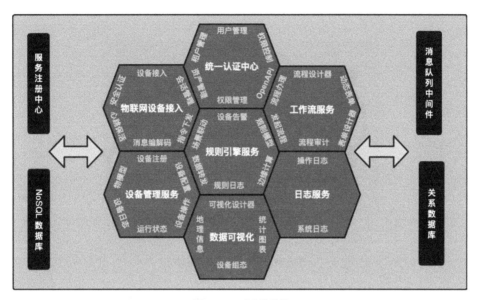

图 9.3-2 规则引擎

物联网管理平台通过将各个数据处理模块规则链化，将大模块梳理成各个节点，通过每个节点组合形成整体，达到代码可视化的效果。利用规则引擎可以对代码业务进行封装的特性，整合脚本语音与动态编译引擎，将部分节点封装成在线代码编辑平台，兼顾引擎的便利性的同时引入灵活性。将完整复杂的编码转换成片段式编程，并提供便捷的测试功能，降低对编码人员的要求。需要对代码可以调用的方法和使用代码平台的角色进行一定的限制，以增加平台的安全性。

（3）物联网管理云平台开发技术

健康监测物联平台的数据经过一系列的处理操作后，得到最终监测值。健康监测物联平台可选择按照不同频率发送到不同的监测云平台，不同的监测云平台接收的数据量也不相同，在云平台上可看见数据表格，展示初始值、测量值等相关数据，监测云平台也可通过曲线图的方式展现监测数据。

9.3.3 适用于建筑群的低功耗硬件产品开发

（1）结构位移监测——一体化拉线位移计

一体化拉线位移计是一款我国自主研发的低功耗的自动一体化的位移监测设备，适用于基坑、房屋监测、边坡、环境监测等多种场景，可实现长期、全天候自动化监测的设备。

一体化拉线位移计集成了可自定义采集频率数据和自动上报数据功能的数据采集模块，带有 GPS 定位功能，可以实现数据的采集、过滤、存储功能。在传输方式上包含 NB-IoT/LoRa ＋ DTU 的 2 种模块，可根据不同环境选择传输方式，内置电池在低功耗模式下可供设备使用两年，如图 9.3-3 所示。设备整体外形结构尺寸小巧、方便灵活且安装简单，连接好设备固定于测点所在环境中可直接使用。

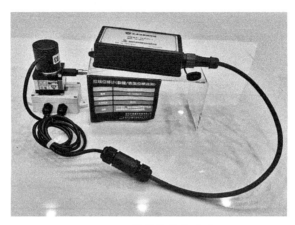

图 9.3-3　体化拉线位移计

拉线位移传感器的拉线采用不锈钢钢丝绳，钢丝绳经过特殊的工艺处理具有强度大、抗腐蚀能力强、无伸缩的特点；绕线弹簧机构采用进口不锈钢材料生产，具有很强的抗腐蚀性，同时还具有收线稳定的特点，使其成为一款具有结构紧凑、尺寸小、测量行程最多可达 3m、使用方便灵活、高精度、高防护性能、功耗低等多种特点工控优选位移监测设备。

（2）结构位移监测——北斗 GNSS

GNSS 定位技术可以监测结构体处于静止状态下的静态位移，同时还能监测到如遇到台风、地震等外力作用下的实时动态位移，通过位移监测采集获取的数据来判断结构的安全状况，通过设置预警、报警值及时警报，提前了解结构物的变形和损伤，大大降低了自然灾害带来的损失。

GNSS 接收机采用自主知识产权 BDS ＋ GPS 双星五频 GNSS 模块，具有很强的定位功能和跟踪能力，在国际卫星定位发展中已经处于很高的水平状态。通过增加卫星的数量提升了 GNSS 形变监测的各方面的性能，特别是在可靠性和应用性上，使高遮挡区域的监测变成了可能。北斗卫星导航定位系统是由 5 颗地球静止轨道卫星构成，可以同步地球保持相对静止，这样的构成可以降低接收机对跟星能力的需求，同时可以提高结算精度。

GNSS 通过数据交换的方式确定接收机的具体位置，具体是通过 4 颗或者 4 颗以上的已知位置的卫星，并且每颗卫星跟接收机的距离已知，通过数据交换的方法来确定 GNSS

接收机的位置，如图 9.3-4 所示，每个监测站都有 GNSS 接收机，如图 9.3-5 所示。

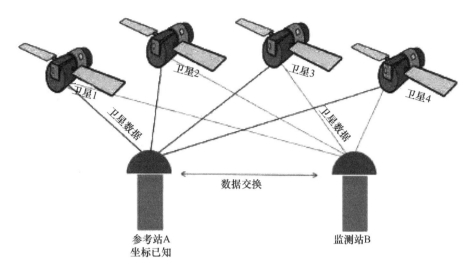

图 9.3-4　GNSS 工作原理示意图

图 9.3-5　北斗 GNSS 接收机

（3）倾斜监测——一体化倾角仪

一体化倾角仪是一款我国自主研发的高精度、低功耗、稳定性强的倾角监测仪器，如图 9.3-6 所示。设备具有自检功能可初步判断数据的准确性，并带时钟模块确保数据的时效性，对数据具有采集、存储、过滤处理的能力。数据传输支持多种加密方式，支持多种数据格式和自定义数据格式，包含地址信息、电压信息、传感器类型码、传感器编号、倾角 XY 角度值、数据校验码等。设备可对接多个云平台，具有分发功能、远程设置功能，可远程设置采集回传间隔、采集波特率、IP 地址、GPS 位置等，支持远程查看设备信息，比如电量、信号强度、采集信息等。采用 NB-IoT 和 LoRa 通信方式使设备具有功耗低的特点，内置电池在一天四次测量的情况下可供设备使用两年以上。

设备整体尺寸小巧、方便灵活且安装简单，易拆装、易安放、易维护，大大提升整体作业效率，满足在 −20～85℃ 的环境正常工作，仪器不受低温或高温影响。设备具有三防功能，IP67 的防水级别可适应雨水天气，外壳使用不锈钢保护壳防护系数高，适合各种室外和野外安装使用，并能自动上传监测结果，如图9.3-7所示。

图9.3-6　一体化倾角仪

图9.3-7　一体化倾角仪安装图

（4）采集装置——四通道智能采集仪

四通道智能采集仪是一款自动化通信设备，适用于隧道、基坑、房屋、边坡、桥梁、环境等多种场景监测，可实现长期、全天候自动化采集、收发传感器数据，如图9.3-8和图9.3-9所示。

图9.3-8　四通道智能采集仪　　　图9.3-9　四通道智能采集仪现场安装图

根据采集仪中预设的参数（可远程修改参数），下发指令至传感器，传感器进行采集数据；四通道智能采集仪接收到传感器采集的振弦类数据信号，将数据进行打包处理，直接通过 NB/LoRa 信号无线传输到云平台。

设备采用的是低功耗设计，支持自定义采集间隔时间、数据上报时间，无采集工作时处于休眠状态，增加续航能力。内置锂电池，无需外接电源，产品使用时间可达两年以上。支持 NB 和 LoRa 两种无线通信方式上传数据，协议为点对点透传，支持中继拓展，支持信道切换，并且配合基站可实现本地存储，统一发送。4 路独立通道，独立波特率，可兼容全部振弦数字信号类传感器，支持通道等待和数据上报协议定制，可接入不同的云平台，实时采集，实时传输，平台即时呈现。四通道智能采集仪设备参数见表 9.3-1。

表 9.3-1 四通道智能采集仪设备参数

接收信号类型	振弦信号 /485 信号		精度		0.5Hz	
上传方式	LoRa 无线通信 /NB 无线通信		分辨率		0.1Hz	
量程	500~5000Hz		电池容量	6800mA·h	可使用时间	＞2 年
单次工作时间	45s		平均功耗		工作小于 200mA；待机为 2.6μA	

9.3.4 最优传感器布置

本研究采用传感器监测物联网系统对建筑物实施监测，系统的感知层由各种高精度智能传感器组成，实现人工检测及数据采集向高频次、长期在线、动态的建筑监测与数据自动化采集转变，并通过物联网技术与无线通信技术实现监测数据的实时传输。通过实地调研与分析，针对老旧房屋存在的问题，如裂缝、倾斜、沉降等问题，我们采用相应的测量仪器进行实时监测，数据采集和传输，在云端平台对数据进行处理和显示，将数据信息展示到平台，通过多种终端可以实现对建筑物进行实时监测。智能传感器精度与灵敏度高、运行功耗低、抗干扰能力强，考虑了温漂等环境因素的影响，最大限度保障监测的实施与数据的准确性[6]。

1. 倾斜监测

倾斜监测是用倾斜仪测定监测目标倾斜角度随时间变化的角度数据监测，通过数据的变化对监测目标起到预警、报警的作用。倾斜仪由内置三轴倾斜传感器组成，倾角传感器采集数据后通过无线通信模块发送数据至网关，网关将数据加工后发送到物联平台。

双轴倾角仪传感器内置双轴陀螺仪测量最高精度可以达到 0.005°，采用铝合金的材料做成，工作温度 −20~85℃，采用高精度 MEMS 加速度计和差分数模转换器，里面设置了温度补偿算法和滤波过滤的算法，同时考虑温漂影响，因此可以消除很大一部分由环境温度的变化带来的影响。

倾斜仪在老旧房屋的监测原理如图 9.3-10 所示，建筑物 OA 近似与地面垂直，在房屋

指定位置 A 点固定安装倾角仪。当产生倾斜时，OA 倾斜到 OA'，倾斜后建筑物与水平方向产生一个 β 的角度，β 为倾角仪测出的角度，根据几何原理角度 β 与房屋发生倾斜的倾斜角 α 相等，所以倾角仪测出的角度为建筑物的倾斜角度。双轴传感器能输出水平、垂直代表的是 X、Y 两个方向的角度，数值的正负号表示方向，利用倾角的 X、Y 两个方向进行矢量叠加运算，可以得出房屋具体的倾斜方向和角度。

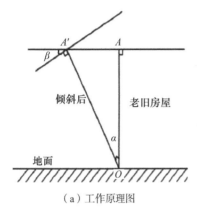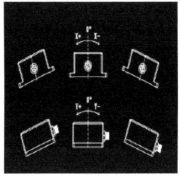

（a）工作原理图　　　　　（b）X、Y 双轴原理　　　　　（c）现场布设图

图 9.3-10　双轴倾角仪示意图

2.倾斜监测点的布设

房屋主体倾斜监测点位的布设应符合下列要求：

（1）一般在建筑物四周布点，宜在相同高程布点形成同一层面的不同方位角的多角度监测，不同层面的跨度最好不超过 30m，超过时可适当增加监测点保证监测的有效性，具体布点可根据现场实际情况而定。

（2）建筑物监测点有裂缝和沉降监测等其他监测项目时，应在周边适宜位置增加倾斜监测的测点。

（3）对倾斜严重的房屋整体或者局部位置，应加强预警，在这些部位增加传感器的数量，提高监测频率，加强巡视预警作用。

（4）倾斜传感器在布设时尽量考虑人为的影响，避免人为干扰，尽量架设在墙面、柱体的高处，室内安装尽量离地较高。

3.沉降监测

静力水准仪系统是监测房屋沉降的常用方式，通常静力水准仪系统由不少于 2 个静力水准仪组成，每个系统都有一个固定的基准点，其他监测点根据与基准点的液面差来监测是否有沉降，以及沉降的数值大小。静力水准仪是一款高精度的沉降仪器，精度可以达到 0.2mm，分辨率可达 0.01mm。静力水准仪一般安装在等高的测墩或者监测物墙体上，适用于室外各种恶劣的环境的监测，工作温度范围 $-40\sim125℃$，具有宽温度补偿（$-40\sim85℃$），能很好适应各种高低温环境的监测。

静力水准仪系统由很多个安装在同一水平位置静力水准仪构建组成（图 9.3-11），每个静力水准仪安装在不同的监测点位，相邻的静力水准仪由通气管和通液管连通，一端连接在存液罐上。基准点置于水平基点，当房屋发生沉降时，对应测点发生沉降，会引起相对应的测点的压力变化，最后形成传感器的液面差，数据通过采集传输模块发送给云平台，能实时监测房屋的沉降变化情况。

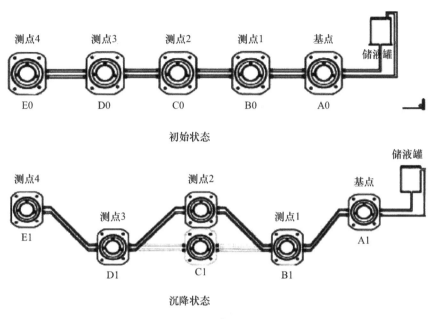

图 9.3-11　沉降监测观测图

4. 沉降监测点的布设

房屋沉降监测点位的布设应符合下列要求：

（1）静力水准仪一般在建筑物同一水平高度位置上布点，点数不少于 2 个，但特殊情况下也可以布点在不同水平高度，通过中间固定的静力水准仪做过渡；

（2）在高低层建筑物、纵横墙等处布点时尽量选择交接处的两侧布点；

（3）布点尽量布设在建筑物裂缝和沉降缝两侧，能更好起到监测效果；

（4）沉降监测要结合地质和建筑物特点具体来定，情况复杂时应该加密布点。

5. 裂缝监测

振弦式测缝计会更多使用在老旧房屋裂缝监测中，如图 9.3-12 所示，通常安装在建筑物或混凝土、砖墙结构的内部或者表面，当被测结构物发生位移时测缝计的万向节将测杆的伸缩位移转变应力变化，这种应力变化最终转化成振动频率，频率信号通过电缆传输，最后可以测试结构物的位移。

振弦式测缝计结构简单，抗干扰性好，测量精度为 0.1%F·S，带有温度补偿，测量范围是 0～500mm，而且耐高温耐腐蚀，能应用在恶劣的环境中。振弦式裂缝计配套智能四通道采集仪，可组成一套自动化的振弦裂缝自动化监测的仪器，裂缝计将采集到数据通过振弦信号发送给智能四通道采集仪，采集仪通过 NB 信号或者 LoRa 局域自组网将数据发送出去，可实现低功耗、自动化、远程、实时监测的目的。裂缝计结构简单、安装便捷，把组装好的表面测缝计跨测缝摆放在被测结构物两边，确定好测缝计的安装位置，并固定好方向。观测电缆连接采集仪如图 9.3-13 所示。

图 9.3-12   振弦式测缝计

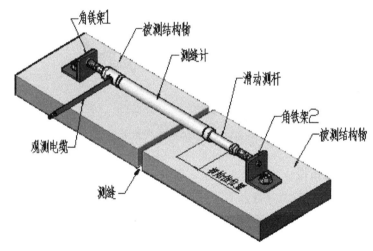

图 9.3-13   振弦式测缝计安装示意图

6. 裂缝监测点的布设

房屋裂缝监测点位的布设应符合下列要求：

（1）裂缝计的安装方向应与裂缝方向垂直；

（2）传感器的布设数量依据房屋现场的具体情况而定；

（3）监测目的要明确主要针对对象，明显的、变化大的裂缝应进行监测；

（4）针对已发生开裂的构件，要重点监测裂缝的宽度变化。

7. 传感器监测布设的通用方案

一般建筑健康监测所需的传感器布设通用方案如表 9.3-2 所示。传感器的布设位置如图 9.3-14 所示。现场实际布设方案还需根据现场勘查和调研结果、过往检测或巡检信息、房屋鉴定报告等资料，以及监测单位、业主单位、专家共同确定。

表 9.3-2　传感器布设通用方案

监测传感器	数量	位置	精度	监测频率
静力水准仪	不少于 2 个，根据现场情况而定	建筑物一层四周墙角近地面处	0.2mm	1h/ 次（可调）
双轴倾角仪	3 个（推荐）	建筑物墙面中上部相邻或对角处	±0.05°	1h/ 次（可调）
振弦式裂缝计	根据明显裂缝数而定	裂缝明显处	±0.1%F·S	1h/ 次（可调）

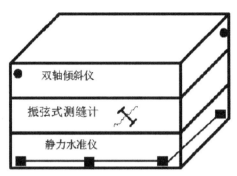

图 9.3-14　建筑物传感器监测设备布设示意图

9.3.5　监测数据处理

（1）异常数据处理技术

在实际使用中传感器测量数据可能存在误差，且因为现场各种人为、非人为因素可能会导致某个或者某一段数据错误、异常、丢失等问题，数据平滑算法就为解决这种异常情况提供了解决方案，对异常数据进行处理。数据平滑算法主要步骤是误差判别、异常值剔除算法、数据丢失补齐。如果前面的值发生了异常比如数据丢失或者数据错误，这将会导致后面计算的值全部是异常非法数据，严重影响了系统的可靠性。为了解决上述存在的问题，引入了数据平滑算法的概念，下面将对该算法流程进行详细的分析。

1）误差判别

误差判别方法的数学基础是基于正态分布、随机样本观测的，所有测量计算的总值可以看成是一个正态分布函数，如式（9.3-1）。由于房屋结构监测的数据量很大，因此总体可视为大样本，使用 U 检验。把数据分成 y_1 和 y_2 两组，计算统计量 U，为：

$$U' = \frac{\overline{y}_1 - \overline{y}_2}{\sqrt{\dfrac{S_1^2}{n_1} + \dfrac{S_2^2}{n_2}}} \tag{9.3-1}$$

式中，n_1 和 n_2 分别表示两组样本的子样本数；S_1 与 S_2 分别代表两组样本的方差值，$\overline{y}_1$ 和 $\overline{y}_2$ 分别代表两组样本平均值；如果有 $|U'| \geqslant U_{\alpha/2}$，则认为存在误差。

2）异常值剔除算法

假设测量的样本数据足够多的前提下，将给出测量值跳动特征描述，如下式：

$$d_j = 2y_j - (y_{j+1} + y_{j-1}) \tag{9.3-2}$$

其中，$y_j(j=1, 2, 3, 4, \cdots, n-1)$代表着一系列的测量值。已知$n$个测量$y_1$、$y_2$、…、$y_n$可得到$n-2$个$d$，若想要舍弃异常值，可以按照“$3\sigma$准则”来检验。

第一步，通过下面的公式分别计算平均值d（跳动统计子样）如式（9.3-3），均方差σ如式（9.3-4）

$$d = \sum_{j=2}^{n=1} \frac{d_j}{n-2} \tag{9.3-3}$$

$$\sigma = \sqrt{\sum_{j=2}^{n=1} \frac{(d_j - d)^2}{n-3}} \tag{9.3-4}$$

第二步，通过计算q_j（表示测量值跳动偏差绝对值同方差比值）：$q_j = \frac{|d_j - d|}{\sigma}$，若$q_j > 3$，则可以推出该值是异常数值。

3）数据丢失补齐

硬件传感器测量错误或者程序软件错误等造成的数据丢失现象也是时常发生。规范的数据平滑算法需要对丢失的数据进行补偿，因此设计对丢失的数据进行补齐的算法尤为重要。这里采用插值方法，使用该方法，可以从几个已知点的测量值来预估其他值。因此，这里的数据补齐方法采用插值法，使用两边测点的值之和取平均值即可得到丢失点的值。

（2）数据呈现

房屋结构智能监测的主要目的就是监测房屋的健康状况，一旦发现房屋结构出现异常或者房屋处于“亚健康”状态时，系统就要告知管理员或者用户，做到及时处理，避免灾害发生。因此，平台报警管理模块尤为重要。健康监测云平台能显示项目所有信息，项目分布图可显示项目位置和部分相关信息。平台报警管理模块由阈值配置、消息提醒、报警数据分析三部分子功能组成，系统报警信息如图 9.3-15 所示。报警阈值是控制监测指标是否超限的主要指标，应基于现行相关建筑规范要求、建筑物产生的已有变形、建筑物所处环境及外界扰动因素对监测点进行阈值配置，超过阈值则可进入报警处理状态。平台系统根据报警阈值分为正常、预警、报警、超控四个等级，分别按照绿色、黄色、红色、紫色四种颜色来表示监测对象的状态。

10 条记录每页 项目选择 【20220617】曾汉英 警报选择 全部

项目名称	监测项	测点编号	报警项	警报类型	当前值	预警值	报警值	控制值	速率报警值	速率控制值
曾汉英房屋自动化监测	倾斜监测	QX2-X	速率	报警	1.35	1.5	2	3	1	/
		QX2-Y	速率	报警	17.17	1.5	2	3	1	/
		QX5-Y	速率	报警	62.23	1.5	2	3	1	/
		QX5-X	速率	报警	86.82	1.5	2	3	1	/
		QX03-X	速率	报警	1.01	1.5	2	3	1	/
		QX03-Y	速率	报警	1.3	1.5	2	3	1	/

图 9.3-15　系统报警信息

消息提醒主要向管理员、项目负责人、项目相关人员或者业主发出消息警告，消息提醒包括短信提醒、系统提醒、APP 消息提醒。当监测数据超过报警阈值时，触发报警，消息提醒根据不同的报警级别向用户发送不同的信息来告知管理员或者用户监测的建筑物情况。

报警数据分析可以在平台中根据曲线图、报警管理、成果管理、报告信息等多个模块、多个维度进行分析和显示，便于用户根据这些异常数据进行决策和处理，如图 9.3-16 和图 9.3-17 所示。

实时监测数据　监测数据统计

监测项	特征值	点号	数值	安全状态
自动化沉降	累计上升最大值(mm)	CJ1-12-2	1.04	
	累计下沉最大值(mm)	CJ1-13-1	-4.12	
	最大变化速率(mm/d)	CJ2-13-2	1.126	
自动化倾斜	最大累计变化(°)	--	--	--
	最小累计变化(°)	QJ1-12-Y	-0.1	
自动化倾斜率	最大累计变化(‰|mm)	QJ2-13-Y	0.1	
	最小累计变化(‰|mm)	QJ1-13-Y	-0.8	
倾角位移值	最大累计变化(mm)	QJ2-13-X	-0.0	
	最小累计变化(mm)	QJ1-12-Y	-0.1	

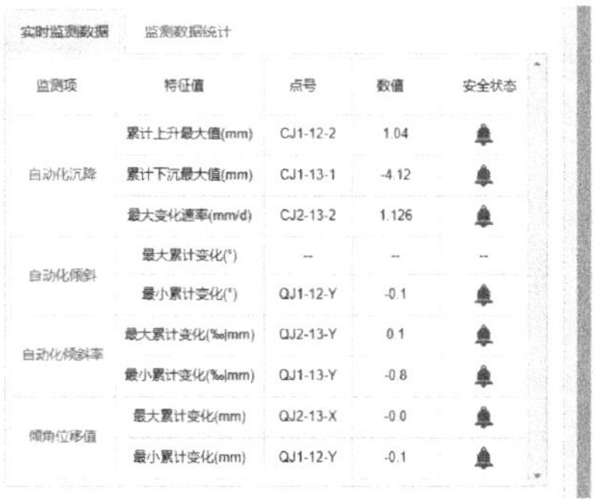

图 9.3-16　实时数据统计分析

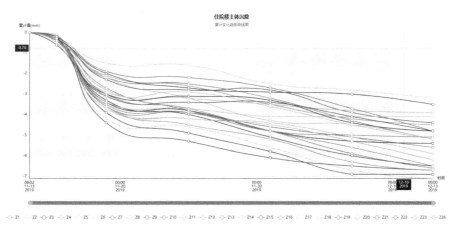

图 9.3-17　曲线图分析

9.3.6　健康监测整体方案

建筑健康监测主要涵盖了从智能设备采集数据信息到应用服务端进行数据处理和显示的完整流程。在强调系统实用性的同时，结合我国建筑的特点和现状，系统应具备以下功能：

（1）感知信息采集与传输：该功能旨在采集建筑物的健康状况参数，实现对建筑物健康状况的感知。建筑物的结构体常见有框架结构、砌体结构和木结构等，鉴于我国建筑中砌体结构占据较大比重，针对砌体结构建筑物的采集策略显得尤为重要。信息采集主要依赖智能传感器，这些传感器能够捕捉建筑物变形和损坏状况的相关数据，并通过无线通信技术将数据通过局域网或组网传输出去。此外，人工巡检作为另一种手段，能够收集现场及周边情况、建筑物的基本信息、损伤位置图像、巡检日志等内容。智能传感器与人工巡检的双重数据收集方式能够全面、准确、及时地掌握建筑物的状况，为提前预判潜在的安全隐患和规避隐藏风险提供有力支持。

（2）监测数据处理与可视化：数据处理主要体现在以下三个方面：

1）系统通过内置算法对采集的数据进行预处理，以过滤异常和不合理数据；

2）系统根据预设的安全阈值（如预警值、报警值、控制值等）实现不同等级的实时预警和报警；

3）系统还会对数据进行深度挖掘和分析，基于建筑物的变形规律做出科学预判。在数据可视化方面，系统支持多维度分析，通过人机交互终端直观展示建筑的结构安全和性能状况。

同时，利用曲线图展示数据变化动态和趋势，便于对房屋的变形和损伤情况做出有效预判和趋势分析。此外，平台成果展示中详细体现了每个监测项不同测点的全面数据信息，为管理、加固维护等决策提供有力依据。

（3）数据的存储和系统的管理：系统通过建立合理的存储机制，解决了海量异构数据和巡检日志的存储问题，满足了客户对大数据的查阅、分析对比和挖掘需求，并为监测老旧房屋系统建立了丰富的数据库储备。系统对监测数据和过程进行实时动态管理，包括传感器接入管理、规则引擎、安全认证、权限管理和软硬件更新。当数据超出设定阈值时，系统会实时预警并发布预警信息，预防事故发生。对于监测方案、设备异常、数据采集干扰等情况，系统提供了管理入口，方便用户进行偏差处理和修正。

总结监测系统的功能架构，主要包括以下几个组成部分：1）感知网络，用于采集各种监测信息和传感器管理；2）通信网络，实现监测项目与控制中心之间的数据传输；3）可视终端，提供人机交互和数据应用服务；4）管理终端，负责资源调用、数据处理和用户与后台应用的连接。这些部分共同构成了自动化、标准化、行业化的系统总架构，实现了以监测为基础、分析为手段、预警为目的的健康监测系统。

9.4 监测软件开发

9.4.1 软件平台构成

基于物联网的建筑物健康监测系统主要由两个软件平台构成：

（1）整个监测系统的后端系统操作软件——物联平台，它是以设备的对接、管理和数据的解析处理、解算过滤为主，可以快速对接不同厂家、不同协议设备，精准解算、处理、过滤设备上传或者人工上传的监测数据，实现各步骤可视化、可配置化，达到使用便捷、操作灵活的效果。物联平台负责将硬件设备传输过来的数据进行解析、处理，再将处理后的数据转发至监管云平台，为云平台实现评估和预警提供了支持。

（2）主要以数据输出和展示为目的，进而达到便于监管效果，监测云平台一直处于等待接收物联平台传输过来的数据的状态，一旦收到了物联平台传来的数据，便会对接收到的数据进行一些基础的运算和统计，最后将操作后得到的数据进行展示，在监测云平台实现对建筑物监测的监管，直观地看到项目的相关信息、监测数据的变化、监测内容的报警情况、项目现场的情况，以及快速生成报告，将建筑物的指标表现和安全情况反馈给用户，达到高效的监管效果。

9.4.2　系统应用架构

在整个建筑物健康监测管理的架构中，实现与物理层通信和与应用层交互是最关键的两个步骤，整个建筑物健康监测系统主要是通过三个模块的分工协作完成，见图 9.4-1。

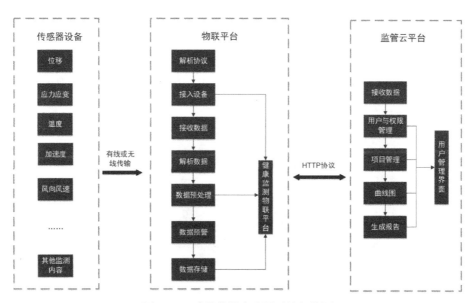

图 9.4-1　建筑物健康监测系统架构图

硬件设备的接入就是建筑物健康监测系统中的核心模块，也是建筑物健康监测系统的基础。为了实现真正的对建筑物安全的实时监测和预警的目标，硬件设备能够采集到现场数据并稳定传输到平台中是至关重要的。硬件设备的顺利接入帮助平台层实现对底层硬件设备的管理和通信[7]。

为了帮助系统接入硬件设备和知晓数据的来源，在物联平台中需要配置各硬件设备的相关信息，硬件设备的配置包括了传感器与控制器的关联配置、数据采集的配置、传感器通信数据检查文件和解析文件的配置，然后将硬件设备与建筑物、监测内容等建立联系。物联平台将传输上来的监测数据进行解析和预处理后，通过算法对数据进行检验，对异常数据进行过滤和预警后再将数据进行存储，建立一个集硬件设备、计算公式、监测数据的数据资源库，为日后的大数据处理和分析奠定基础。物联平台将监测数据进行封装和拉伸后，把数据包传输至监管云平台[8]。

云平台进行数据计算之后，系统对监测结果进行初步评估，发生预警或者报警情况时系统通过多种方式传达给管理者和现场；平台可通过曲线图、表格、三维模型、生成报表、报告等多种方式对监测数据进行展示，为建筑物的突发事件的预测、预警工作提供了决策依据。

9.4.3　主要功能

（1）大数据展示平台

大数据模块采用智能引擎、科学分流和统计方法，将平台中的所有项目通过 GIS 地图的形式列出，项目的状态、传感器情况、监测项的实时数据和曲线图变化都通过一张图的形式展示出来，便于客户快速通过数据分析进行全方位的业务管理。

（2）三维展示

平台可快速接入不同类型的三维模型，其中包含项目管理、巡检管理、原始记录、曲线图管理等功能应用，建立运维、安全、生产三维一体化管理体系，实现项目管控的可知、可控、可视化，如图 9.4-2 所示。

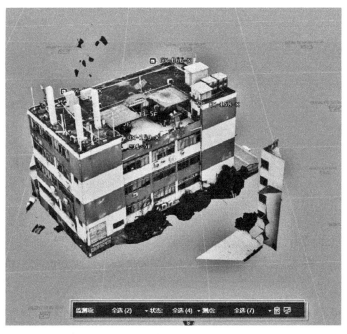

图 9.4-2　三维模型展示

（3）项目总览和管理

项目总览主要以列表和 GIS 地图的形式列出所有监测的项目，其中包含项目的安全状态、基本信息等内容，如图 9.4-3 所示。

项目编号	项目名称	项目地址	项目负责人	数据更新时间	项目类别	进展情况	状态	操作
监2016	二期主体沉降观测	广东省广州市增城市G324(广汕公路)		2019-06-03 20:50:01	沉降观测	已小结	0/0/0	
监2016024	商业楼A栋）主体沉降	广东省广州市番禺区万兴一路		2017-12-13 18:18:00	沉降观测	已小结	0/0/0	
监2016042	项目主体沉降监测	广东省广州市萝岗区禤埔西路		2021-05-27 17:17:57	主体沉降监测	已小结	0/0/0	
监2016045-1	4）建筑物主体沉降	广东省广州市萝岗区华峰路		2019-06-20 17:16:40	主体沉降监测	已小结	0/0/0	
监2016045	9）建筑物主体沉降	广东省广州市萝岗区华峰路		2020-04-26 11:04:56	主体沉降监测	已小结	0/0/2	
监2016010-1	主体沉降观测	广东省广州市南沙区丰泽东路		2018-07-26 23:26:03	沉降观测	已小结	0/0/0	
监2017006	心建筑物主体沉降监测	广东省广州市萝岗区凤凰三横路		2018-06-26 22:10:03	主体沉降监测	已小结	0/0/0	
监2017100	2地块建筑物主体沉降	广东省广州市萝岗区禾丰路		2022-04-22 10:48:10	主体沉降监测	已小结	0/0/0	

图 9.4-3　项目列表展示

（4）数据上传、即时计算

兼容自动化采集、手工录入、文件上传等多种方式的数据录入、即时上传数据、及时计算并反馈相应的监测结果，图 9.4-4 所示为文件上传数据界面。

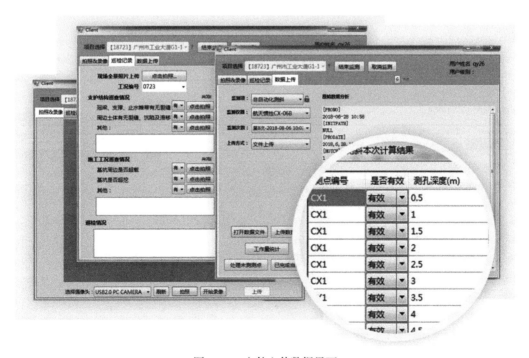

图 9.4-4　文件上传数据界面

（5）报警管理

平台对监测数据进行初步评估，根据设定的报警值进行数据分析，对超出报警值的数据即时报警，可通过短信报警、平台报警、上传端报警、APP报警、公众号报警等多种方式通知相关人员，如图9.4-5～图9.4-7所示。

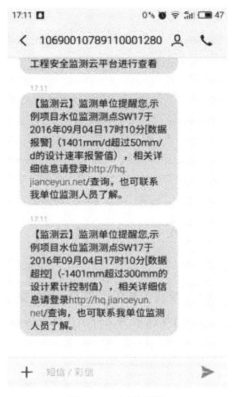

图 9.4-5　短信报警

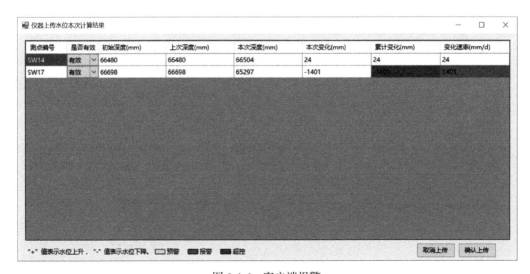

图 9.4-6　客户端报警

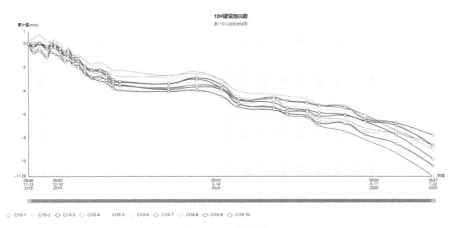

| 及桩基工程 | 实施日志 | 监测情况 | 警报管理 | 曲线图 | 巡检记录 | 基本信息 | 测点设置 | 原始记录 | 成果管理 |

测点:C03-2 当前值:-19.8mm 超出累计预警值(18mm)1.80mm　　　　　2017-09-27 21:01:28
测点:C03-2 当前值:-23.7mm 超出累计预警值(18mm)5.70mm　　　　　2017-09-25 20:14:42
测点:C03-2 当前值:-26.3mm 超出累计报警值(24mm)2.30mm　　　　　2017-09-05 11:14:34
测点:C03-2 当前值:-26.6mm 超出累计报警值(24mm)2.60mm　　　　　2017-08-30 19:27:57
测点:C03-2 当前值:-25mm 超出累计报警值(24mm)1.00mm　　　　　　2017-08-24 19:56:52
测点:C03-2 当前值:-32.1mm 超出累计控制值(30mm)2.10mm　　　　　2017-08-16 20:17:28
测点:C03-2 当前值:-26.5mm 超出累计报警值(24mm)2.50mm　　　　　2017-08-10 21:07:58
测点:C03-2 当前值:-25.9mm 超出累计报警值(24mm)1.90mm　　　　　2017-08-03 18:10:31
测点:C03-2 当前值:-25.8mm 超出累计报警值(24mm)1.80mm　　　　　2017-08-02 19:53:42
测点:C03-2 当前值:-25.7mm 超出累计报警值(24mm)1.70mm　　　　　2017-08-01 18:49:55

点击查看更多报警值

图 9.4-7　平台报警

（6）曲线管理

平台可以对采集的监测数据进行自动解算并自动生成曲线图，清晰、直观地查看建筑物各监测项的变化趋势，如图 9.4-8 所示。

图 9.4-8　曲线图

（7）巡检记录

监测人员在现场监测作业后，可以在平台上传巡检照片，并填写巡检记录，平台使用者通过此项可以知道项目进展情况和周边情况，不仅起到远程监管作用，还保证了数据的真实性和可溯性，如图 9.4-9 所示。

（8）报告管理

平台可以通过上传至平台的监测数据、巡检记录等项目信息，自动生成各种类型的报告。自动生成报告可以有效减少人工行为导致的出错，降低了成本，如图 9.4-10 所示。

（9）监督管理

利用系统设置项目人员的权限和工作内容，进行对应人员的权限划分，与实际的工作考勤结合计算生产效能，为生产管理提供重要的参考，并自动统计项目当天完成的工作量、个人完成工作量、产值等，如图 9.4-11 所示。

图 9.4-9　巡检记录

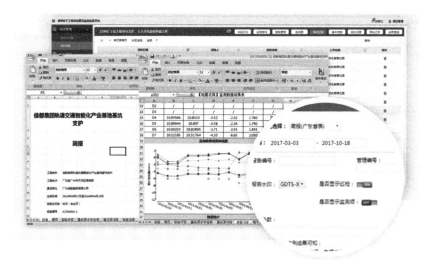

图 9.4-10　报告管理

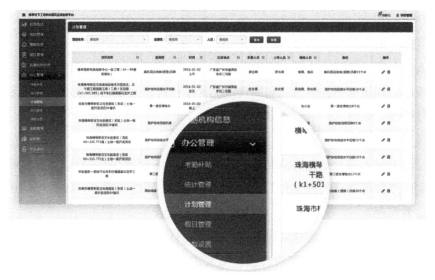

图 9.4-11　计划管理

　　平台还可根据监测频率要求自动判断现场监测工作的及时性，通过绿色、黄色、红色、紫色四种颜色分别表示监测工作的及时性效果，帮助管理者更加清晰直观地看到项目监测进度，如图 9.4-12 所示。

图 9.4-12　工作进度管理

9.5　本章小结

　　本章通过深入分析众多建筑物安全监测项目，研发一个能够实现规范化管理、通用化配置以及标准化操作的监测监管平台。该平台旨在推动监测行业朝着标准化、精确化、规范化、信息化的方向健康发展，为监测机构提供对监测对象和硬件设备进行高效可视化管理的工具，显著提升其管理水平，引领建筑物健康安全监测的管理模式迈入全新时代。

　　（1）引入规则引擎，显著提升了数据处理的效率和稳定性。通过设置规则化模块，对不同接口的数据以及不完整数据进行了规则化处理，有效降低了使用者核实数据的频率，进而增强了数据的准确性和可靠性。这一创新不仅解决了因设备差异而带来的使用不便，也大大提高了整体监测工作的效率。同时，实现了硬件监测设备与软件平台的无缝连接。该平台具备强大的兼容性，能够快速接入各厂家、各种型号的硬件设备，并解析不同的通信协议。通过无线通信技术，平台能够实时接收硬件设备传输的数据，并实现对远程硬件设备的指令下发。

　　（2）前端硬件采用智能化的"两提高、两降低"策略，即提高精度和反应灵敏度，降低功耗和成本。将一些精度适中、反应灵敏、功耗较低的倾角、加速度传感器作为唤醒系统的"钥匙"。当监测到倾角、振动加速度测项变化时，设备从休眠状态被"唤醒"，进行高频动态数据采集；其他时间设备处于深度休眠状态，每天定时报送 1～2 组毫米级静态结算位移监测数据。这样，不仅最大限度降低了设备功耗，对快速变形的建筑物也能实现有效监测，同时降低了综合成本。整体系统实现边缘网关计算，无需上云即可实现对监控参数的秒级反馈；边缘计算使设备在各项物理指标超限时即时响应，第一时间将灾害险情通报给相关管理人员和居民，更好地保障生命财产安全。

（3）应用层系统改变了以往单一的人工监测模式，实现了人工＋自动化的双模式数据采集。自动化设备通过无线传输模块将数据发送到云平台，人工上传则通过专用工具将数据实时传输至平台。系统具备强大的兼容性和包容性，辅助平台实现信息化、集成化管理。通过巡检记录、三维建模、视频监控、曲线图，以及自动生成规范的监测日报、周报、总结报告等多种形式，实现了监测工作全过程数据的可视化及集成化，确保监测数据的信息化和动态化，对数据源的真实性和准确性有了更好的把控。

本章参考文献

［1］吴桐. 老旧房屋健康智能监测云平台系统研究［D］. 广州：广州大学，2020.

［2］顾营迎. 基于振弦式传感器的钢构建筑监测预警系统的设计［D］. 天津：天津大学，2011.

［3］姜帅. 基于物联网技术的楼宇健康监测系统的研究与设计［D］. 西安：长安大学，2015.

［4］杨道龙. 房屋结构智能监测系统的设计与实现［D］. 南京：南京邮电大学，2018.

［5］李均，章丹峰，王建强，陈海南. 建设工程智能监测监管预警云平台的研发［J］. 广东土木与建筑，2020，27（12）：39-46.

［6］龚仕伟. 房屋结构安全监测研究［J］. 建筑电气，2020（12）：37-41.

［7］雷霆，谭斌，刘佐. 基于物联网技术的工程安全监测云平台［J］. 大坝与安全，2020（5）：20-24.

［8］李勇，韩征，李敏. 城市地质资源环境承载力监测预警平台建设思路及关键技术［J］. 城市地质，2020，15（3）：239-245.

第10章 城乡建筑群安全评估与决策系统

10.1 概述

10.1.1 研发背景

既有建筑安全管理是城市日常管理工作重要内容，与所有城市居民息息相关。既有建筑安全管理是指在使用阶段，对建筑物开展使用情况、结构与消防安全、设备管理、装饰构件安全、环境影响的管理、跟踪、评估、加固、改造、预警等工作。

我国已完善建设阶段质量管理体系，但在使用阶段缺乏统筹指导，业主普遍不重视、风险承受能力低、保险机构风险转移机制尚未完善。目前针对房屋建筑的安全评估主要依赖于结构安全鉴定，传统的建筑安全鉴定过程都是在发现建筑问题后联系专业检测和维修团队来完成的。一方面，这种检测方式只能得到某一时刻的建筑安全状况，不能起到实时监测的目的；另一方面，由于这种检测方式的数据采集以及处理主要依靠人工完成，因此非常耗时，无法在隐患发生后第一时间处理。此外，这些数据零散分布在一次次检测鉴定过程中，少有形成带时间信息的数据比对，从而缺失对建筑物安全风险随时间变化的衡量。

当前，大数据、物联网、人工智能、云计算等新一代信息技术已渗透到各领域，在工业领域、社会领域、环境领域等众多行业得到了广泛应用。利用新技术实现建筑群全寿命周期管理，实现建筑模型数字化、安全预警实时化、资产管理物联化，安全问题可追溯、可预判。政府部门可依托建筑群数据开展挖掘、评估、预警、决策、管理；企业业主也可对自有固定资产开展建档、定期查册、维护，形成企业固定资产长期维护与管理的新手段；个人业主可以自主管理楼宇，及时处置安全状况，辅助楼宇买卖物业估价。

房屋作为最重要的不动产，不仅具有巨大的经济价值，其安全性还关系着群众的生命安全。房屋安全事故一旦发生，必然造成人员伤亡，产生巨大的经济损失和社会影响。拟开展项目属"十四五"国家重大战略部署方向之一，以改造为主，避免大拆大建，履行"坚持城市体检评估先行"的要求，探索政府引导、市场运作、公众参与的可持续模式。围绕乡村振兴与新型城镇化、老旧小区改造、城市更新等环节，以技术手段明方向、促实施，对城乡发展具有全局性的作用，将产业链环节（如鉴定加固、设备、装饰、电梯工程等）串联形成有机整体，充分调动中小企业的活力，通过安全效益带动新经济增长链。

目前各种基于大数据的辅助决策系统陆续上线，如交通领域的交通大数据辅助决策支持系统、能源领域的能源大数据评价与应用系统。相比而言，目前土木工程领域系统种类较少，主要围绕施工现场的智慧管理系统或桥梁方向的运营管理系统等开展系统建设，针对既有建筑物（群）的安全风险管理方面尚缺乏完善的理论和软件支持。部分同类软件，譬如由哈尔滨工业大学研发的中冀测振，采用手机加速度传感器开展楼板振动及舒适度检测，使用简便，但精度较低，适用面较窄，未能有效反映建筑物安全状态；辰安科技，提供消防安全云平台、城市安全板块，主要涉及城市生命线工程监测与人防工程监管业务中的综合监测预警软件及部分自主研发的物联网监测产品，该软件硬件依赖性较强，仍需通过基层巡检实现防患于未然；盈嘉互联，建立数字化资产管理平台，主要围绕数字孪生，用于底层建筑物的智能细致资产管理，目前主要以数据可视化为主，未能有效进行数据挖掘，以产生有指导价值的产出。

以该发展战略方向为依托，本章结合上述各章内容，建立基于大数据的城乡建筑群安全评估与决策系统，开展多源异构建筑群大数据管理系统建设，集成巡检、物联设备、空间遥感等多终端渠道的采集与维护，研究大数据存储分析系统，开展地理平台 BIM 模型集成，以满足全比例尺覆盖的城乡大数据管理工作。

10.1.2　主要功能

城乡建筑群大数据安全评估与决策系统是由建筑安全信息大数据管理系统、数据分析挖掘及评估平台、大数据安全评估与决策系统、监测预警云平台、"建筑安全卫士"组成，共分为 5 个子系统来执行：

（1）建筑安全信息大数据管理系统是整个系统的数据基础，用于建筑物的安全评估数据资料的数据采集、存储。保存的数据包括静态数据，如建筑物结构体系、结构材料、建筑年代等；动态数据：如每次巡查、现场检测等更新的数据、历次或定期评估的结果数据等；实时监测数据：传感器实时上传数据，如加速度、位移等记录。完成对建筑物历史信息、检测信息的应收尽收，作为该建筑物的唯一档案，完整记录在不同时间和不同检测方式下得到的建筑物数据，形成了连续的可追溯数据链，为研究建筑物全寿命周期管理打下坚实基础。

（2）数据分析挖掘及评估平台包括"结构安全评估专家系统""结构安全直接评估算法系统""结构安全 AI 评估预测系统"等多个模块，针对不同建筑物信息采集情况，选择不同评估算法，完成结构全局安全风险等级评估。

"结构安全评估专家系统"将贝叶斯网络概率图模型引入结构安全评估中，能充分考虑每种因素的可能性，各指标关系图谱清晰，传导有据可循，最终整合形成专家系统，在数据缺失或模糊的情况下依然可以给出具备可信度的评价结论，可作为工程师结构进一步评判的辅助工具。

"结构安全直接评估算法系统"摆脱了传统评估中调查表格的落后方式，使得工程师在现场作业时仅需要考虑按需采集数据，后续可在系统上完整查看已得到的调查信息并对此进行打分，系统根据打分结果自动统计出项目总得分。

"结构安全 AI 评估系统"采用深度置信网络（DBN）作为评估引擎，融入变分自编码器（VAE）和迷失森林（Miss Forest）解决小样本、样本不均衡、训练样本和录入数据缺值等问题。通过基于与结构安全相关的五大方面，如承载能力、耐久性、历史记录、环境情况和地基基础，确定可通过测量获得的 16 个提纯特征（当考虑抗风、抗震时，为 23 个），确保结构安全中的每个指标都能体现在神经网络中，从而减少因忽略重要特征的判定偏差。

"结构安全模态损伤识别系统"是利用损伤前后实际结构的模态信息（包括特征频率与振型）的改变量，对简化模型的模态信息进行修正，使不需要得知实际结构的刚度与质量等信息即可进行损伤识别。结构损伤识别是通过测得的数据识别结构的损伤参数。模态数据与阻尼、外荷载无关，且容易获取，因此常被用于损伤识别。但由于工程成本的限制，模态数据量往往不足；而且损伤识别作为反问题，存在不适定性。这些都导致小小的噪声扰动就会对结果造成非常大的影响，本方法结合结构损伤位置的稀疏性，引入稀疏正则化，以降低识别结果对于误差的敏感性，得到更准确的识别结果。利用模态数据，损伤识别这一反问题可在数学上看成一个优化问题。本方法结合剪切层结构的特点以及模态改变修正策略构造了一个新的目标函数，该函数与稀疏正则化结合几乎不会产生额外的计算成本。正则化参数的选取也采用计算成本较低的阈值法，而目标函数求解则基于交替最小化方法。对于实际工程应用，模态安全评估架构主要包括三个核心内容：数据采集或获取；模态分析；损伤识别。具体流程见第 8 章。

（3）城乡建筑群大数据安全评估与决策系统通过读取数据库中单栋建筑的信息和评估级别，对建筑物结构抗震安全、附属结构构件安全等内容进行数据统计、可视化展示及分析建议。在 WebGIS 的基础上引入建筑群和安全评估概念，更为直观、快速地实现对建筑群安全风险信息的统计和分析，作为进一步决策的辅助工具。

（4）基于大数据的城乡建筑群安全监测预警云平台（采集层、服务应用层）：利用物联网、移动通信、云计算确保监测工作规范便捷，支持人工监测实时上传、传感器自动化采集与上传原始数据文本格式上传等上传方式，终端实时展示监测情况和监测数据信息，无缝实现建筑群安全监测预警。

（5）"建筑安全卫士"作为公益性程序，为普通业主提供免费的结构安全风险评估，提供"开裂问题""渗水问题"等常见问题的智能评估结果，方便普通业主足不出户得到较为专业的处理意见，并提供相关科普知识，操作简单，方便普及，让业主对自家房屋的安全有一定了解。

10.1.3　应用模式

建筑物作为公民活动的载体,在我国多高层住宅小区的居住特点下,主要以多个责任主体共同组成的管理为重要工作内容,因此在管理过程中,主要难点在于在长周期、多因素糅合的管理内容中,通过弹性的方式统筹协调分散责任,考虑不同群体的公正化分配,平衡个体间的利益。

基于本书提出采用围绕建筑物及其使用者下,数据驱动的建筑物全周期安全管理模式,围绕以下四大核心环节开展,分别为数据管理、安全评估、区域决策、实施落实。对建筑数据建档与全周期跟踪,采用技术手段完善分析效率与精度,以技术带动决策、以物业协调平台实现落地闭环,并通过区域统筹实现全过程监管。整体架构见图 10.1-1。

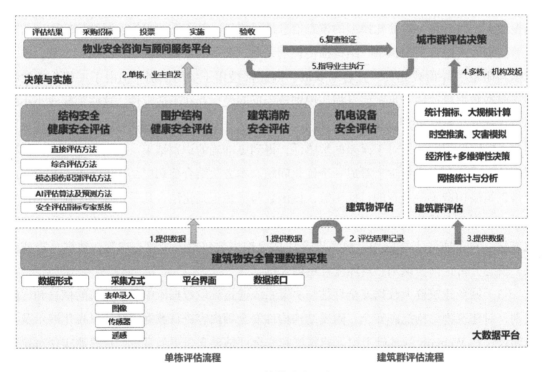

图 10.1-1　整体模块应用流程

（1）数据管理与维护环节

基于大数据特点,建立围绕建筑全寿命周期的档案库,对涵括建筑建设信息、建筑使用信息、建筑经济活动信息、建筑改造维护信息、建筑周边关系信息在内的全方位建筑物档案。

在日常数据采集阶段,建立安全信息巡检员制度,统筹建筑结构安全、消防安全、燃气安全、供电安全、装饰安全的集中巡检制度。提供多种建筑安全监测手段（如物联网实时监测平台、基于刚度特征的定期模态响应监测、现场结构安全信息采集与处理），对重点监测建筑实现自动化监测。

（2）评估决策环节

获得评估结果后，基于分析结论，定义建筑功能及状态分层级的建筑安全评估模式，分层级采用不同深度的数据要素监测手段。对重点建筑采用实时监测、定期巡访；对次重点建筑采用定期刚度动力检测、表观裂缝情况巡查；对片区同年代同类型建筑，采用抽样检查，统筹评估（基于直接分析法、模糊积分法）；对于其他未覆盖建筑，按遥感楼层轮廓及楼层数，采用等效刚度模型，进行批量评估。

（3）区域统筹管理环节

基于时空地理信息系统和空间分析统计算法实现片区数据综合挖掘与分析，实现抽样结果在空间分布中的插值、拟合与推演，对城乡片区实现覆盖面更广泛的建筑安全评估与灾害评估。数据采集根据安全类别，采用对应的评估手段及决策内容。

其中，建筑群的相关参与主体主要有：

业主参与：业主作为第一责任人，直接对建筑物具体情况进行信息提交及跟踪。建筑具体关键指标及评估结果通过系统直接提供业主进行查阅，业主作为主要决策人，基于建筑现状情况及系统建议参与决策。对于大部分建议处置及整改通知，通过业主完成后续的跟进处理。

职能部门参与：作为监管方，对建筑群进行持续长效的跟踪，对各阶段数据进行相应的处置及政策指导。通过开放平台实现多部门联动机制，数据互联互通。突发灾害下，实现"精确到户"的应急预案。提供开放式公众参与的大数据（安全信息的提供者、监督者、参与者、受益者）。

评估部门参与：基于评估级别，建立多层次建筑长期采样机制，实现分级评估与预警。抽样详检、遥感及地理信息、建筑群概况相结合，实现建筑群的片区安全评估与预测；建立大数据的"建筑物画像"，通过人工智能聚类、模式匹配的方式，实现片区集约化评估。结合强台风线路，进行实时灾害预警及评估；对已发生的地震、滑坡等突发灾害，进行精细化的建筑损伤排查、处置、灾害评估。

10.2　系统架构及关键技术

通过建立对应评估及决策模块，并进行交互，满足对各类建筑进行各种评价方法的应用。进一步将各大系统的功能进行细化，按照其实现的技术路线可分为采集层、存储层、硬件层、分析层、呈现层、服务应用层，各功能层对应使用的核心技术及关系架构见图 10.2-1。

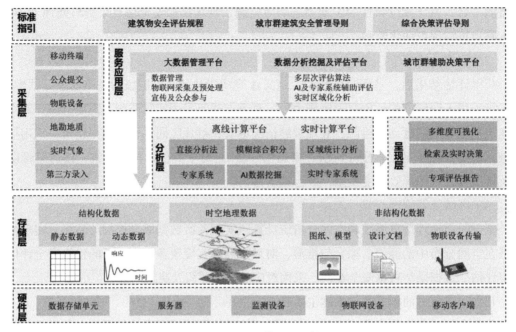

图 10.2-1 整体模块架构

其中，各模块采用的主要技术路线有：

（1）建筑安全信息大数据管理系统：数据存储（关系型数据库）、管理与数据采集平台（桌面及 Web 应用）；

（2）结构安全评估专家系统：评估（python）；

（3）结构安全 AI 评估预测系统：评估（tensorflow、keras）；

（4）结构安全直接评估算法系统：评估（python）；

（5）城乡建筑群大数据安全评估与决策系统：数据存储（postgresql）、评估（python）、可视化决策（geoserver、python、php、javascript）；

（6）建筑安全卫士：公众服务（微信公众号、小程序）。

10.2.1 基于物联网的数据采集平台

（1）设备核心技术包括以下内容：

1）监测设备综合性能提升研发，实现监测设备传感器的高灵敏度、强稳定性、低功耗、低成本等特点，提高监测设备的普适性。

2）大数据下云系统计算速度提升研发，实现设备边缘网关计算，云计算中心可通过访问边缘计算的历史数据，得到边缘计算结果，从而减少计算时间。

3）设备布置最优方案设计，针对房屋建筑，从结构计算及工程实践得到建筑敏感部位，在保证监测范围和精度前提下得到房屋健康信息，减少监测设备的投入量，降低成本。

4）多通信联合通信技术，在复杂通信环境下，利用 LoRa、NB、4G、蓝牙等多种无线通信方式，保证数据通信顺畅。

（2）物联网平台核心技术包括以下内容：

1）VPC 技术开发，开发一个兼容协议，可对接多种不同设备，减少设备与平台重新开发接口时间成本。

2）规则链技术开发，实现不同接口数据、不完整数据进行规则化处理，降低了使用者核实数据的频率，降低时间成本，增强数据稳定性，便利不同设备对接使用。

3）三维展示技术，接入三维可视化模型模块，方便使用者更加直观了解监测现场情况。

4）项目总览和管理功能，提供政府监管部门端口，在该端口内可管理加入该系统内的任一项目，便于政府部门进行监管。

（3）软件核心技术包括以下内容：

1）异常数据判别处理技术开发，解决监测现场各种人为因素、非人为因素导致的监测数据误差、数据丢失和数据异常值等情况。

2）预警判别技术优化，融入深度学习算法，多物理参量综合判别，实现更高精度的分级预警功能机制。

3）报告生成、监督管理、巡检记录、曲线显示等功能优化，更加人性化、清晰化、顺畅化、可视化，便捷使用者。

4）大数据展示平台，大数据模块采用智能引擎、科学分流和统计方法，将平台中的所有项目通过 GIS 地图的形式列出，便于客户快速通过数据分析进行全方位的业务管理。

10.2.2　大数据管理维护平台

1. 数据分类及存储架构

建立适用于建筑群的标准化数据存储架构，实现数据采集录入、BIM 模型存储、三维激光扫描点云模型存储、监测数据存储、现场拍照和检测报告资料存储，建立基于云数据库的弹性大数据存储平台。

2. 大数据存储系统

建立基于城乡建筑物的大数据系统，满足涵盖建筑物安全健康评估、城市建筑物全周期管理、智慧城市管理、金融及保险估值等多个领域的数据分析需要，并满足数据安全与可靠度的要求。

3. 信息存储及管理维护平台

归纳及总结各栋城乡建筑物的全周期信息，建立全面的建筑物时空信息数据库，并建立便捷的可视化管理界面，针对不同区域、不同信息类别的大数据采集与清洗，为后续大数据分析挖掘提供数据基础。

4. 基于第三方数据的数据转换与拟合

建立基于人工录入、第三方普查数据等多种方式下，对不同来源数据进行统筹存储及分析。

10.2.3　建筑（群）安全数据分析

研究建筑结构安全与健康的指标及指标间的关联度与敏感度、研究第三方指标与建筑评价指标之间的关系。基于数据分类及关联性，确定直接评估方法的决策树逻辑，实现对关键指标、关键因素的重点监测。

通过建立合适的数学模型，如模糊综合积分、贝叶斯网络、支持向量机、卷积神经网络等，对建筑健康实现定量评估，得到多属性与指标值之间的关系。通过长时间的建筑刚度采样，建立建筑物动力特征，实现长周期粒度的建筑健康评估。

对空间零散采样的数据点（如小区内抽样监测、城市地基沉降、环境腐蚀性等），采用合适的数学方式进行空间拟合，通过合理布置采样点，得到满足评估精度的数据。

对建筑群建立合适的简化力学分析模型，对突发灾害（如地震、台风）进行即时损伤分析、预期峰值顶点位移分析、舒适度分析、实时健康指标评价，对预警情况进行平台预警，见图 10.2-2。

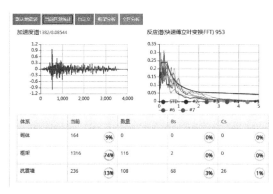
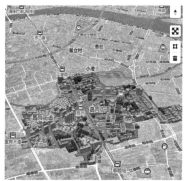

（a）评估基础数据

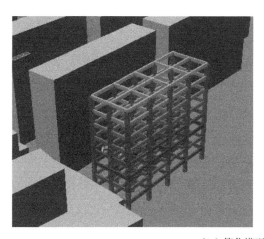

（b）简化模型

图 10.2-2　基于简化分析模型的灾害评估

10.2.4　数据标准及决策系统

确立适用于建筑群评估的标准化数据存储架构，具有弹性扩充、时空信息延伸等多种大数据存储特性。基于该数据标准可建立完善的建筑物时空档案，实现涵盖结构安全评价、消防与设备健康评价，提供用于单栋建筑安全评估、建筑群统计指标及含义、基于量化指标的决策指导、决策建议等全过程指引守则。

确定基于定量分析下的建筑群应急处置决策内容，确定相应的评估阈值，并就建筑属性，如常住人口、常住人口年龄层、安全评价、整改经济性概算等环节，提供决策参考。

通过大数据平台提供实施建议，如安置地点情况、安置责任人、水电供应情况等，对建筑健康、突发灾害决策的后续实施进行平台的全过程跟踪，见图 10.2-3～图 10.2-5。

（a）要素空间分布　　　　　　　　　　（b）要素特征交叉拟合

图 10.2-3　基于时空分布的建筑群要素拟合推演补全辅助决策

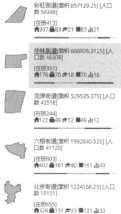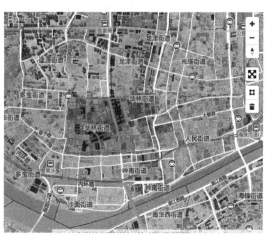

图 10.2-4　街道区划统筹决策

评估结果

| 评估等级 | 损伤等级 | 层间位移角 | 顶点位移 | 结构评分 |

基本概况

| 辖区 | 类型 | 常住人数 | 建筑面积 | 建筑高度 |

其他属性

| 竣工时间 | 结构体系 | 常住人口 | 常住人口(<60y) | 常住人口(18~60y) |
| 常住人口(>60y) |

管理情况

| 监控类型 | 处置类型 | 最近评估时间 |

图 10.2-5   以常住人口为相关性的评估等级划分

10.2.5   大数据安全

目前大部分城乡规划依赖于美国 ESRI 公司的 ArcGIS 平台，本书考虑到可扩展性、大数据分析的易用性、数据安全性考虑，采用自行建立基于开源 PostgreSQL 数据库的数据存储与分析服务，可离线独立运行，避免"卡脖子"和数据安全性的问题，架构见图 10.2-6。

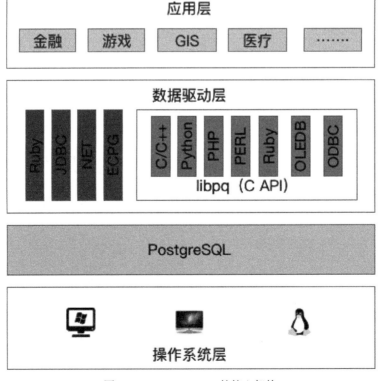

图 10.2-6   PostgreSQL 的核心架构

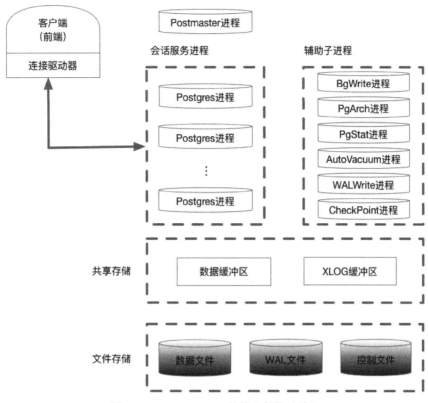

图 10.2-6　PostgreSQL 的核心架构（续）

10.3　大数据管理子系统

10.3.1　系统架构及存储体系

建筑物安全信息大数据管理系统是整个系统的数据基础，用于建筑物的安全评估数据资料的数据采集、存储，并对其他模块开展数据分发、调度、验证、存储等工作。大数据管理系统界面见图 10.3-1。

在数据存储环节，包括以下三种类型。

（1）静态数据：主要包括建筑物基本信息（结构体系、结构材料、建筑年代等）、主体结构调查信息（现场调查抽检的梁、板、柱、墙构件的混凝土老化、钢筋锈蚀、裂缝情况等信息）、附属结构调查信息（栏杆、女儿墙、幕墙等安全隐患记录）、建筑消防调查信息（防火门、消防栓、紧急通道等记录）、机电设备调查信息（配电箱、电网等记录）等，这些数据将用于后续的评估和查验；

（2）动态数据：包括每次巡查、现场检测等更新的数据、历次或定期评估的结果数据等；

图 10.3-1   大数据管理系统界面

（3）实时监测数据：传感器实时上传数据，如加速度、位移等记录，本书研发了基于物联网的数字化健康监测平台用于记录实时监测数据。

结合智慧城市建设的具体需求和目前可行技术路线进行研发与提升，建立起可弹性扩展的城市时空数据架构，通过整合不同数据源（如关系型数据源、Key/Value 数据源、文件数据源、BIM 模型数据源、静态归档数据源、三维激光扫描点云数据），以适应分属城乡、管理深度不同的建筑物数据采集、分析、查询需求。

在数据分发环节，针对访问权限、访问频次，本系统建立对应层级的数据管理架构，实现政务管理终端数据运维、评估终端的数据访问与分析、基层移动设备普查数据录入、基于物联网的实时大规模 Key/Value 数据存储与处理，实现多层次的分布式大数据管理。

在数据采集环节，系统通过物联网数据采集模块，实现搜集、上传和记录各类传感器实时数据，是建筑物安全信息数据的数字化窗口，可进一步提升平台的自动化程度，实现无人值守的安全健康监控、评估、预警的闭环。物联平台最大的优势在于对自动化监测硬件设备的综合管理，通过规则链技术保证 3h 内任意硬件快速接入平台，同时达到代码可视化，有效提高软硬件对接工作效率达 70% 以上。同时，该平台部分定制功能也集成至服务号"建筑安全卫士"中，为公众提供了获取房屋实时动态数据的渠道。

采集环节采用的数字化健康监测平台主要包括传感器设备、物联平台和监管云平台。

（1）传感器设备——物联平台：在物联平台通过配置各类硬件设备的相关信息，可以实现硬件设备协议的快速接入，物联平台将传输上来的监测数据进行解析和预处理后，通过算法对数据进行检验，对异常数据进行过滤和预警后再将数据进行存储，建立一个集硬件设备、计算公式、监测数据的数据资源库，为日后的大数据处理和分析奠定基础。

（2）物联平台——监管云平台：物联平台将监测数据进行封装和拉伸后，通过 HTTP把数据包传输至监管云平台。云平台进行数据计算之后，系统对监测结果进行初步评估，触发预警或者报警情况时系统通过多种方式传达给管理者和现场；平台可通过曲线图、表格、三维模型结合、生成报表、报告等多种方式对监测数据进行展示，为建筑物的突发事件的预测、预警工作提供了决策依据。

10.3.2　数据来源及采集硬件接口介绍

与建筑相关的数据覆盖面广、类型多样，使用功能、日常使用情况、维护情况、抗震、抗风、气候，均对建筑物安全有所影响。在评估过程中，单纯采用结构承载力进行监测，成本较高，无法覆盖所有建筑物。

通过采集大规模建筑安全相关的数据，实现大数据的集约化评估。

（1）采集内容

1）市/县级建筑群、空间分布利用 GIS 存储（以量大面广的老旧建筑为主）。

2）每个建筑单体为基本单元。

3）精采样/粗采样结合、分层次分散布置控制点、以点及面实现集约化评估。

4）GIS 提供场地信息、风压、危险源等地理基础信息。

5）建筑 BIM 竣工模型。

（2）采集方式

1）人工定期巡访录入；

2）不间断监测（传感器）；

3）周期性巡访监测（传感器）；

4）遥感及三维激光扫描；

5）公众自主参与提交。

10.3.3　全比例尺覆盖的大数据管理

系统在城市 GIS 层面，通过空间大数据切片存储与异步传输等技术手段，集成精细化的 BIM 模型（LOD200）模块，实现全比例尺覆盖的大数据管理集成系统，实现分层次的精细化评估，见图 10.3-2。

图 10.3-2　全比例尺覆盖的大数据管理集成系统

10.3.4　建筑群点云数据管理

系统主要围绕点云浏览等基础需求，结合行业主流方案和成本，采用以下技术路线实现整合应用，架构见图 10.3-3。

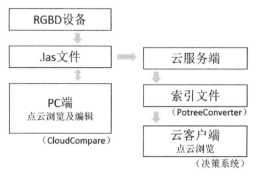

图 10.3-3　技术架构

（1）点云采集端：由专业设备及其配套软件实现，输出 .las、.bin、.xyz 等格式的点云数据文件。

（2）采样数据滤波及前处理：处理分为三个层次，低层次包括图像强化，滤波，关键点 / 边缘检测等基本操作。中层次包括连通域标记（label）、图像分割等操作。高层次包括物体识别、场景分析等操作。

1）采集端配套软件也可以完成基本的前处理工作。

2）其余点云数据处理拟采用 CloudCompare 进行。CloudCompare 是一款开源（根据 GPL 许可）三维点云 PointCloud 处理软件框架，它依赖于一种特定的八叉树结构，在进行点云对比这类任务时具有出色的性能，可以方便地使用计算法向量、优化法向量、泊松构网、滤波等功能，业内主流也基于该软件进行二次开发，以满足具体需求。

3）降噪：采用 CloudCompare 的 SOR 去噪功能和滤波功能。

4）配准：采用 CloudCompare 内置 ICP 模块进行。粗配准是指在点云相对位置完全未知的情况下对点云进行配准，可以为精配准提供良好的初始值，精配准的目的是在粗配准的基础上让点云之间的空间位置差别最小化，应用最为广泛的精配准算法为 ICP。

5）中高层次点云分析可进行专项算法研发，现阶段暂未有相关需求。

（3）应用端：

1）.las 模型文件存储于服务器，进行日后调用操作。

2）PC 端采用 CloudCompare 打开点云模型，进行信息获取、测量。

3）云服务端采用 PotreeConverter 建立索引文件，数据管理前端采用 Potree 实现与数据中台端的大规模点云传输与交互。

4）云客户端用户和工程师可在管理端对建筑物整体、建筑物具体各类构件进行距离、定位、高差测量工作，见图 10.3-4。

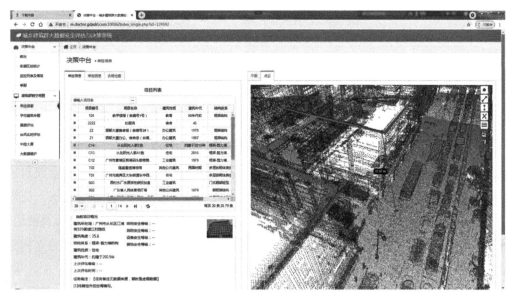

图 10.3-4 决策系统端

10.4 城乡建筑安全评估子系统

城乡建筑安全评估子系统承接了 10.3 节中建筑大数据系统的各类信息，开展结构安全评估相关数据的分析工作，从大量复杂的数据中提取有价值的信息。

在评估方法上，可采用直接评估法、结构层次评估法、专家评估系统、结构安全 AI 评估预测系统。其中，直接评估法对不安全因素的识别效率最高，而其他方法则能考虑多个变量和指标因素，对安全状态进行全面综合评价。

在评价决策上，通过数据指导下的弹性决策，评价结果更为灵活，具体给出整改措施，实现决策适应性和灵活性，本书针对建筑单体、建筑群片区，可针对性地采用不同的评估手段，得出对应的结论，开展处置与决策，见表 10.4-1。

表 10.4-1 不同粒度下的评估方法与决策内容

分项	评估内容	评估方法	决策内容
单栋评估	结构健康	直接评估法、模糊积分、贝叶斯网络、人工智能	结构安全评级、监控等级、整改措施、成本
	装饰构件健康	直接评估法	整改措施、成本
	消防健康	直接评估法	整改措施、成本
	设备健康	直接评估法	整改措施、成本

续表

分项	评估内容	评估方法	决策内容
建筑群片区评估	基于评估结果的建筑群健康	单栋结果＋建筑画像聚类	整改措施、成本
	基于建筑画像的片区灾害评估	基于建筑画像＋模式匹配	灾害预警评级、损伤覆盖面及统计
	基于时间的健康退化情况	带时间的变化率情况	预警、统计

在实践过程中，对重要性各异的对象，分层级采用不同的要素分析方法，可以实现差异化的建筑群安全评估，如基于刚度损伤、直接评估法、模糊综合评价法、人工智能专家系统、等效刚度模型等方法。例如，重点建筑采用实时监测、定期巡访；次重点建筑采用定期刚度动力检测、表观裂缝情况巡查；片区同年代同类型建筑，采用抽样检查，统筹评估（基于直接分析法、模糊积分法）。其他未覆盖建筑，按遥感测量的楼层平面及楼层数，采用等效刚度模型，进行批量评估。其中采用具有代表性的数据分析评价方法建立相应的算法评估系统见表10.4-2。

表 10.4-2　不同级别下的评估方法选取

监测与评估等级	对应建筑安全评级	对应建成年限	数据深度	监测手段	评估方法
重点监测	D～E	≥20 年	结构模型、完整资料	实时监测、动力检测、定期巡访	层次评估法、物联网健康监测、安全模态损伤识别
标准监测	C～D	10～20 年	巡检录入资料	动力检测、定期巡访	层次评估法、安全模态损伤识别、AI 智能评估、直接评估法
一般监测	A～B	＜10 年	典型建筑巡检录入	定期巡访	AI 智能评估、直接评估法
一般建筑（灰模）	A～B	＜10 年	仅遥感轮廓、高度、体系、年代	片区拟合	建筑群安全风险评估

（1）结构安全直接评估算法系统

结构安全直接评估方法是基于已有的存档资料，现场人工查勘，检测和设备的实时监控数据的各类要素属性进行人工打分。结构安全直接评估包括上部结构安全直接评估和地基基础安全直接评估，最后综合上部结构安全直接评估和地基基础安全直接评估结果得到结构的整体评估结果，为评价既有建筑的安全和健康状态提供依据，见图10.4-1。直接评估法详细介绍见第5章。

（2）结构安全智能评估法系统

包括三个选择：结构安全层次评估法、专家评估法、结构安全 AI 评估法。专家评估法系统、结构 AI 算法评估预测系统、层次评估法系统的软件界面见图10.4-2～图10.4-4。详细原理介绍见第6章和第7章。

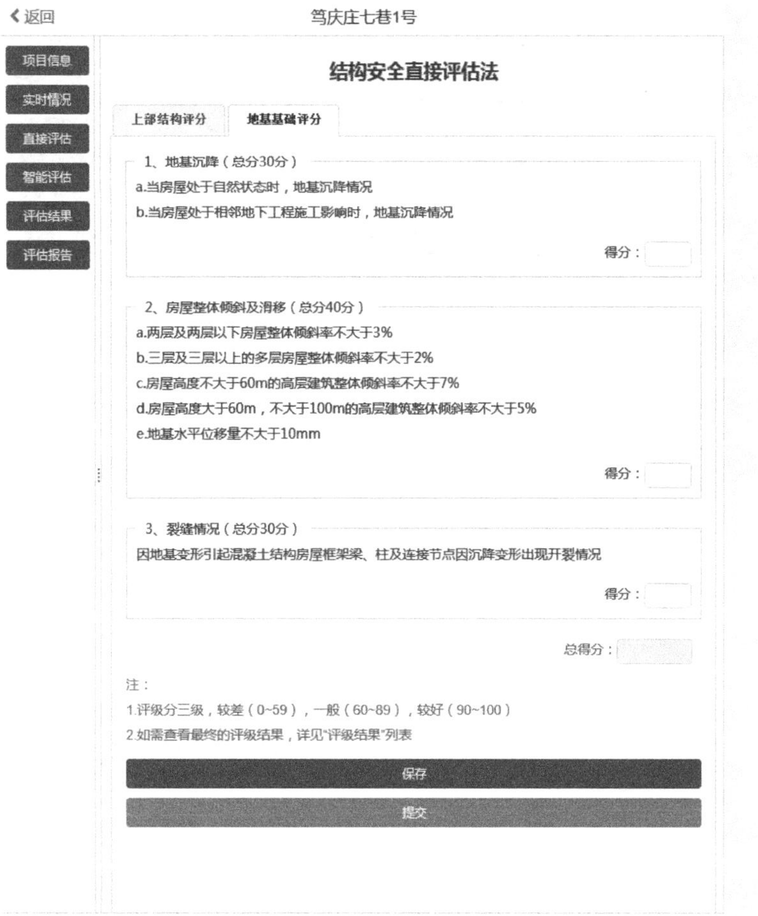

返回
笃庆庄七巷1号
项目信息
实时情况
直接评估
智能评估
评估结果
评估报告
结构安全直接评估法
上部结构评分
地基基础评分
1、地基沉降（总分30分）
a.当房屋处于自然状态时，地基沉降情况
b.当房屋处于相邻地下工程施工影响时，地基沉降情况
得分：
2、房屋整体倾斜及滑移（总分40分）
a.两层及两层以下房屋整体倾斜率不大于3%
b.三层及三层以上的多层房屋整体倾斜率不大于2%
c.房屋高度不大于60m的高层建筑整体倾斜率不大于7%
d.房屋高度大于60m，不大于100m的高层建筑整体倾斜率不大于5%
e.地基水平位移量不大于10mm
得分：
3、裂缝情况（总分30分）
因地基变形引起混凝土结构房屋框架梁、柱及连接节点因沉降变形出现开裂情况
得分：
总得分：
注：
1.评级分三级，较差（0~59），一般（60~89），较好（90~100）
2.如需查看最终的评级结果，详见"评级结果"列表
保存
提交

图 10.4-1　直接评估法

结构安全评估专家系统
结构总体评价
抗震能力
抗风能力
各指标风险评价等级
上部结构评价
各指标安全等级
下部结构评价
结构安全指标关系图谱

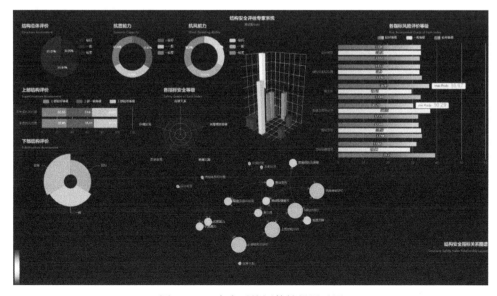

图 10.4-2　专家系统评估结果展示图

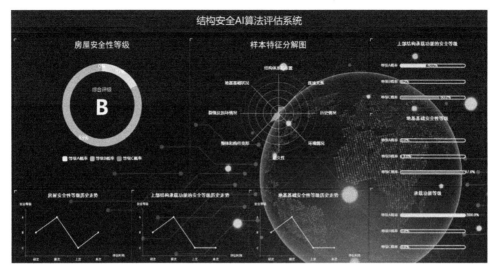

图 10.4-3　结构安全 AI 算法评估系统

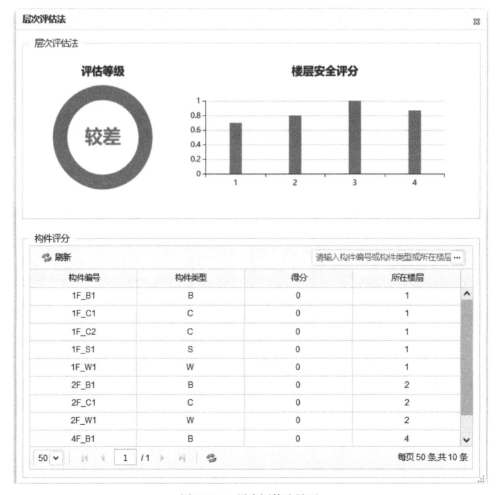

图 10.4-4　层次评估法界面

（3）结构模态损伤识别系统

针对缺乏历史资料的建筑，按结构模态响应实测数据，建立简化的结构模型，为结构承载能力分析与特殊灾害评价提供分析基础，并通过多次测量修正，使得损伤识别不需要结构的质量和刚度信息，适用于实际建筑的损伤评估，见图 10.4-5。

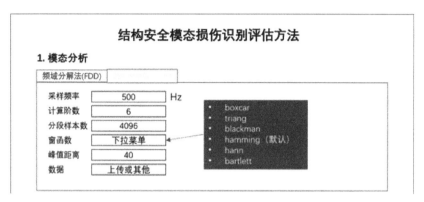

图 10.4-5　结构模态损伤识别系统

10.5　物业安全咨询与顾问服务子系统

以本书第 3 章建筑安全咨询系统为理论基础，开发了"建筑安全卫士 APP"，旨在进行建筑安全使用常识宣传，提供建筑安全使用问题的咨询与顾问服务。

点击建筑安全卫士 APP，进入主菜单界面，如图 10.5-1（a）所示。主菜单界面设置有拍一拍、咨询楼安安和个人中心三大功能选项以及对话框。进入主菜单界面后，对话框中自动弹出提示信息，帮助用户对问题进行快速检索。提示信息包括基本的咨询步骤和常见的关键词，关键词为裂缝、漏水、混凝土保护层、沉降、装修改造、消防和承重墙。点击关键词（以漏水为例），进入建安百科界面，系统将自动检索与"漏水"相关的词条，如图 10.5-1（b）所示。

点击拍一拍，进入 AI 智能评估界面，如图 10.5-2 所示。AI 智能评估功能提供八大问题的安全等级评定，分别为开裂问题、渗水问题、钢筋外露、沉降变形、装修问题、消防问题、外墙问题和支架生锈。若以上问题均不能满足咨询需求，也可点击最下方的"人工服务"进入工程师咨询界面。

点击需要进行评估的问题，进入资料采集界面，如图 10.5-3（a）所示。用户需要在资料采集界面填写姓名、手机号码和物业地址等信息。用户可点击"完善房屋信息"，进一步填写建筑信息、环境信息和历史信息，如图 10.5-3（b）所示。用户还可点击"上传照片"，对建筑物损伤部位进行拍照，以增强评估结果的准确度。

目前已投入日常使用部分界面如图 10.5-4 所示。

（a）　　　　　　　　　　　（b）

图 10.5-1　主菜单界面

图 10.5-2　AI 智能评估界面

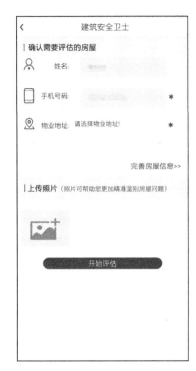
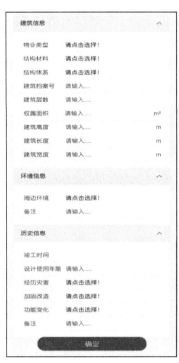

（a）　　　　　　　　　　　　（b）

图 10.5-3　资料采集界面

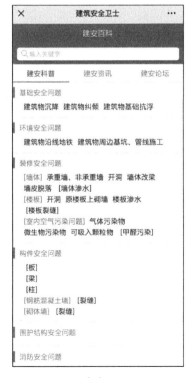

（a）　　　　　　　　　　　　（b）

图 10.5-4　建筑安全卫士部分界面

运用"建筑安全卫士"对广州市某老旧小区的楼梯进行安全评估。该楼梯的扶手墙与梯板之间出现通长、贯通的大裂缝，如图 10.5-5（a）所示。最终评估结果为"隔墙开裂较严重"，评估结果合理，如图 10.5-5（b）所示。

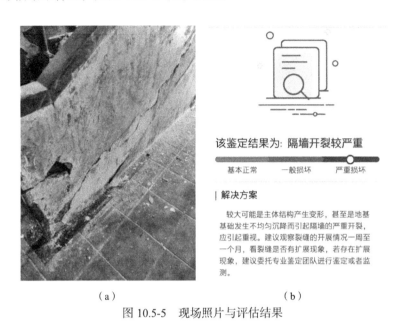

（a）   （b）

图 10.5-5   现场照片与评估结果

10.6   建筑群安全评估与决策子系统

10.6.1   系统介绍

系统针对城乡建筑群大数据的结构抗震安全、附属结构构件安全等内容，读取数据库信息，进行数据统计、可视化展示及分析建议。主要提供可视化决策数据中台、按辖区统计建筑物信息、校园类建筑抗震安全统计、台风及抗震设防地理 GIS 信息存储与显示功能，系统通过 Web 端页面进行交互，可通过 PC、平板终端直接访问查看相关信息，见图 10.6-1。

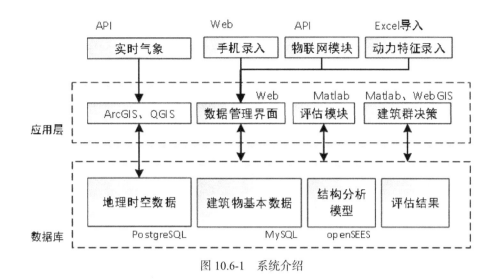

图 10.6-1　系统介绍

系统存储的主要数据类别含单体数据（静态）、单体数据（动态）、户政及经济数据、环境数据，具体分类见表 10.6-1。

表 10.6-1　大数据系统主要数据类别

数据类型	主要内容	周期更新及来源
单体数据（静态）	地理空间位置 平面轮廓 楼层数 结构体系	基于卫星遥感、图像识别、 人工采集等多种方式
单体数据（动态）	承重构件情况 装饰构件情况 设备运行情况 消防安全情况	基层定期巡访 物联网传感器
户政及经济数据	居住情况 人口分布情况 建筑功能 区域房屋单价	基层定期巡访 街道、居委登记情况 人口、经济普查数据 行政区各季度统计数据
环境数据	场地自然条件 地质条件 危险源信息	遥感数据、地勘、人工采集

系统提供决策中台数据可视化模块、时空地理数据存储与分析模块、与信息管理平台、评估平台衔接模块，见图 10.6-2 和图 10.6-3。

合规检查功能是根据相关规范条文，对建筑物普查情况进行自动化检查与建议判断，用户访问本页面后，可点击查看对应的建议，提交物业进行后续的工作跟进，见图 10.6-4 和图 10.6-5。

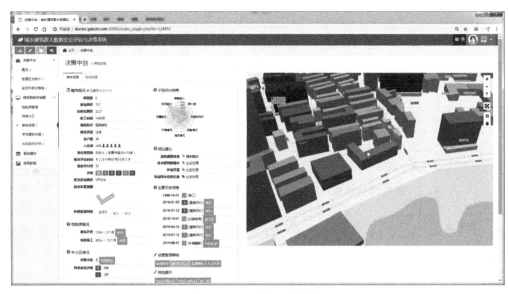

图 10.6-2　单栋建筑情况

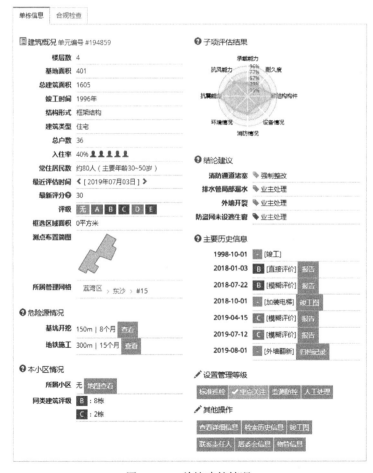

图 10.6-3　单栋建筑情况

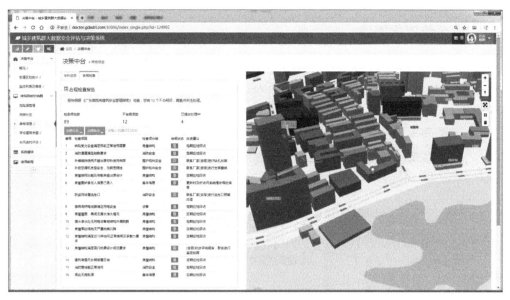

图 10.6-4　合规检查 1

图 10.6-5　合规检查 2

10.6.2　系统架构概述

城乡建筑群大数据安全评估与决策系统架构主要由五个模块组成,分别为大数据平台、国家地理基础数据、建筑物评估、建筑群评估、决策与实施,主要架构关系见图 10.6-6。

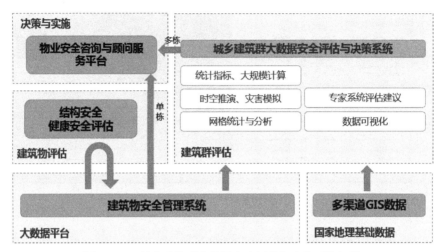

图 10.6-6　城乡建筑群大数据安全评估与决策系统架构

根据所述评估状态及结果,结合建筑群年代、功能、业主实际需求情况,确定建筑的安全管理模式。其中:

当建筑群内较多栋单体经巡检,结构巡检结果不佳、无法满足正常使用时,对建筑群内各类建筑进行分级,对一般建筑采用定期巡检、对次重点建筑采用加密巡检、对重点建筑采用实时监测、对危房进行整体鉴定、对典型构件抽样进行评价处置。对片区同年代同类型建筑,采用抽样检查,结合楼栋相似度信息,进行统筹评估。

当为应对特殊状态进行建筑安全应急处置时,如台风、地震、地下水波动引起大范围沉降、基坑开挖变形等特殊情况下的处置机制时,对建筑群内各栋建筑进行快速建档和分类,并采集居住人信息实现预警短信通知,通过云平台进行建筑物分布等信息统计,满足应急消防部门对建筑群安全管理的信息需求。

基于建筑各项安全评价相关的要素值,建立建筑群画像,实现类型、年代、地域相近的建筑物归类,对归类后的建筑进行空间特征拟合与补全,实现大数据的集约化采集与录入。以广州市老城区为例,对建成时间、建筑高度、建筑体系进行聚类分析后,可实现在时空分布上的建筑要素特征的补全,得到结构体系、耐久性、抗震性能评价值。见图 10.6-7。

在处置阶段,建立对应等级安全处置机制,对应部门及联系责任人建立即时联络机制,对于发现潜在的建筑不安全因素时进行处理,并跟踪处理结果。目前主流架构见表 10.6-2。

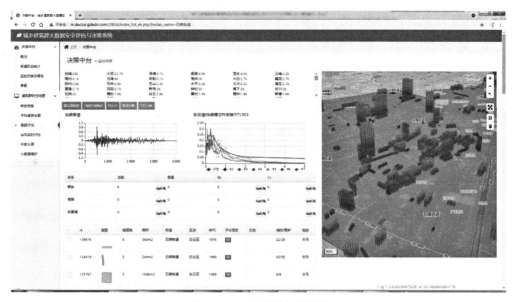

图 10.6-7　建筑群安全评估

表 10.6-2　主流架构

解决方法及对比		调用地图平台 API 接口	基于商业平台开发	自主研发
概述		基于天地图、百度、腾讯等网站提供的 API 接口功能，进行数据分析与展示	基于 Esri 公司提供的全套 GIS 解决方案	自主研发，部分模块可采用开源组件
底图数据	底图	底图采用网站提供的单层底图	按所需内容，自行购买、采集、编辑相应种类的底图	
	底图实时性	依托底图平台数据，更新较为频繁	以购买的底图数据情况确定	
	地图许可	不需进行图审	如公开，地图数据需提交国家测绘局审批地图合法性，取得审图号	
数据库		仅存储附加数据（表单数据），不需采购及存储底图	需自行存储底图数据（空间数据）及附加数据（表单数据）	
附加图层及分析	附加数据	地图上可加载小规模的附加图层（点或多边形）	附加数据可按规模，通过小规模数据实时加载 GEOJSON、大规模数据通过缓存矢量切片按需加载	
	分析手段	提供标注点等基本样式	基本完备	部分分析方法有成熟模块，其余需自行研发
	地图样式	二维	不限	不限
坐标系		采用相关网站内部的坐标系	自行确定	自行确定
价格		非商业免费，限制每日请求数量	非商业免费，限制每日请求数量	自行研发，研发成本视需求确定

结合具体需求，本系统采用开源模块开展大数据分析、存储、应用工作，基本系统模块如下：

（1）数据源：空间关系数据库用于存储大规模的点、线、面数据及其参数值（如名称、类型、数值）。栅格数据源文件格式（tiff），用于存储高程、栅格（点阵）式数据，常按每0.5经纬度分为多个文件存储。其他简单数据、小规模数据，可通过其他各类方式存储。

（2）数据分析计算：通过现有各类算法进行数据分析，结果存储在数据库对应的点、线、面对象参数中。

（3）数据分发服务器：提交对应经纬度范围请求，服务器检索数据源中对应坐标范围内数据，返回各类格式。具体格式有：png图片格式、pbf矢量切片格式、geojson文本格式等。png图片格式：即经服务器渲染得到最终的图像，客户端不进行渲染；pbf矢量切片格式：仅对数据切片，传输到客户端，客户端根据具体需要颜色、线宽等渲染。其中，pbf与geojson基本一致，pbf进行压缩，传输效率较高。

（4）客户端呈现：客户端主要作用是通过解析pbf/geojson文件，进行图形渲染。主要有ArcGIS和MapBox两大类。

（5）数据库内容：数据库分表内容见表10.6-3。

表 10.6-3　数据库内容

展现	表名称	范围	内容	类型
√	bou_sheng	全国	省界	面域
	bou1_4l	全国	国界	面域
	bou2_4l	全国	省界	面域
	bou2_4p	全国	省界	面域
	bount_line		（未使用）	
√	building_gz	广州市	建筑物	面域
√	building_sz	深圳市	建筑物	面域
	city_div	广州市	广州市行政区划（街道级别）	面域
	cn-shi-a	全国	市界	面域
	counties_china	全国	市界（未使用）	面域
√	danger	不限制	危险源（人工录入）	点
	dem_gz	广州市	等高线	线
√	gis.buildings_a_free_1	全国	建筑物轮廓（不全）	面域
√	gis.landuse_a_free_1	全国	绿地	面域
	gis.natural_a_free_1	全国	沙滩	面域
	gis.natural_free_1	全国	沙滩	点
	gis.places_a_free_1	全国	零散信息	面域
	gis.places_free_1	全国	零散信息	点
	gis.pofw_a_free_1	全国	宗教建筑	面域
	gis.pofw_free_1	全国	宗教建筑	点
	gis.pois_a_free_1	全国	兴趣点	面域
	gis.pois_free_1	全国	兴趣点	点

续表

展现	表名称	范围	内容	类型
	gis.railways_free_1	全国	铁路	线
	gis.roads_free_1	全国	公路	线
	gis.traffic_a_free_1	全国	停车场等	面域
	gis.traffic_free_1	全国	停车场等	点
	gis.transport_a_free_1	全国	交通站点	面域
	gis.transport_free_1	全国	交通站点	点
√	gis.water_a_free_1	全国	水系	面域
	gis.waterways_free_1	全国	航道	线
√	poi_a	全国	交通区域（停车场及交通站点合并）	面域
√	river_region	全国	水系（详细）	面域
√	road0	全国	高速路	线
√	road1	全国	城市快速路	线
√	road2	全国	国道	线
√	road3	全国	普通街道	线
√	road4	全国	其他道路	线
√	sar	港澳台	细分行政区划	面域
√	str_acc	全国	地震动加速度区划	面域
	typhoon	沿海	热带气旋	线（连续）
√	typhoon_split	沿海	热带气旋	线
	typhoontracks	沿海	热带气旋	线

（6）展示层架构：为降低安全管理平台的技术门槛，便于巡检人员、工程师能简单便捷地访问系统，进行数据查阅与评估等工作，展示层架构选择基于 Web 的地图信息渲染引擎。服务端建立切片服务器，对数据生成矢量切片，逐块加载到浏览器，满足手机、计算机等不同终端的浏览。

（7）平台可视化交互：为满足巡检人员开展巡检计划、监测预警、区域评价等工作，在构建巡检平台的可视化交互系统时，需提供片区空间统计、楼栋数据分类等功能。

1）片区空间统计：平台通过对存储的巡检数据，对不同区域的建筑群整体概况、监测设备情况等进行描述，为管理决策提供数据支持，包含：

① 按市、街道、给定区域统计建筑物类型、年代、居民数；

② 按市、街道、给定区域统计各评分等级；

③ 按市、街道、给定区域统计处于监测中的楼栋占比、各监测等级占比。

2）楼栋数据分类：平台允许用户根据不同的分类标准对数据进行筛选和查询。查询结果应以高亮显示，便于快速识别和定位关键信息，包含：

① 基本属性：建筑类型、常住人数、建筑面积、建筑高度、竣工时间、结构体系；

② 建档状态：未建档、已建档、已巡检、监测中；

③ 监控等级：无采样、有采样、动力特征、实时监测；

④ 评估等级：结构等级、消防等级、设备等级、围护结构等级；

⑤ 监测指标：指标变化差值、变化速率、损伤类型；

⑥ 安全管理信息：评估次数、距离上次评估时间、巡检与评估机构。

10.6.3　典型功能介绍

（1）时空地理管理决策

该模块分为监控列表、单栋信息。监控列表提供了按指定筛选条件下，筛选对应的建筑群，并可查看基本信息，缩放到地图相应位置处，点击可跳转到对应的信息管理平台进行进一步的操作处理，见图10.6-8。

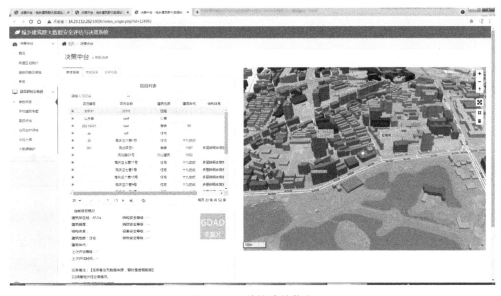

图 10.6-8　单栋建筑信息

单栋信息提供基本的建筑物信息，关联周边建筑物信息也可在本页面进行查看。本页面不提供信息编辑功能，如需进行信息编辑，需采用 PC 端相应的数据库维护软件进行各类的信息编辑操作，见图10.6-9。

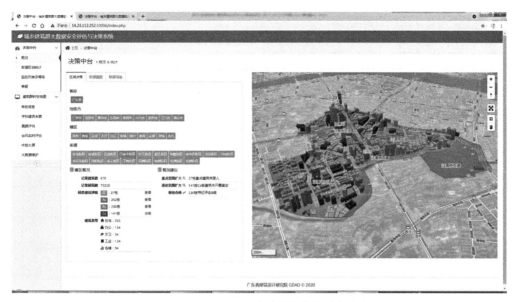

图 10.6-9　管理单元内建筑评估统计与决策

（2）震损评估应用

震损评估功能可自定义地震波，平台实时计算反应谱及辖区内建筑物对应自振周期下的响应情况，进行区域决策，见图 10.6-10 和图 10.6-11。

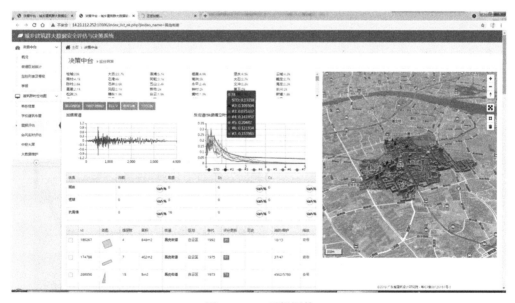

图 10.6-10　震损评估

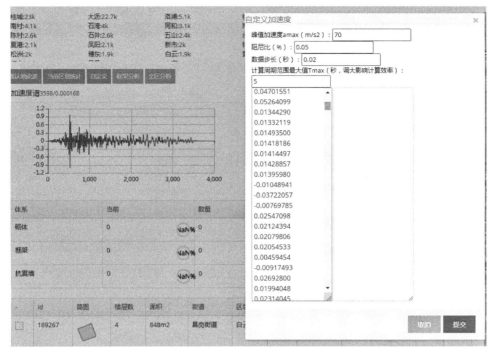

图 10.6-11　自定义地震波

（3）三维激光扫描点云模型

系统基于 WebGL 和 Potree 开发实现了大规模点云传输与交互，在决策模块中，对有点云模型的项目，可进行点云浏览、测量。在工程后端可利用专业点云平台软件进行空间分析和三维重建等功能，为精细化安全评估、减少现场测量作业提供技术支持，见图 10.6-12 和图 10.6-13。

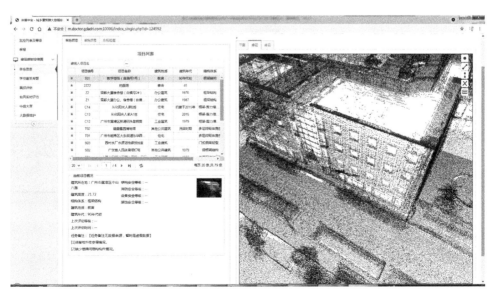

图 10.6-12　大规模点云传输与交互

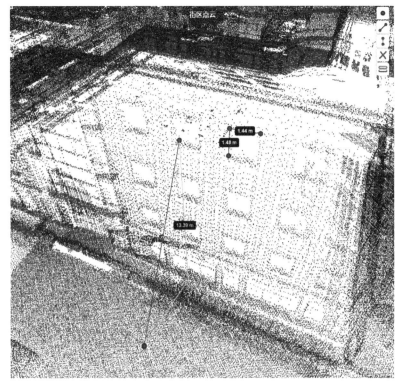

图 10.6-13 点云交互

（4）校园专题应用

校园专题针对校园类建筑，提供了按行政区划统计，并在地图中进行点云统计，点击可跳转到具体单栋建筑的信息管理系统进行进一步的信息查看、编辑或评估，见图 10.6-14。

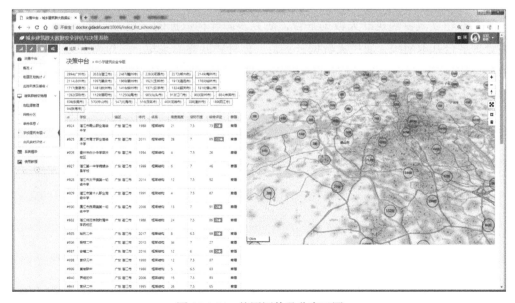

图 10.6-14 校园评估及分布云图

（5）台风数据专题

界面提供了基本的台风历史信息，可点选对应台风的基本风压、风力半径进行城市群的建筑结构安全评估对接，并将结果存储在地图中进行查看，见图 10.6-15。

图 10.6-15　台风路线及建筑群影响

10.7　本章小结

基于本书各章理论研究及算法模块，建立建筑全周期安全管理与决策的成套解决方案，研究并建立城乡建筑群大数据平台，研究多源异构数据的采集、归集、利用与归档，研究管理平台基本架构，通过大数据云平台、多种物联终端采集、三维激光点云扫描、建筑 BIM 模型集成、基于专家系统的决策实时评估与预警等模块开发，满足在不同应用场景下的城市建筑综合安全管理。

附录 城乡建筑群全寿命周期安全管理导则（范例）

目 录

1　概述

1.1　管理体系组成

（1）多源要素融合的建筑群档案

基于多终端大数据采集方式（巡检录入＋传感器采集），围绕建筑物安全管理的多种来源要素，建立房屋安全大数据体系（图1、表1）。

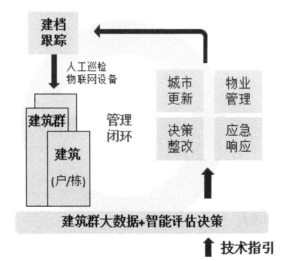

图1　房屋安全大数据体系

表1　大数据建档要素

类别	典型要素	来源
静态数据	地理空间位置 平面轮廓 楼层数 结构体系	卫星遥感 图像识别 基层定期巡访

续表

类别	典型要素	来源
动态 数据	承重构件情况 装饰构件情况 设备运行情况 消防安全情况	基层定期巡访 物联网传感器
户政 经济	居住情况 人口分布情况 建筑功能 区域房屋单价	基层定期巡访 街道、居委登记 人口、经济普查 行政区划统计数据
环境 数据	场地自然条件 地质条件 危险源信息	遥感数据 工程地勘 人工采集

（2）多层次智能评估算法与决策平台

围绕安全评估关键要素进行特征提取、评价，采用结构简化模型、结构特征分析、贝叶斯网络、变分自编码机、AI 人工智能等算法，对不同重要性的单体建筑开展分层次的安全评估。

基于大数据及各单栋结果，进行相似度聚类分析、城市时空分布推演，通过多种智慧城市技术，实现城乡建筑群的规模化安全管理，建立针对不同类别建筑的差异化预警管理体系。

（3）全周期物业管理体系

建立针对单体建筑、片区建筑群等多种应用形式下的物业管理体系。

针对特定类型建筑群，如学校、医院、房改房、给定物业运维建筑群，实现数字化建档、统筹化管理、常态化巡检、集约化修缮。

1.2 解决方案

（1）建筑物管理

1）以业主及业委会为基本运作单元，通过业主委托形成物业管理、安全运维管理体系，并由住建管理部门作为监督；

2）通过物业顾问平台实现公众广泛参与的建筑安全互动，实现安全问题随手拍，提升安全意识和城乡建设的精细化维护。

（2）物业群管理

1）以物业管理单位为运作单元，以属下多栋建筑组成的物业群为对象，构建保障物业安全的集约统筹化管理体系；

2）借助互联网＋保障提升服务水平，管理人力、物资的均衡调配，节约物业管理成本。

（3）专项建筑群管理

1）围绕科教文卫类建筑、民生保障类建筑、仓储与产业类建筑，形成建筑群专项管理台账；

2）针对性地实现多种管理手段与方法的信息化实现。

（4）城乡建筑群管理

1）常态化管理

① 建立城乡建筑群安全信息化管理体系，发挥 GIS、智慧城市、数字孪生、CIM 平台的数据优势；

② 实现基于智慧城市的时空 GIS/CIM 精细化管理、建档、管理台账；

③ 通过 5G 物联监测设备，实现广泛采样与城市理化感知的实时分析。

2）应急管理

① 完善以建筑物为基本处置单元的建筑安全保障的大数据信息互联平台，实现点对点处置；

② 通过层级分布传感器，实现城市感知和实时分析，实现数据支撑的应急决策；

③ 通过智慧城市 GIS/CIM 技术，提升应急响应效率和水平。

1.3　依据与规范

（1）编制依据

《中华人民共和国消防法》

《中华人民共和国建筑法》

《中华人民共和国固体废物污染环境防治法》

《特种设备安全监察条例》（国务院令第 373 号）

《建设企事业单位关键岗位持证上岗管理规定》

《消防监督检查规定》（公安部令第 107 号）

《火灾事故调查规定》（公安部令第 108 号）

《中华人民共和国民法典》

《房屋维修管理》

《物业管理条例》

《物业服务企业资质管理办法》

《住宅专项维修资金管理办法》

《中华人民共和国物权法》

《中华人民共和国房地产管理法》

《业主大会规程》

《住宅室内装饰装修管理办法》

《物业管理财务管理规定》

《城市市容和环境卫生管理条例》

《安全生产巡查工作制度》

《建设工程消防监督管理规定》（公安部令第 106 号）

《民用建筑外保温系统及外墙装饰防火暂行规定》

《企业安全生产风险抵押金管理暂行办法》

《企业安全生产费用提取和使用管理办法》

《突发事件应急演练指南》

《关于加强重大工程安全质量保障措施的通知》（发改投资〔2009〕3183 号）

《国家安全生产应急救援指挥中心关于报送重大危险源监督管理工作情况的通知》（应指协调〔2010〕25 号）

《广州市房屋使用安全管理规定》

《深圳市房屋安全管理办法》

（2）检测规范

《建筑结构检测技术标准》GB/T 50344—2019

《混凝土结构现场检测技术标准》GB/T 50784—2013

《砌体工程现场检测技术标准》GB/T 50315—2011

《钢结构现场检测技术标准》GB/T 50621—2010

《建筑变形测量规范》JGJ 8—2016

《钻芯法检测混凝土强度技术规程》JGJ/T 384—2016

《混凝土中钢筋检测技术标准》JGJ/T 152—2019

《回弹法检测混凝土抗压强度技术规程》JGJ/T 23—2011

《贯入法检测砌筑砂浆抗压强度技术规程》JGJ/T 136—2017

《建筑地基检测技术规范》JGJ 340—2015

（3）监测规范

《城市轨道交通工程监测技术规范》GB 50911—2013

《建筑工程施工过程结构分析与监测技术规范》JGJ/T 302—2013

《建筑基坑工程监测技术标准》GB 50497—2019

《建筑与桥梁结构监测技术规范》GB 50982—2014

《建筑工程检测试验技术管理规范》JGJ 190—2010

《房屋结构安全动态监测技术规程》T/CECS 685—2020

《建筑室内空气质量监测与评价标准》T/CECS 615—2019

（4）鉴定规范

《民用建筑可靠性鉴定标准》GB 50292—2015

《工业建筑可靠性鉴定标准》GB 50144—2019

《危险房屋鉴定标准》JGJ 125—2016

《火灾后工程结构鉴定标准》T/CECS 252—2019

《建筑抗震鉴定标准》GB 50023—2009

《房屋完损等级评定标准（试行）》（城住字〔1984〕第 678 号）

（5）加固规范

《砌体结构加固设计规范》GB 50702—2011

《混凝土结构加固设计规范》GB 50367—2013

《钢结构加固设计标准》GB 51367—2019

《建筑抗震加固技术规程》JGJ 116—2009

《古建筑木结构维护与加固技术标准》GB/T 50165—2020

《建筑结构加固工程施工质量验收规范》GB 50550—2010

《工程结构加固材料安全性鉴定技术规范》GB 50728—2011

1.4　术语释义

（1）建筑档案

指基于大数据平台，建立围绕建筑物自身的全过程信息。信息化档案可通过数据统筹与互通接口，承接智慧城市、CIM 数字孪生、国土资源管理平台等相关信息，实现档案的动态化维护与应用。

（2）建筑群

指由位置毗邻、功能相同、权属相同、技术体系相同或相近的两个及以上单体建筑组成的群体。常见的建筑群有物业建筑群、教育（文化、卫生）建筑群、片区建筑群（图2）。

（3）物业建筑群

指由同一物业管理单位管理下的多栋建筑物。

（4）教育（文化、卫生）建筑群

指按建筑类型划分，针对教育、文化、卫生专项，由对应专项的主管单位管理下的多栋建筑物。

（5）片区建筑群

指单个或多个特定行政片区划分范围内的所有建筑物及构筑物。

（6）初筛、初步筛查

政府管理职能部门牵头开展的建筑建档与安全管理等级初步筛查，作为强制性、非强制性检查的依据。

（7）建筑全周期安全监测管理

通过监测与检测、评定与处置、分析与统筹相结合，实现建筑物长效安全管理。

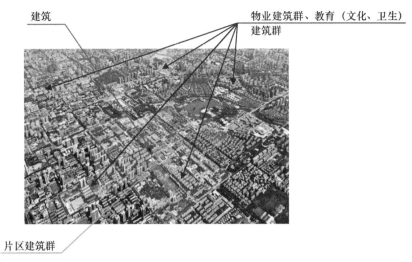

图 2　片区建筑群

（8）建筑安全评估报告（意见书）

指根据城乡管理相关条例开展的评估，用于指导加固改造措施确定、物业维修基金提取依据、城市更新需求研究依据、应急灾害处置决策。当人员资质及巡检取证满足有关程序要求的，可作为司法鉴定意见书出具。

（9）建筑安全评定等级

按一定的评估周期，确定建筑安全综合评分。该评分综合确定建筑整体安全状态是否满足。

（10）建筑安全管理等级

根据建筑物安全评估情况，结合业主定位与需求，确定该等级。该等级用于确定监控手段、频率、深度。对建筑安全等级较差的建筑，应采用更严密的检测评估手段。

（11）物业责任人

指对物业进行实际管理、决策的社会实体。可为物业业主、业主委托的物业管理单位、业主委托的运维总承包单位。

（12）运维单位

指受物业责任人委托，负责对建筑物运维期进行安全监测与评价的单位。

（13）监管单位

指对建筑物进行城乡建设、安全使用监管、特种设备管理的有关部门，根据建筑物、对应管理子项所属主管部门进行确定。

（14）巡检人员

指按相关规程指引开展数据信息录入、更新、评价的人员，可为运维单位技术人员、社区街道工作人员、网格员等。

（15）监测

通过设置传感器实时监测，对建筑物开展长效持续性的安全大数据收集。

（16）检测（巡检）

通过人工巡查、拍照、技术人员评分、定期采用专业仪器开展定性定量的原位测试，对建筑物开展周期性的安全大数据收集。

（17）预警

当前实时监测值超出事前确定阈值时，形成预警报告。

根据检测结果和实时灾害工况，对建筑物进行实时验算并作出预警。

（18）房屋建筑结构安全

指主体结构承载能力满足现状使用需求下的结构安全状态。

（19）房屋建筑使用安全

指建筑整体满足自身使用要求且满足周边场地环境对其需求的安全状态。

（20）建筑主体结构

指建筑承重结构。

（21）建筑附属结构

指非承重结构。如装饰构件、外墙、门窗、支架。

（22）建筑消防系统

指消防管道、设备、消火栓、灭火筒等。

（23）建筑设备及系统

指供水、供电、供暖、供冷设备。具体分为入栋前、入栋后、入户后。

2　架构与划分

2.1　职责划分

（1）责任人：物业业主、业主委托的物业管理单位、业主委托的运维总承包单位。

1）负责提供所需的基础资料、协助运维单位进入物业开展工作。

2）负责最终决策。

3）负责巡检、运维、修缮开支（从物业管理费、物业维修基金中提取）。

（2）运维单位：负责对建筑物运维期进行安全监测与评价。

1）对委托阶段全过程开展数据建档、采集更新、评价等工作。

2）建档内容需保密，按相应层级授权提供相应深度的评估结果。

3）运维单位应具有房屋安全鉴定资质，评估意见书出具人应具有执业资质，意见书内容需客观真实反映情况。对于需出具司法鉴定意见书的委托，企业及人员资质、巡检取证过程应满足国家有关程序要求。

4）对于达到国家强制性整改条件时，报告将提交监管部门，强制进行处置修缮。

5）应急响应阶段，相关数据应提交获授权的应急管理部门进行协同管理。

（3）监管单位：城乡建设管理部门。

1）编制指引，牵头完成建筑群建档工作与系统搭建。

2）对运维单位进行备案。

3）当触及需强制执行的情况，协助移交应急管理部门开展工作。

4）组织运维单位或社区工作人员，按片区开展建筑安全的基本筛查工作及相应的人员物资需求。

（4）巡检人员：负责进行数据信息录入、更新、评价。

1）可由基层社区服务人员负责完成，也可由受委托的运维单位完成。

2）应按照管理手册要求，如实完成对应阶段所要求的资料录入工作。

3）应急响应阶段统筹安排，完成点对点的到户排查工作。

4）应包含专业技术人员，完成专业设备操作、数据处理、评估报告编撰、审核与提交。

2.2　管理对象划分

（1）管理对象分为建筑、物业群、建筑群。

（2）管理子项分为主体结构、附属结构、消防系统、设备系统。

（3）可根据委托人要求，按特定范围的管理对象开展安全管理工作。

（4）可根据委托人要求，选取对应的某一项或多项开展安全管理工作，运维单位承担对应受委托子项的安全事故连带责任。

（5）按功能划分，居住、商业、行政办公、工业、仓储、教育、卫生、市政、军事建筑责任人为业主，主管单位按对应功能确定，住宅及工商类为所在地住建管理部门、教育类为对应的一级教育主管部门（表2）。

表2　管理对象划分

对象划分		涵盖内容	责任人
管理对象	产权户	房屋产权户	业主
	建筑	单个建筑单体	业主
	片区建档	对片区内满足给定条件的所有建筑物	地方住建管理部门 城市更新调研机构 开发商
	建筑群	针对委托人指定满足相应特征的建筑群	物管企业、开发商、学校、医院、房改房、工业园区
管理子项	主体结构	地基基础、砌体结构 混凝土结构、钢结构 白蚁防治	业主、承建商、白蚁防治单位

续表

对象划分		涵盖内容	责任人
管理子项	附属结构	建筑构件与部件 装饰装修 外挂广告牌	业主、承建商
	消防系统	消防管道 消防通道情况 疏散楼梯、消防电梯 设备、消火栓、灭火筒	业主、承建商、特种设备维护单位
	设备系统	供水、供电设备 供暖、供冷设备	业主、承建商 市政单位

2.3 管理架构体系

（1）建筑物管理体系（图3）

以业主及业委会为基本运作单元，通过委托形成物业管理、安全运维管理体系，并由住建管理部门作为监督。

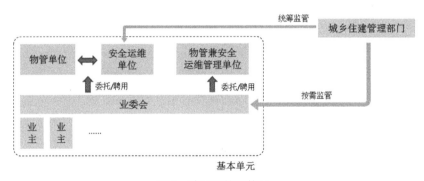

图3 建筑物管理体系

（2）物业群管理体系（图4）

1）以物业管理单位为运作单元，构建保障物业安全的集约统筹化管理体系。

2）借助互联网＋保障提升服务水平，管理人力、物资的均衡调配，节约物业管理成本。

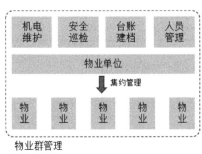

图4 物业群管理体系

（3）建筑群管理体系（图5）

1）建立城乡建筑群安全信息化管理体系，发挥 GIS、智慧城市、数字孪生、CIM 平台的数据优势。

2）实现基于智慧城市的时空 GIS/CIM 精细化管理。

3）通过 5G 物联监测设备，实现广泛采样与城市物联传感器信息感知的实时分析。

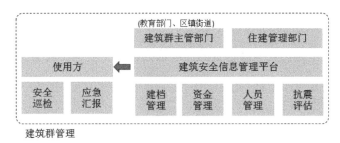

图5 建筑群管理体系

（4）灾害应急管理体系（图6）

1）完善以建筑物为基本处置单元的建筑安全保障的大数据信息互联平台。

2）提升应急响应效率、实现点对点处置。

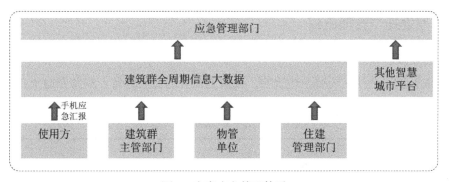

图6 灾害应急管理体系

3 阶段与流程

3.1 主要阶段

（1）初步筛查（安全管理等级）阶段

1）筛选排查阶段，由住建管理部门牵头，运维单位采用大数据算法，对片区建筑群进行批量化的智能评估与等级划分。

2）自动划分等级仅用于确定房屋安全管理等级，初筛阶段的评定等级作为强制评估的依据，但不作为确定强制整改的依据。

（2）房屋安全管理阶段

1）根据初步筛查划分的等级，物业责任人与运维单位签订单栋建筑物的安全鉴定协议，确定安全管理等级，由运维单位开展具体的现场巡检、采集所需数据、出具经工程师审定的评定报告。

2）对于达到强制性监测的建筑，业主应选取不低于对应安全管理等级的监测手段。

3）监测与检测费用由物业维修基金开支。

4）评定报告可作为物业维修基金的提取依据，提交业主委员会投票，通过后进行专项整改与修缮。

（3）整改与修缮阶段

1）该阶段按既有流程，由业主委托专业的维修或加固单位进行。

2）完成后，重新按原流程判定，满足相应安全等级评价要求。

（4）第三方保障阶段

1）经安全鉴定评价后，业主可与运维单位及保险企业签订运维质保委托，由运维单位承担建筑物的日常维护修缮，并确定在委托期内，建筑物需满足的安全评估等级。

2）经加固修缮处理后，业主可与施工承包方签订质量保修期及对应的权责。

3.2 典型委托与管理流程

（1）物业安全公众咨询服务

针对未开展安全评估的城乡建筑物，面向公众开展普及宣传、灾害及时上报等服务。

建筑安全随手拍 → 运维单位后台技术人员提供建议 → 业主决策，进一步评价

（2）单栋建筑物安全管理流程

围绕单栋建筑物，开展结构安全评估或专项安全鉴定意见。

运维单位备案
↑
业主提出委托 → 挑选运维单位 → 运维单位全周期工作(进入建筑) → 提供季报，业主决策
↘ 出具司法鉴定意见书

（3）建筑群安全管理流程

针对特定类型、片区建筑物，其主管单位（住建管理部门、企事业单位团体）开展普查、筛查、全周期管理、城市更新评估、片区征收与改造评估等工作。

运维单位开展片区巡检(不进入建筑) → 大数据整合，区域化评估 → 住建管理及城市更新决策

（4）第三方安全维护总承包流程

业主可委托运维单位或保险企业，在约定期限内，承担建筑物的安全管理、鉴定、修缮工作，并在此期间保障建筑物所需达到的安全评价级别，实现业主建筑安全风险保障。

> 业主提出委托 → 运维单位报价 → 开展物业安全运维总承包（含加固、改造） → 期限结束

（5）灾害应急响应

基于大数据平台信息，进行数据挖掘分析，对智慧城市与 CIM 数字孪生环节实现信息交互、实时评估分析、灾害预警、损伤统计、处置计划等。

> 建筑群大数据档案 → 实时预警、灾损报告 → 应急管理联动决策
> ↘ 点对点响应、智慧城市多种应用

3.3 单栋建筑物管理流程

（1）基本流程

1）业主（业主委员会）作为甲方，与物业安全运维单位签订服务协议，由运维单位开展定期的建筑物巡检、数据采集、评价工作。

2）业主提供本物业竣工图、物业使用期间相关档案记录，供运维单位开展建档与分析评价工作。

3）根据业主委托时确定的监控级别，运维单位进行相应的人员配置与监控硬件架设。

4）业主应协助运维单位完成安防、消防智能化设备的数据对接工作。

5）巡检工作人员工作过程应配合业主进行备案与身份查验工作。

6）对于需要出具安全鉴定意见书的巡检，在现场检测过程中应由业主代表进行现场见证。

7）当评价等级维持不变时，运维单位按原协议继续履行工作职责。

8）当评价等级发生改变时，提交评价报告供业主进行决策。

9）当建筑物安全评价等级达到住建管理部门确定的强制性标准时，需直接汇报住建主管部门开展强制性加固改造工作。

（2）可选安全管理等级

委托方可参考表 3 选取对应的等级开展工作。

表 3 安全管理等级

安全管理等级	人员巡检周期	巡检内容	实时传感器配置	评价方法	适用范围
一级	12 个月	结构刚度响应、构件强度、环境及耐久性、外观	沉降顶点位移	全面评价	校园、医院、重点建筑

续表

安全管理等级	人员巡检周期	巡检内容	实时传感器配置	评价方法	适用范围
二级	24个月	构件强度、环境及耐久性、外观	沉降	按监测指标评价	损伤较严重建筑、楼龄大于30年建筑
三级	36个月	环境及耐久性、外观	无	按巡检情况评估	楼龄大于20年建筑
四级	36个月	外观	无	城市片区灰模拟合	楼龄大于10年建筑

（3）终止条件

1）建筑处于质量安全保证书时间范围内。

2）建筑经加固改造，并由加固改造单位出具质量安全保证书。

3）建筑经安全鉴定，评定等级满足不需开展安全管理。

4）针对处于包修包治时间范围内的子项，可不对该子项开展评估鉴定工作。

3.4 城乡建筑群管理流程

（1）基本流程

1）由地方住建管理部门确定楼龄标准，对符合条件的建筑群，统一开展基本筛查（建档、巡查、评价）工作。

2）住建管理部门与运维单位签订协议，运维单位负责建立建筑群安全管理大数据建档与评价平台。费用由住建管理部门支出。

3）建筑物建档、排查、巡检可由地方居委会工作人员自行进行资料录入，也可另行委托运维单位人员开展巡检工作。

4）针对建筑群中各单位，按单栋建筑物管理流程实行。

5）筛查阶段，采用非入户式的巡检，并由运维单位给出基本评价结论与建筑安全评价类别。

6）针对筛查结果级别差的建筑物，由住建部门发出复查与整改通知，业主与运维单位签订委托协议，针对单栋开展具体的安全管理运维工作，运维巡检所需的费用在物业维修基金中进行支出。

（2）开展强制筛查等级划分

1）楼龄大于40年的建筑，强制开展巡检（四级），由物业维修基金开支；

2）楼龄大于30年的建筑，由业主委员会投票同意后开展巡检（四级），由物业维修基金开支；

3）对拟建、在建工地保护范围内的建筑，强制开展巡检（三级），由工程建设单位开支，时间至工程竣工后2年；

4）对于中心城区、辖区平均楼龄大于30年的建筑，划片区统一巡检建档（图7）。

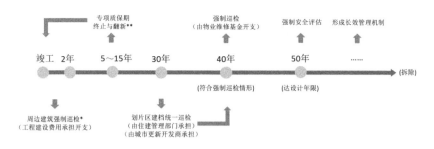

图 7　强制筛查等级划分

3.5　城市物业群安全管理流程

（1）特定建筑群管理流程

1）按特定建筑群开展安全管理（城市物业群、学校、医院、房改房、给定物业运维建筑群、工业园区）。

2）按委托方要求，运维单位对建筑群中的各个单体分别开展工作。

3）可进行资源整合与集约化评估，并给出建筑群的总体评估报告、各单体评估报告。

4）建立物业群修缮管理台账，分类统筹采购。

（2）物业修缮台账内容

1）房屋机电供水设施（二次供水及公区供电）。

2）房屋消防设施建档与更新，消防隐患排查。

3）屋面构造、防雷接地。

4）门禁与安防系统。

5）广告牌安全管理。

6）外挂空调机安全巡查与整改复查（图8）。

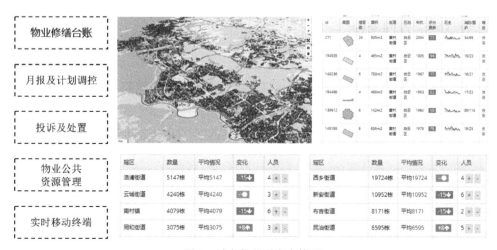

图 8　城市物业群安全管理

3.6　校园建筑安全管理流程

（1）管理流程

1）由教育主管部门与运维单位签订委托协议，由运维单位负责完成校园建筑物建档、资料整理、运维期安全巡检与监控、提交各阶段报告、配合完成应急响应工作。

2）运维单位按协议要求及地方指引规程，对校园建筑物开展相应等级的监控评价工作。

3）对于非应急响应，按阶段报校园及主管部门，提供决策建议。

4）对于应急响应，报校园、主管部门、相应的应急管理部门。

5）处置阶段，由校方委托有资质的机构进行加固处理，相关内容进行归档。

6）建筑物安全管理档案应保密，由住建管理部门、教育管理部门、校方层级授权查阅。

（2）校园建档内容（表 4）

表 4　校园建档内容

建档内容	更新频率	维护责任人	主要内容
使用情况	每年	校方	基本资料
变动情况	每月	校方	主要功能变动、设施改造情况、设备运行情况、管理人员变动
关联情况	逐次提交	校方	卫生健康情况、人员分布
安全巡检情况	每月	运维单位	外观检查、设备检查、数据采集
维护需求	逐次提交	校方	开裂、渗漏、外墙脱落、设备运行异常
评价与结论	每季	运维单位	经技术人员审核审定的报告

3.7　应急响应管理流程

（1）管理流程

1）在特殊气候条件、特殊灾害下，应急响应部门可对建筑物大数据档案进行查阅、统计等工作。

2）对已受业主委托的建筑物，在现有资料条件下，采用多种方式对房屋安全、损伤进行评估。

3）对已受住建管理部门委托的建筑群，在现有资料条件下，进行片区评估、重点房屋预警、安排人员现场排查、对已发生的灾害进行房屋人员损伤统计。

4）对未受委托的建筑群，提供公众宣传、微信拍一拍咨询等服务，及时解决公众房屋安全的各类问题。

应急响应部门统筹管理

接入实时评估结果、灾损评估 ↗　　　　　↘ 查询建档情况 → 开展逐户排查等工作

（2）处置类别

1）响应阶段，应急响应部门及运维单位分级别对重点区域采用加密巡查密度与深度的方式进行。

2）台风应急响应阶段，应着重开展外墙构件、围护构件、排水方面的巡查。

3）震后损伤处置阶段，应着重开展结构承载能力、地基承载能力、设备安全方面的巡查。

4）洪涝灾害处置阶段，应着重开展排污排水、防洪设施配置方面的巡查。

4 实施与处置

4.1 分级巡检机制

（1）综合性巡检

1）综合性巡检对建筑开展全覆盖的巡检，对结构、设备、消防、围护构件均开展各项检查，针对初检存疑的分项开展进一步的检测。

2）综合性巡检由运维单位安排工程技术人员开展工作，但不应影响被巡检建筑物的正常工作，对于未能开展巡检的范围，应记录在册。

（2）日常巡检

1）日常巡检由业主自行开展，针对日常物业使用过程、设备运行隐患、物业安全疑点开展自发性的安全管理工作。

2）日常巡检可由物业保安、电工，由运维单位提供手册开展，并采取手机端拍照上传，由运维单位工程师远程判断处置。

（3）专项巡检

专项检测是根据建筑物具体需要，在对应时间点，对白蚁防治、围护构件保修、设备保修维护、设备清洗更换备件、防雷防漏电、防台风、防洪度汛、突发灾害预防与隐患排查、防火等环节，开展针对性的专项排查与检测。

（4）实时监测

对于安全管理级别较高的建筑，由业主委托的运维单位开展相应的传感器架设安装，进行评估与预警阈值设定，通过手机移动端、短信电话自动警报等方式，形成实时监测预警体系。

（5）灾后巡检

针对突发灾害或其他建筑物损伤后，由运维单位进行现场检测，进行定损与意见结论，提供对应的损伤评估意见，由业主进行决策与专项加固修缮委托。对于片区灾害，提供片区评估结论，由住建管理部门、应急管理部门进行灾后综合管理。

4.2　巡检手段选取

采用大数据实现建筑群数字化建档，数据存储结构应能满足巡检录入需求并具有可扩展性。

针对管理过程的采集手段，可根据委托方提出的等级要求开展，可采用以下几种方法。鼓励采用新型批量化的采集录入工具与方式。

（1）移动终端数据录入

安排专人或社区工作者，采用移动终端，对建筑外观、基本信息、环境进行录入与影像资料上传。

（2）流动采集车及车载设备

对建筑群，配备相应的影像采集、检测设备、结构动力响应采集设备，对建筑群片区进行批量检测，提高设备周转率。

（3）无人机片区环境感知与粗采样

采用无人机倾斜摄影、激光点云、遥感、流动采集车等方式进行成片区普查与灰模记录。

（4）城市 CIM 及遥感数据

采用城市 CIM 信息、遥感图像、波段分析等手段，实现片区排查与智慧城市数据共享。

4.3　实时监测手段选取

按片区巡检的初筛评估级别，业主结合项目定位与需求，选取对应等级或更高等级的安全管理措施。

对于达到强制巡检要求的建筑，业主应选取不低于对应管理等级的监控评价方法。

安全管理等级对应的监测手段选取参考表 5 进行。

表 5　安全管理等级对应的监测手段

安全管理等级	安全评级	建成年限	数据深度	监测手段
重点监测	D～E	≥ 30 年	结构模型、完整资料	实时监测、动力检测、定期巡访
标准监测	C～D	20～30 年	巡检录入资料	动力检测、定期巡访
一般监测	A～B	< 20 年	典型建筑巡检录入	定期巡访
一般建筑（灰模）	A～B	< 10 年	仅遥感轮廓、高度、体系、年代	片区拟合

确定安全管理等级后，每个评估周期给定结论，并视评估情况对监测手段进行调整。

监测前运维单位及业主共同确定监测要求与目的，结合工程结构特点、现场及周边环境条件等因素，制定监测方案、设定监测预警值，监测预警值应满足工程设计及被监测对象的控制要求。

业主应配合运维单位，对监测设备安装牢固、安全、稳定，应有适当的保护措施和可维护性，安装工艺及耐久性应符合监测期内的使用要求。

鼓励运维单位采用便于拆卸及重复利用的监测工具。

4.4 单栋评估报告

（1）报告内容

1）基本属性

2）当前评估周期的实际使用情况

① 居住人、使用人、空置率；

② 使用功能与分布；

③ 周边环境情况；

④ 情况反馈与复查。

3）当前评估周期的巡检情况

① 结构安全；

② 围护及装饰构件安全；

③ 消防安全；

④ 设备安全。

4）当前评估周期收到的第三方资料

① 物业、电梯维保单位；

② 相关设备运行数据。

5）当前评估周期的实时监测图表

6）原有评估时间与情况

7）结论、建议、经济性分析

（2）典型检查要点

运维单位可参考表6，针对检查要点逐条判断、提供结论与建议。

表6 典型检查要点

检查要点	类别	处置建议
结构受力安全满足目前正常使用需要	房屋结构	定期巡检回访
消防通道满足疏散要求	消防安全	定期巡检回访

检查要点	类别	处置建议
外墙装饰使用不超出原材料使用年限	围护构件安全	联系厂家进行加固
外挂空调机支座安全，无明显锈蚀	围护构件安全	联系厂家进行支架替换
房屋使用功能及荷载未超出原设计	房屋结构	定期巡检回访
房屋维护责任人信息已录入	基本信息	定期核实、更新产权人及居住人信息
防盗网设置逃生口	消防安全	联系厂家进行改造
楼梯间供电线路满足用电安全	设备	定期巡检回访
房屋屋面、梯间无漏水渗水情况	房屋结构	定期巡检回访
漏水渗水处无用电设备或结构外漏钢筋	房屋结构	定期巡检回访
房屋周边场地无严重地表沉降	房屋结构	定期巡检回访
房屋结构满足近10年台风正常使用及承载力要求	房屋结构	定期巡检回访
房屋结构满足现行抗震设计规范要求	房屋结构	联系进行鉴定加固
建筑底层无长期废置区域	房屋结构	定期巡检回访
消防管线能正常使用	消防安全	定期巡检回访
周边无危险源	基本信息	定期巡检回访

4.5 建筑群评估报告

报告内容：

（1）建筑群基本属性

（2）当前评估周期的使用情况

1）居住、使用情况；

2）周边环境变动。

（3）当前评估周期的巡检工作量

1）巡检次数与内容；

2）传感器设置情况。

（4）当前评估周期收到的第三方资料

1）物业、电梯维保单位；

2）相关设备运行数据。

（5）建筑群评估结论

1）总体统计与比例；

2）评估结果较差建筑情况分析；

3）评估衰减速率较大的建筑情况分析；

4）结论、建议、经济性分析。

（6）各单体建筑评估报告

（7）下一评估周期工作建议

4.6　决策、整改与处置

（1）基本流程

1）针对巡检过程中发现的非强制性问题，提供阶段性报告与建议，供业主自行进行决策与处置。

定期提交评估报告　→　业主决策　→　委托加固单位开展处置

2）针对巡检过程中发现达到国家强制整改标准的问题，运维单位提交业主处置，同时提交主管部门，出具整改通知单，提交业主整改。

3）业主确定所属整改专项属于物业保修期满后物业共同部位或共同设施设备。

4）业主根据运维单位开具的鉴定意见书，形成专项维修资金使用方案，经物业管理区域内受益业主所持投票权 2/3 以上通过实施。

5）业主取用物业维修基金申请，委托具有资质的加固改造单位进行修缮处置。

6）整改或修缮完成后，运维单位复查验收，并报主管部门备案。

报住建管理部门发整改通知单　→　物业维修基金取用申请　→　委托加固单位开展处置。

7）在加固改造保修期内，相应子项的周期维护由该加固施工单位实施，并由运维单位作为业主代理人对加固改造部位进行全过程管理。

8）加固改造保修期结束后，由运维单位负责该部分的安全管理工作。

（2）强制整改状态划分建议

当达到表 7 情形时，须强制整改，整改责任人整改完成后，运维单位进行二次评估与复查。

表 7　强制整改状态划分建议

内容	强制处置条件	建议处置条件	其他情况
结构承载能力	未达到现状使用需求	未达到原设计要求	—
地基承载力不足	承载力月下降大于5%	承载力不满足使用需要，但未加剧下降	受临近工地影响的报对应责任单位整改
外墙脱落	脱落区域下方无法围蔽	脱落区域下方已围蔽	—
空调机等构件锈蚀	严重锈蚀且无法加固	部分锈蚀	—
供电隐患	存在不明原因漏电、跳闸	已查明漏电原因，可进行局部断网处理	入户前端问题提交供电部门处置
漏水	渗漏区域为承重构件、常年浸水面积大于楼面10%或处于供电房区域	非长期浸水	入户前端问题提交供水部门处置

4.7 复验与质量保障

对于相邻巡检周期的现场检测、应由不同人员进行现场采集。在开展本次采集数据前，既有数据值对采集人员不予以公开。

对于城乡建筑群的巡检，运维单位应采用不少于3%随机复检的方式，对巡检数据录入的准确性进行复查。

检测设备应采用具有计量认证合格证书的产品，并由运维单位进行登记备案，检测结果准确性由运维单位承担。

大数据智能评估算法模块的构建和应用，应由不少于5%的真实样本集进行参数训练拟合，收敛平均准确率应在5%，最大偏差不应大于10%。当待评估的建筑群数量超出原模块的容许评估量时，应扩大真实样本集并进行重新调参。真实样本集指由工程师进行现场巡检按技术规程评价进行人工评价的建筑物单体。

当巡检覆盖范围增加、设备更新、检测手段改变时，可在下一评估周期对已评价项目进行修正，但不调整已评估结果。

当相邻评估周期结果等级发生变化时，应由专业技术工程师进行审核，向业主出具告知意见书，并按年度提交统计情况至辖区住建管理部门。

对具有责任争议，需开具建筑安全鉴定意见书的委托项目，采取第三方见证人等司法鉴定相关规定执行。

4.8 争议与解决

（1）初筛意见需进行重点管理的建筑物，业主可提出异议。

1）由业主委托具有资质的鉴定单位进行重新评估。

2）业主签署安全保证承诺函，当造成周边物业、环境的安全危害情况，由物业维修基金进行赔付，超额的部分由业主承担。

3）业主委托保险单位进行市场化报价，物业安全风险转移，由保险单位承担物业安全损害赔偿责任。

（2）由于物业安全引发的安全灾害索赔，分以下情况：

1）对于建筑物抛掷物品，按现行法规开展全楼赔偿。当业主委托运维单位设置抛物安检设施，但由于设备问题未能追查到具体责任人时，由运维单位承担连带责任。

2）对于瓷砖脱落，如果楼房外墙瓷砖还在保质期范围内，应由开发商承担责任。如房屋超过了保质期，业主与物业公司签订的物业合同中约定由物业公司提供相关的维护管理，则应由物业公司承担。如业主未与物业公司约定维护负责，原则上，由全楼业主承担。适用依据为《中华人民共和国侵权责任法》。

3）对于房屋漏电，应委托具有司法鉴定资质的单位开展现场情况核查，出具鉴定意见书。表前漏电由电力提供单位承担，表后漏电由物业、业主及相应设备提供商具体核查确定承担。如被侵权人与业主为承租关系，业主承担责任，适用依据《租赁房屋治安管理规定》（公安部令第 24 号）。

4）对于电梯安全管理，电梯使用单位应当对电梯的使用安全负责，对住宅电梯而言，电梯的使用单位是所委托的物业管理公司，适用依据《中华人民共和国特种设备安全法》。

5）由安全生产事故产生的建筑物灾害，按现行安全生产许可、具体安全灾害情况与责任书内容确定。

对已开展安全管理委托的物业安全争议：

（1）处于委托有效期内的，由运维单位承担相应子项的安全侵害责任。

（2）处于委托有效期，相应分部工程处于质保有效期内的，由分部工程承包商（如白蚁防治、装修工程、排水工程）承担主要责任，由运维单位承担次要责任。

（3）超出委托有效期的，由业主承担相应的安全侵害责任。

4.9　管理人员架构

典型的建筑（物业）安全运维单位人员组织架构，可分为运维管理部、安全评估部、研发中心，如图 9 所示。

运维管理部负责日常物业安全管理的运作，如信息巡检采集、监控管理、物业设备维护、检修人员派驻与回访等工作。本部门专门设置调度员，协调巡检与日常问题提交的处理。本部门另设客服，负责处理业主、居民提交的物业安全问题。

安全评估部负责对采集到的建筑群大数据进行安全评估，查阅巡检数据、照片、历史资料，对建筑安全评价进行审核与审定。

研发中心负责大数据平台、智能评估算法的开发与迭代更新。

图 9　人员组织架构

4.10 实施建议值

不同管理等级所对应周期和人员分配，建议采用表8实施。

表8 不同管理等级所对应周期和人员分配

安全管理等级	年巡检次数	每年工时	监测手段	年管理成本
重点监测	1次	1次×6h×2人＝12工时	实时监测、动力检测、定期巡访	900元/（栋·年）
标准监测	0.5次	0.5次×4h×2人＝4工时	动力检测、定期巡访	300元/（栋·年）
一般监测	0.3次	0.3次×2h×1人＝0.6工时	定期巡访	45元/（栋·年）
一般建筑	0.3次	0.3次×1h×1人＝0.3工时	片区拟合	23元/（栋·年）

结合目前国内城乡建设实际情况，管理分配比例建议值可采用表9实施。

表9 管理分配比例建议值

区域	安全管理等级分配	重点管理对象	平均巡检周期	巡检人员
一二线城市中心城区	一级：1% 二级：3% 三级：30% 四级：76%	老旧多高层自建房	28个月	6人/万栋
三四线城市、一二线城市其他区域	一级：1% 二级：2% 三级：20% 四级：67%	自建房仓储、厂房	30个月	4人/万栋
乡镇	一级：0.5% 二级：1% 三级：10% 四级：78.5%	自建房厂房	34个月	5人/万栋
自然村	一级：0.5% 二级：1% 三级：20% 四级：68.5%	砌体房屋地质灾害	30个月	8人/万栋
校园	一级：5% 二级：25% 三级：70%	楼龄较长抗震不利场地	6个月	12人/万栋